“十三五”高等职业教育计算机类专业规划教材

C#程序设计教程

谢修娟　　吴道君　　郑小乐　　主　编
朱　林　　副主编

中国铁道出版社有限公司
CHINA RAILWAY PUBLISHING HOUSE CO., LTD.

内 容 简 介

C#是微软公司推出的.NET 平台中较为主流的程序设计语言。本书介绍 C#的相关概念及应用。全书共分为 8 章，主要内容包括：C#程序设计概述、C#语言基础、面向对象程序设计、文件读/写、开发 Windows 窗体应用程序、ADO.NET、程序的调试及异常处理，以及程序的分层设计。全书知识点讲解简洁易懂，配合大量的实例，有助于学生轻松、愉快地掌握 C#程序设计的基本语法、方法及技巧。

本书适合作为高等职业教育计算机类专业学生的教材，也可作为初、中级读者掌握 C#程序设计基础知识的自学用书。

图书在版编目（CIP）数据

C#程序设计教程 / 谢修娟，吴道君，郑小乐主编. —北京：中国铁道出版社，2016.8（2021.1 重印）
“十三五”高等职业教育计算机类专业规划教材
ISBN 978-7-113-22080-8

Ⅰ. ①C… Ⅱ. ①谢… ②吴… ③郑… Ⅲ. ①C 语言—程序设计—高等职业教育—教材 Ⅳ. ①TP312

中国版本图书馆 CIP 数据核字（2016）第 178008 号

书　　名：**C#程序设计教程**
作　　者：谢修娟　吴道君　郑小乐

策　　划：周海燕　　　　**编辑部电话**：（010）51873202
责任编辑：周海燕　徐盼欣
封面设计：刘　颖
封面制作：白　雪
责任校对：王　杰
责任印制：樊启鹏

出版发行：中国铁道出版社有限公司（100054，北京市西城区右安门西街 8 号）
网　　址：http://www.tdpress.com/51eds/
印　　刷：北京建宏印刷有限公司
版　　次：2016 年 8 月第 1 版　　2021 年 1 月第 3 次印刷
开　　本：787 mm×1 092 mm　1/16　**印张**：14　**字数**：303 千
书　　号：ISBN 978-7-113-22080-8
定　　价：36.00 元

前 言

C#是微软公司推出的.NET 平台中较为主流的一种程序设计语言，它是由 C 和 C++衍生而来的面向对象的编程语言。C#在保持 C++强大功能的同时，整合了 Java 的很多优点，是一种简单、功能强大、安全而灵活的程序设计语言，深受程序员的喜爱。使用 C#既能开发传统的控制台应用程序、Windows 应用程序和组件程序，又能开发 Web 应用程序、XML Web 服务以及移动端应用程序。

全书共分 8 章，基本覆盖了 C#的主要应用领域。本书主要内容包括：C#程序设计概述、C#语言基础、面向对象程序设计、文件读/写、开发 Windows 窗体应用程序、ADO.NET、程序的调试及异常处理，以及程序的分层设计。

本书坚持能力为重，本着“理论知识够用，实践操作过硬”的原则，立足用最简练的语言讲清楚语法知识，并配套大量的实例及上机练习，加强学生的实践应用能力。与同类教材相比，本书具有以下四个特点：第一，突破传统的程序设计语言教材的编写思路，以案例来引领知识点，全书引用大量的小案例来讲解知识点；第二，以基础知识为主，以基本要素为重点，合理地规划教材内容，侧重介绍常用的编程知识，并且注意知识之间的逐渐迁移；第三，强调实践，每章都附有上机实验，专门围绕本章知识点而设计，此外，全书还提供两个综合实验，分别覆盖控制台的 C#基础语法编程以及 Windows 编程；第四，每章配有习题，在巩固理论知识的同时，锻炼动手编程能力。

本书由谢修娟、吴道君、郑小乐任主编，由朱林任副主编。具体分工为：东南大学成贤学院谢修娟编写第 2、3、4、6、7 章，广东岭南职业技术学院吴道君编写第 1、5、8 章，东南大学成贤学院朱林和广州涉外经济职业技术学院郑小乐负责搜集案例以及部分程序的调试。南京大学史九林教授担任本书的审稿人，详细审阅了本书的编写大纲和全部书稿，在此表示真挚的谢意；还要感谢南京大学的徐洁磐教授，在本书的编写过程中给予了很多宝贵的建议和热情的帮助。

由于时间仓促，书中难免有不妥之处，敬请专家和读者批评指正。

编 者

2016 年 4 月

目　录

第 1 章　C#程序设计概述

本章导读

本章主要对 C#的起源、特点、基本程序结构及.NET 平台做简要介绍。本章共 4 节，内容包括 C#的起源、特点、.NET 平台概述、基本开发环境及控制台应用程序的基本结构。

本章内容要点：

- C#的起源、特点；
- .NET 平台的概述；
- Visual Studio 集成开发环境介绍；
- 具有输入/输出功能的控制台应用程序。

内容结构

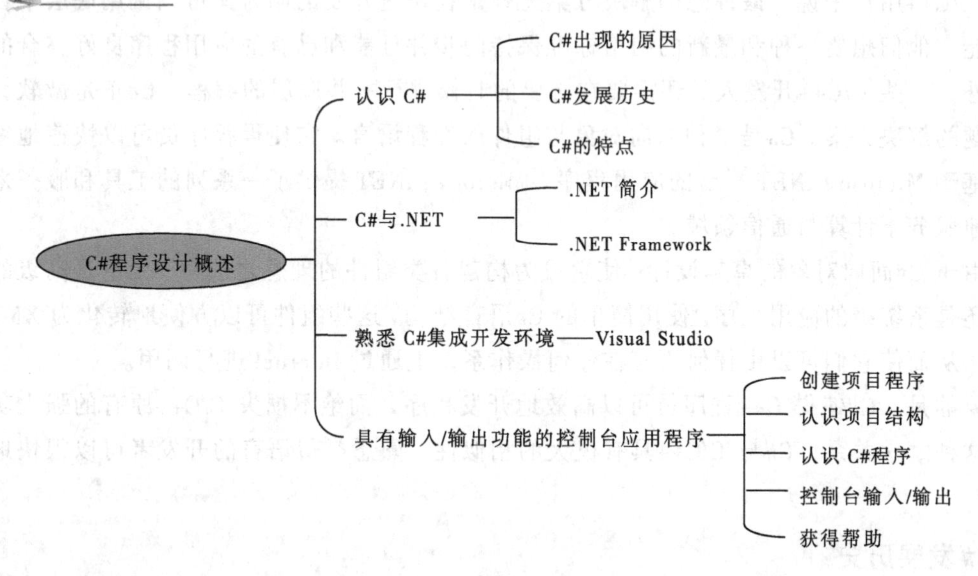

学习目标

通过本章内容的学习，学生应该能够做到：

- 了解 C#的起源与功能；

- 掌握C#的基本特点；
- 了解.NET Framework 核心组成部分；
- 熟悉 Visual Studio 开发环境；
- 掌握简单的应用程序结构；
- 掌握基本的控制台程序的输入/输出。

1.1 认识C#

C#读作C Sharp，起源于C语言家族。C#深受C、C++和Java的影响，所以学过C、C++、Java的程序员可以很快地熟悉这种语言。1998年，Delphi语言的设计者Hejlsberg带领着Microsoft公司的开发团队，开始了C#第一个版本的设计。在2000年9月，国际信息和通信系统标准化组织为C#定义了一个Microsoft公司建议的标准。最终C#在2001年正式发布。

1.1.1 C#出现的原因

在过去很长的时间里，C和C++在商业软件的开发领域中广泛使用。它们为程序员提供了十分灵活的操作，不过同时也牺牲了一定的效率。由于C/C++的复杂性，许多程序员都试图寻找一种新的语言，希望能在功能与效率之间找到一个更为理想的权衡点。这种需求成为C#出现的主要原因之一。

对于C/C++用户来说，最理想的解决方案无疑是在快速开发的同时又可以调用底层平台的所有功能。他们想要一种和最新的网络标准保持同步并且能和已有的应用程序良好整合的环境。另外，一些C/C++开发人员还需要在必要的时候进行一些底层的编程。C#正是微软针对这一问题的解决方案。C#是一种面向对象与组件的编程语言。它使得程序员可以快速地编写出各种基于Microsoft .NET平台的应用程序。Microsoft .NET提供了一系列的工具和服务来最大程度地服务于计算与通信领域。

正是由于C#面向对象的卓越设计，使它成为构建各类组件的理想之选——无论是高级的商业对象还是系统级的应用程序。使用简单的C#语言结构，这些组件可以方便地转化为XML网络服务，从而使它们可以由任何语言在任何操作系统上通过Internet进行调用。

最重要的是，C#使得C++程序员可以高效地开发程序，而绝不损失C/C++原有的强大功能。因为这种继承关系，C#与C/C++具有极大的相似性，熟悉类似语言的开发者可以很快地学会C#。

1.1.2 C#发展历史

C#是微软ASP.NET开发人员的首选语言，是最重要的编程语言之一，为现代企业计算环境提供了一种可用性强的高效编程方法。

C#与C、C++和Java直接相关。这不是偶然的，因为这三种语言是世界上使用广泛、备受欢迎的程序设计语言。而且，在创建C#时，几乎所有的专业程序员都知道C、C++和Java。

C#提供了一种简单的从这些语言移植的方式。因此，既不需要也没必要从头开始，而只需将精力集中于特定的改进和创新，将 C#建立在这些坚实、易理解的语言基础之上即可。

C#的族谱如图 1-1 所示，C#的“祖父”是 C 语言，从 C 语言那里继承了语法、关键字和运算符。接下来，C#基于并改进了 C++所定义的对象模型。如果了解 C 语言或者 C++，那么对 C#将不会感到陌生。

C#和 Java 之间的关系稍显复杂。如前面所说，Java 也是从 C 和 C++衍生而来，也继承了 C/C++的语法和对象模型。类似于 Java，C#被设计用于产生可移植的代码。但是，C#不是衍生于 Java，C#和 Java 更像堂兄弟，有共同的祖先，有很多相同的地方，但在许多重要方面又有所不同。尽管如此，如果读者对 Java 有一定了解，那么对 C#的许多概念也将能很快熟悉。反过来，如果将来需要学习 Java 语言，那么从 C#中学到的知识也将继续有用。

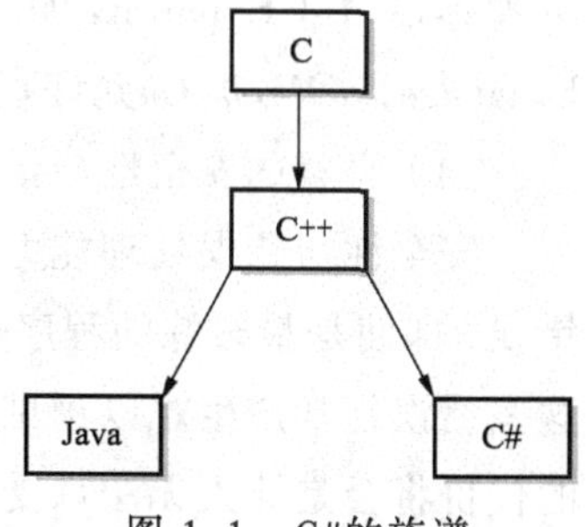

图 1-1　C#的族谱

C#包含许多新增加的功能，本书的后面章节中将详细介绍这些功能，其中最重要的功能体现在其对软件组件的内置支持。事实上，C#已经被特征化为面向组件的语言，因为它包含对面向软件组件编程的完整支持。例如，C#包含了支持组件创建的功能，包括属性、方法和事件。C#程序能够在安全的混合语言环境中运行，这一点是它最重要的面向组件的功能。

1.1.3　C#的特点

作为一个程序员，如果能够掌握一门语言，这门语言能够继承 C++的强大灵活性，能够像 Java 一样语法简洁易于理解，又能像 Visual Basic 一样提供易用的“拖放”式功能，那将是一件非常愉快的事情。C#正好就是这样的一门集众语言之所长的语言。从其发展历史可以看出，C#是从 C、C++发展而来的，所以它继承并改进了许多 C 和 C++的内容，同时它自己也增加了许多独特的内容。

C#具有独特的优良特性，使其能够吸引众多的程序员来用它开发出非常优秀的软件。C#是一种先进的、面向对象与组件的开发语言，并且能够方便快捷地在 Windows 网络平台建立各种应用和能够在网络间相互调用的 Web 服务。从开发语言的角度来讲，C#可以更好地帮助开发人员避免错误，提高工作效率，而且同时具有 C、C++和 Java 的强大功能。C#的特点可以概括为以下几个方面：

（1）简洁的语法

虽然学习本书不需要任何的编程基础，但在这里不得不提到 C++。在默认的情况下，C#的代码在.NET 框架提供的“可操纵”环境下运行，不允许直接进行内存操作。它所带来的最大的特色是没有了指针。与此相关的是，那些在 C++中被较多使用的操作符（如“::”“->”）已经不再出现。C#只支持一个“.”，对于用户来说，现在需要理解的一切仅仅是名字的嵌套而已。C#对一些语言只保留了常见的形式，而清除了其他冗余形式。

（2）精心的面向对象设计

C#具有面向对象语言所应有的一切特性：封装、继承、多态，C#通过精心的面向对象设计构建了从高级商业对象到系统级的应用。

（3）与 Web 的紧密结合

.NET 应用程序开发模型意味着越来越多的解决方案需要与 Web 标准相统一，例如超文本置标语言（Hypertext Markup Language，HTML）和可扩展置标语言（eXtensible Markup Language，XML）。C#允许直接将 XML 数据映射成为结构。这样就可以有效地处理各种数据。

（4）完整的安全性与错误处理

安全性与错误处理能力是衡量一种语言是否优秀的重要依据。任何程序设计人员都会犯错误，即使是最熟练的程序员也不例外，例如对不属于自己管理范围的内存空间进行修改等。这些错误常常产生难以预见的后果。一旦这样的软件被投入使用，寻找与改正这些简单错误的代价将会是让人无法承受的。C#的先进设计思想可以消除软件开发中的许多常见错误，并提供了包括类型安全在内的完整的安全性能。为了减少开发中的错误，C#会帮助开发者通过使用更少的代码完成相同的功能，这不但减轻了编程人员的工作量，同时更有效地避免了错误的发生。

（5）内置的版本支持

C#提供内置的版本支持来减少开发费用，使用 C#将会使开发人员更加容易地开发和维护各种业务逻辑及代码。升级软件系统中的组件（模块）是一件很容易产生错误的工作。在代码修改过程中可能对现存的软件产生影响，也很有可能导致程序的崩溃。为了帮助开发人员处理这些问题，C#在语言中内置了版本控制功能。例如，函数重载必须被显式声明，而不会像在 C++或 Java 中经常发生的那样不经意地被进行，这可以防止代码级错误和保留版本化的特性。另一个相关的特性是支持接口和接口的继承。这些特性可以保证复杂的软件能够被方便地开发和升级。

（6）灵活性和兼容性

在简化语法的同时，C#并没有失去灵活性。如果需要，C#允许将某些类或者类的某些方法声明为非安全的，这样一来，将能够使用指针、结构和静态数组，并且调用这些非安全代码不会带来任何其他问题。此外，它还提供了一个功能用来模拟指针——delegates。C#不支持类与类的多重继承，通过接口来实现多重继承的方法是其灵活性的一种体现。

正是由于其灵活性，C#允许与需要传递指针型参数的 API 进行交互操作，DLL 的任何入口点都可以在程序中进行访问。C#遵守.NET 公用语言规范（Common Language Specification，CLS），从而保证了 C#组件与其他语言组件间的互操作性。

1.2 C#与.NET

1.2.1 .NET 简介

随着 Web 服务的发展，在很多时候需要一个 Web 服务调用其他的 Web 服务，并且像一个传统软件程序那样执行命令。这就需要一个服务和其他服务进行整合，使多个服务能够一起无缝地协同工作，需要能够创建出与设备无关的应用程序以使其能够容易地协调网络上的各个服务的操作步骤，容易地创建出新的用户化的服务。微软公司推出的.NET 系统技术正是为了满足这种需求。.NET 将 Internet 本身作为构建新一代操作系统的基础，并对 Internet 和操作系统的设计思想进行了延伸，使开发人员能够创建出与设备无关的应用程序，容易地实现与 Internet 连接。.NET 系统包括一个相当广泛的产品家族，它们构建在 XML 和 Internet 产业标准之上，为用户提供 Web 服务的开发、管理和应用环境。

.NET 是以 Internet 为中心的一种全新的开发平台，通过.NET 可以将用户数据存放在网络上，并且随时随地通过与.NET 兼容的任意设备访问这些数据，另外，.NET 独一无二的特征是可以提供多语言支持，如 VB 和 C#等；与 Java 相似，.NET 平台框架开发出来的程序可以在不同的平台上运行，有很好的跨平台性，可以与 Java 一样做到一次编写，到处运行。.NET 系统由以下 5 个部分组成：

（1）.NET 开发平台

.NET 开发平台由一组用于建立 Web 服务应用程序和 Windows 桌面应用程序的软件组件构成，包括.NET 框架（Framework）、.NET 开发工具和 ASP.NET。

（2）.NET 服务器

.NET 服务器是能够提供广泛聚合和集成 Web 服务的服务器，是搭建.NET 平台的后端基础。

（3）.NET 基础服务

.NET 基础服务提供了诸如密码认证、日历、文件存储、用户信息等必不可少的功能。

（4）.NET 终端设备

提供 Internet 连接并实现 Web 服务的终端设备是.NET 的前端基础。个人计算机、个人数据助理设备 PDA，以及各种嵌入式设备将在这个领域发挥作用。

（5）.NET 用户服务

能够满足人们各种需求的用户服务是.NET 的最终目标，也是.NET 的价值体现。

在这 5 个组成部分中，.NET 开发平台中的.NET 框架是.NET 软件构造中最重要的部分，其他 4 个部分紧紧围绕.NET 框架来进行组织整合。

1.2.2　.NET Framework

.NET Framework 覆盖了在操作系统上开发软件的所有方面，为集成 Microsoft 或任意平台上的显示技术、组件技术和数据技术提供了最大的可能。创建出来的整个体系可以使 Internet 应用程序的开发就像桌面应用程序的开发一样简单。

随着计算机技术的发展，越来越多的需求和越来越高的要求让开发人员必须不断地进行新技术的学习，包括云计算和云存储等。微软的.NET 平台另一个优势就是为多核化、虚拟化、云计算做准备。

1. .NET Framework 的功能

.NET Framework 提供了基于 Windows 的应用程序所需的基本架构，开发人员可以基于.NET Framework 快速建立各种应用程序解决方案。.NET Framework 具有下列功能特点：

（1）支持不同的编程语言

.NET Framework 支持多种不同的编程语言，因此开发人员可以选择他们所需的语言。公共语言运行库提供内置的语言互操作性支持，它通过指定和强制公共类型系统及提供元数据为语言互操作性提供必要的基础。

（2）支持使用不同语言开发的编程库

.NET Framework 提供了一致的编程模型，可使用预打包的功能单元（库），从而能够更快、更方便、更低成本地开发应用程序。

（3）支持各种标准 Internet 协议和规范

.NET Framework 使用标准的 Internet 协议和规范（如 TCP/IP、SOAP、XML 和 HTTP 等），支持实现信息、人员、系统和设备互连的应用程序解决方案。

（4）支持不同的平台

.NET Framework 可用于各种 Windows 平台，从而允许使用不同计算平台的人员、系统和设备联网，例如，使用 Windows XP/Vista/7/8/10 等台式计算机平台或 Windows CE 之类的设备平台的人员可以连接到使用 Windows Server 2003/2008/2012/2016 的服务器系统。

2. .NET Framework 组件结构

.NET Framework 实际上“封装”了操作系统，把用.NET 开发的软件与大多数操作系统特性独立开来，例如文件处理和内存分配等。这样，.NET 开发的软件就可以移植到许多不同的硬件和操作系统上。

.NET Framework 组件结构如图 1-2 所示，.NET Framework 具有两个主要组件：公共语言运行库（Common Language Runtime，CLR）和.NET Framework 类库（Framework Class Library，FCL）。

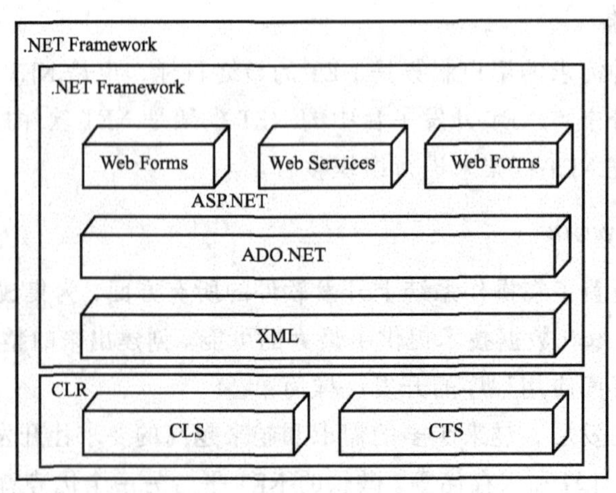

图 1-2 .NET Framework 组件结构

3. 公共语言运行库

公共语言运行库的作用是管理内存、执行线程、执行代码、验证代码安全、编译及其他系统服务。这些功能是在公共语言运行库上运行的托管代码所固有的。

公共语言运行库强制实施代码访问安全。例如，嵌入在网页中的可执行文件能够在屏幕上播放动画或音乐，但不能访问用户的个人数据、文件系统或网络。这样，通过 Internet 就可以部署运行库的安全设置，使得合法软件能够得到正确的判别。

公共语言运行库通过通用类型系统（CTS）的实现来严格进行类型验证和代码验证，通过验证基础结构来加强代码的可靠性。CTS 确保所有的托管代码都是可以自我描述的。这些托管代码可以是各种 Microsoft 编译器或第三方语言编译器生成的符合 CTS 的托管代码。这意味着托管代码可在严格实施类型保真和类型安全的同时使用其他托管类型和实例。

此外，公共语言运行库的托管环境还消除了许多常见的软件问题。例如，公共语言运行库可以自动处理对象布局并管理对象的引用，当不再使用它们时将它们释放。这种自动内存管理的方式解决了两个最常见的应用程序问题：内存泄漏和无效内存引用。

公共语言运行库提高了开发人员的工作效率。例如，程序员可以用他们选择的开发语言编写应用程序，通过公共语言运行库还可以使用其他开发语言编写的运行库、类库和组件。而且任何选择以运行库为目标的编译器供货商都可以这样做，这大大减轻了现有应用程序在迁移过程中的工作负担。

公共语言运行库旨在增强性能。尽管公共语言运行库提供了许多标准运行库服务，但是它从不解释托管代码，而是一种称为实时（JIT）编译的功能使得所有托管代码能够以本机语言运行。同时，内存管理器排除了出现零碎内存的可能性，并增大了内存引用区域以进一步提高性能。

4. .NET Framework 类库

.NET Framework 类库是一个与公共语言运行库紧密结合的可重用的类型集合。该类库是面向对象的，并提供可导出功能的类型。这不但使.NET Framework 类型易于使用，而且还减少了学习.NET Framework 的新功能所需要的时间。此外，第三方组件（如用 C++编写的组件）也可与.NET Framework 中的类无缝集成。第三方开发的集合类与接口同样也可以与.NET Framework 中的类无缝连接。

正如面向对象的类库所希望的那样，.NET Framework 类库能够完成一系列常见的编程任务（包括诸如字符串管理、数据收集、数据库连接以及文件访问等任务）。除常见任务之外，类库还包括支持多种专用开发方案的类型。

.NET Framework 类库为数据、输入/输出、安全性等提供了服务和对象模型。.NET Class Framework 含有上千个类和接口。下面列出其中的一些主要功能：

① 数据访问和处理。

② 执行线程的创建和管理。

③ 从.NET 到外界的接口——Windows 窗体、Web 窗体、Web 服务和控制台应用程序。

④ 应用程序安全性的定义、管理和实施。

⑤ 加密、磁盘文件 I/O、网络 I/O、对象的串行化和其他系统级的功能。

⑥ 应用程序配置。

⑦ 使用目录服务、事件日志、性能计数器、消息队列和计时器。

⑧ 使用各种网络协议发送和接收数据。

⑨ 访问存储在程序集中的元数据信息。

.NET Framework 类库被组织为一套具有层次结构的命名空间，每个命名空间可以包含类型（如类和接口），以及其他子命名空间。整个体系的根命名空间为 System，每一个.NET Framework 应用程序都会用到 System 所含的一些类型；C#中的类是利用命名空间组织起来的。命名空间提供了一种从逻辑上组织类的方式，可以防止命名冲突。用 namespace 关键字声明一个命名空间。此命名空间范围允许组织代码并提供创建全局唯一类型的方法。

1.3 熟悉 C#的集成开发环境——Visual Studio

这一节将会带领读者熟悉 Visual Studio 的开发环境，为进入开发阶段做准备。以 Visual Studio 2010 为例，其他版本类似。

（1）熟悉开发环境

首先确定软件已经正确安装，启动程序如图 1-3 所示，选择“开始”→“程序”→“Microsoft Visual Studio 2010”→“Microsoft Visual Studio 2010”命令，进入 Visual Studio 2010 开发环境。第一次启动时，会看到如图 1-4 所示的选择默认环境页面，选择“Visual C#开发设置”选项，启动 C#程序设置。

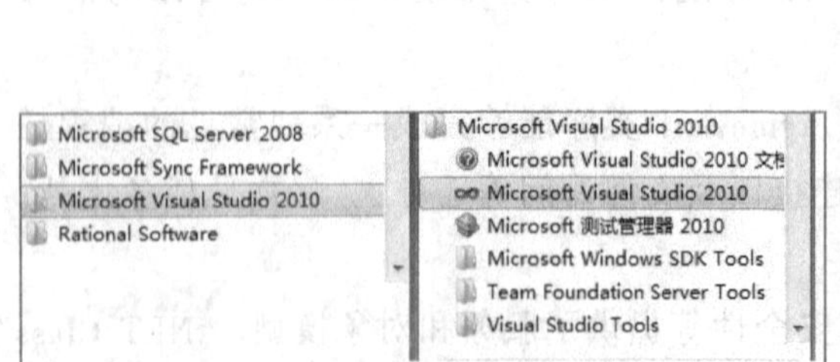

图 1-3 启动程序

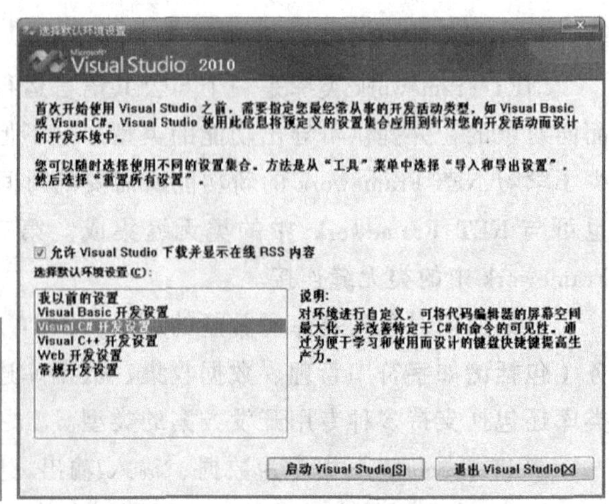

图 1-4 选择默认环境设置

Visual Studio 2010 界面简洁漂亮，同时提供了灵活的布局方式，如图 1-5 所示。

（2）熟悉菜单栏功能

菜单栏包括了 Visual Studio 2010 的大多数功能，同时，菜单栏随着不同的项目、不同的文件动态变化。此处对菜单栏常用功能作一个简单介绍，如表 1-1 所示。

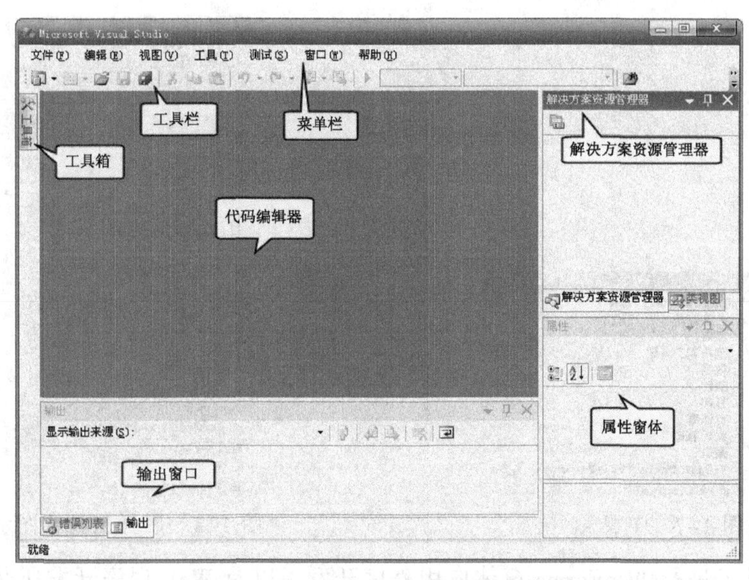

图 1-5　Visual Studio 2010 界面布局

表 1-1　Visual Studio 2010 菜单栏中的功能介绍

菜　单　项	功　　能
文件	提供了 Visual Studio 2010 中文件操作的各种功能，包括文件的新建、打开、保存、关闭，解决方案的打开、关闭，以及页面设置打印输出等
编辑	提供了大多数文件编辑功能，包括复制、剪切、粘贴，选择、查找，以及撤销、重复等操作
视图	提供了对各种窗口的显示、隐藏的控制，使用户可以灵活地控制窗口的布局
工具	提供了丰富的工具类操作，包括连接设备、连接数据库、服务器，以及提供工具自定义、选项等
测试	提供了测试的新建、加载、运行、调试等功能
窗口	提供了对开发环境的布局方法，包括显示、隐藏、浮动等

（3）熟悉工具栏功能

工具栏提供了最常用的功能的快捷方式，熟悉工具栏上的操作，会大大节省工作时间。同菜单栏一样，工具栏也是动态变化的，而且工具栏的内容可以根据用户的习惯自行定制。图 1-6 所示为位于菜单栏下面的工具栏。

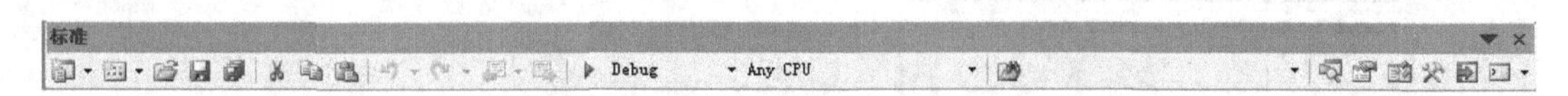

图 1-6　工具栏

工具栏中提供了几个基本常用的操作，包括文件的新建、打开、保存，以及常用的文件编辑操作，包括程序的运行和调试按钮。同时提供对解决方案资源管理器、对象浏览器、属性、工具箱等窗口的快捷访问。将鼠标指针悬停在工具栏相应的按钮上，Visual Studio 2010 会给出相应的提示，告诉用户该按钮的作用，以协助用户尽快地熟悉相应的功能。

（4）熟悉“工具箱”面板

工具箱是 Visual Studio 2010 最重要的展示工具的面板，一般停靠在 Visual Studio 2010 IDE 的左边。图 1-7 所示是工具箱的外观，图 1-8 所示为工具箱中展开公共控件选项的效果。

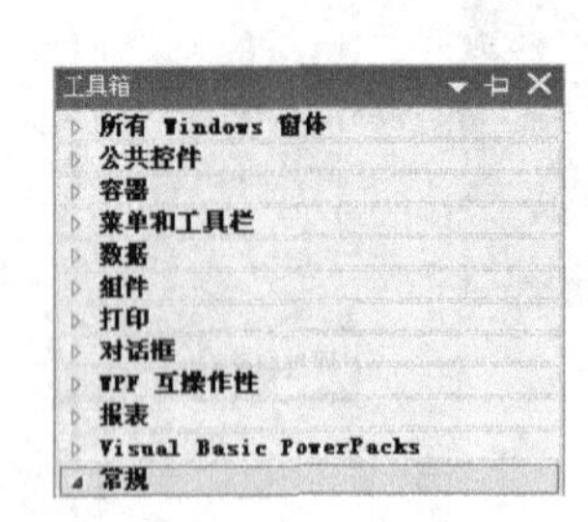

图 1-7　工具箱

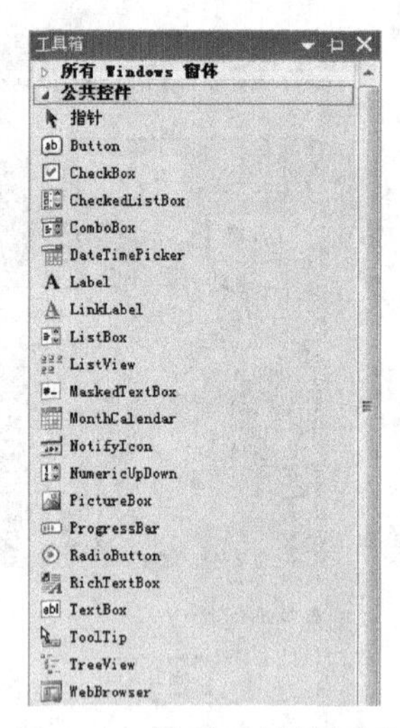

图 1-8　展开工具箱图示

工具箱提供了进行 WinForms 窗体应用程序开发，以及 Web 程序开发所必需的控件。通过工具箱，程序员可以方便地进行可视化窗体的设计，简化了程序设计的工作量，提高了工作效率。可以将工具箱隐藏，在需要时，通过组合键【Ctrl+Alt+X】将其激活。

（5）熟悉“属性”面板

“属性”面板是 Visual Studio 2010 中经常用到的工具之一，“属性”面板为可视化界面开发提供了简单的属性操作，同时提供帮助提示，减轻了程序员记忆对象属性的难度。“属性”面板还提供事件的管理功能，可以管理控件的事件，方便编程时对事件的处理。“属性”面板如图 1-9 所示。

因为某些控件的属性较多，“属性”面板提供了两种管理属性和事件的方式：一种是按功能分类方式排序属性列表；另一种是按字母方式排序属性列表。

（6）熟悉“类视图”面板

“类视图”面板提供了观察类结构的非常直观的工具，“类视图”可以展现出程序类的内部结构，如图 1-10 所示。

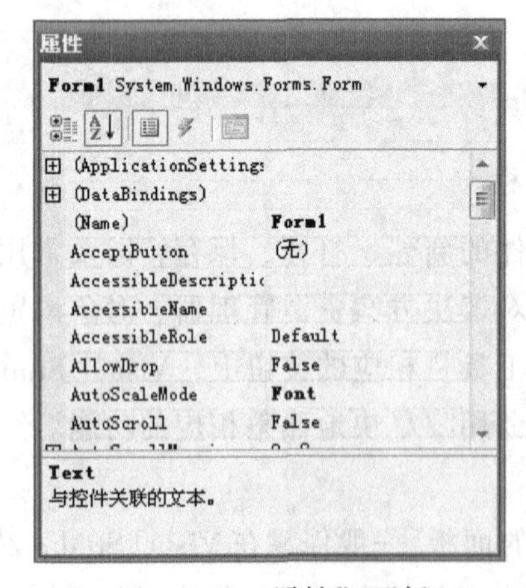

图 1-9　“属性”面板

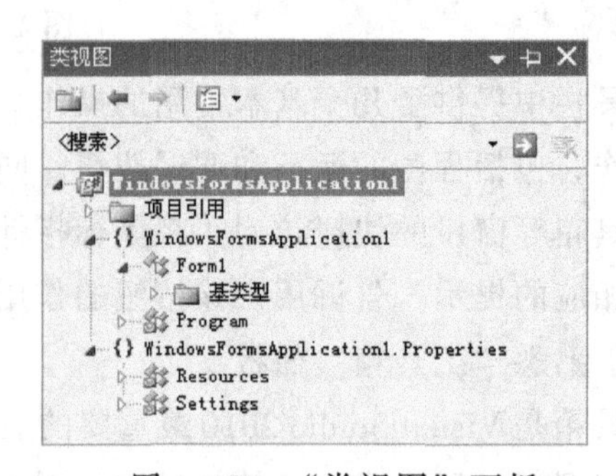

图 1-10　“类视图”面板

（7）熟悉“对象浏览器”面板

“对象浏览器”面板提供了查找程序集结构的工具，“对象浏览器”通过左边的树状菜单浏览相应的对象，选中某个对象，会在右上窗格显示对象的成员，在右下窗格显示选中元素的说明，如图 1-11 所示。

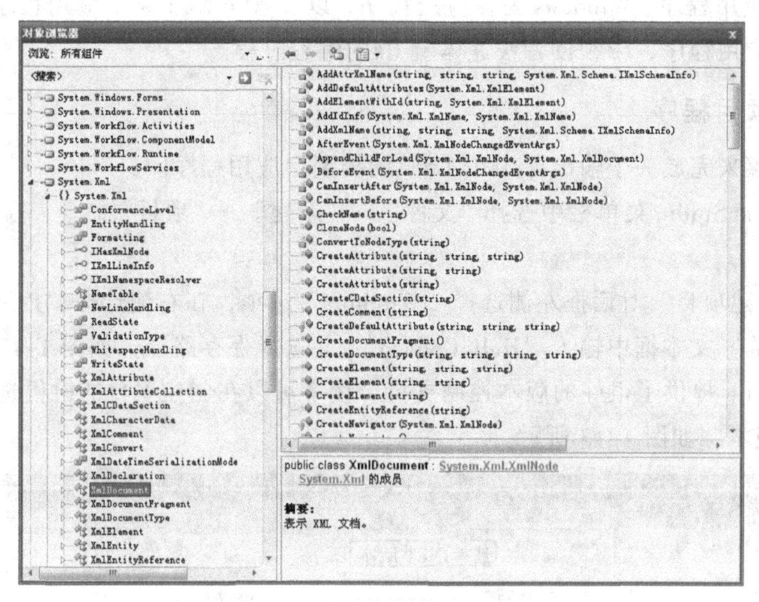

图 1-11　“对象浏览器”面板

（8）熟悉“代码编辑器”面板

“代码编辑器”面板提供了强大的代码编辑功能，是程序员最常接触的面板，如图 1-12 所示。

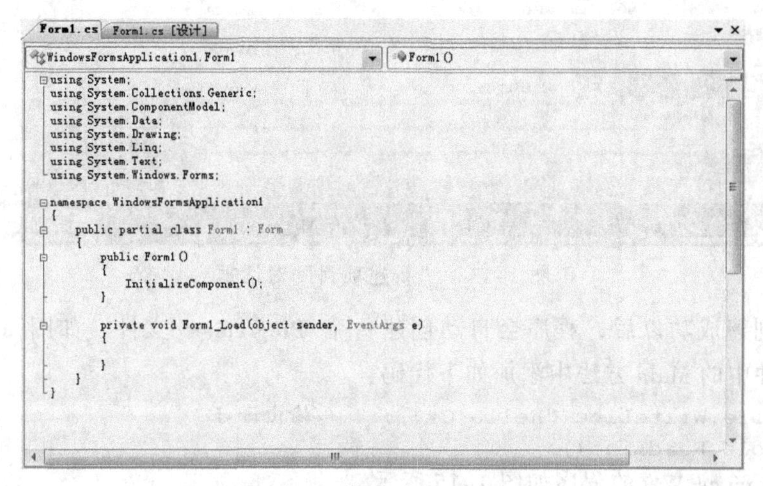

图 1-12　“代码编辑器”面板

Visual Studio 代码编辑器提供的功能有自动换行、渐进式搜索、代码大纲显示、折叠定义、给行编号等。如果希望给代码添加行号，可以选择“工具”→“选项”命令，在“选项”对话框左侧选择“代码编辑器”→“C#”选项，在右侧显示栏选择“行号”选项。

1.4 一个具有输入/输出功能的控制台应用程序

对 C#和 Visual Studio 开发环境有了初步了解以后，下面就开始 C#编程之旅。可以通过 C#创建控制台应用程序、Windows 窗体应用程序，以及 ASP.NET Web 应用程序等。接下来通过一个控制台应用程序，带领读者快速体验 C#的编程过程。

1.4.1 创建项目程序

下面分步骤来完成一个输出“Hello C#”的控制台应用程序。

① 在 Visual Studio 菜单栏中选择“文件”→“新建”→“项目”命令，打开“新建项目”对话框。

② 在“新建项目”对话框左侧选择“Windows”选项，在右侧选择“控制台应用程序”选项，在“名称”文本框中输入“HelloCSharp”，并选择保存路径，如图 1-13 所示。

Visual Studio 提供了很好的版本控制支持，读者可以在创建项目的时候选择该项目.NET Framework 的版本，如图 1-13 所示。

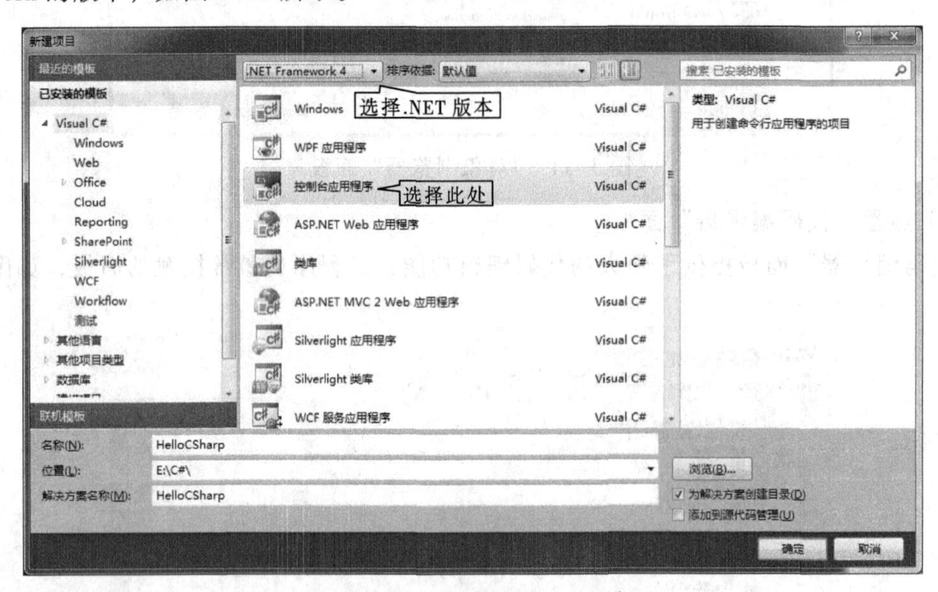

图 1-13 “新建项目”对话框

③ 项目创建成功以后，程序会自动创建一个 Program.cs 文件，如图 1-14 所示。在 Program.cs 文件中的 Main 方法中添加如下代码：

```
Console.WriteLine("Hello C#");    //输出语句
Console.ReadLine();
```

最终 Program.cs 文件的程序如图 1-15 所示。

④ 生成解决方案。在菜单栏中选择“生成”→“生成解决方案”命令。如果错误列表窗口中没有显示错误和警告，Visual Studio 状态栏会显示生成成功的提示，这一步表示程序编译通过了，下一步就可以调试运行了。

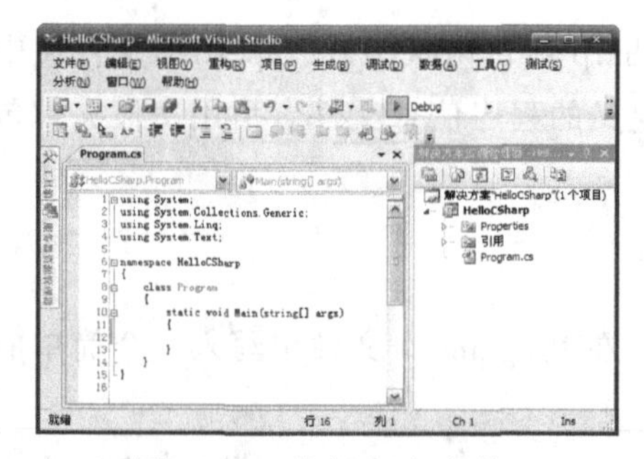

图 1-14　编辑程序文件

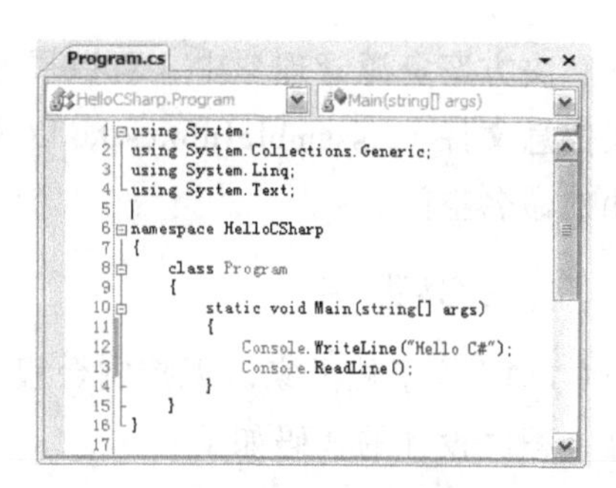

图 1-15　编写代码

⑤ 调试。在菜单栏中选择“调试”→“启动调试”命令，就会产生程序的运行结果，如图 1-16 所示。

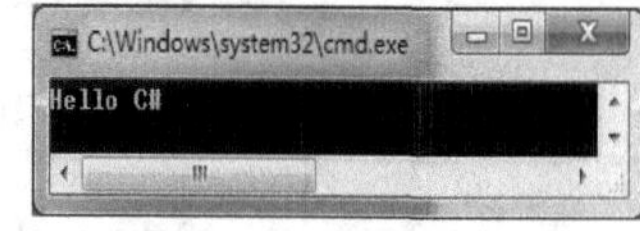

图 1-16　程序运行结果

1.4.2　认识项目结构

现在来认识一下上一节创建的项目。首先打开项目的保存路径，如图 1-17 所示。在 Visual Studio 中称之为解决方案文件夹，通过解决方案文件夹可以有效地将各种资源组织起来。解决方案文件夹包含了整个项目的所有文件，下面主要介绍几个文件的作用：

（1）HelloCSharp.csproj

csproj 意为 CSharp Project，即 C#项目文件。C#项目文件以 XML 文件格式提供项目的各项资源信息，为解决方案资源管理器提供显示管理文件的信息，从而使用户每次继续开发任务时，都能够全身心地投入项目和最终目标中，不会因开发环境而分散精力。

（2）HelloCSharp.sln

sln 意为 Visual Studio Solution，即解决方案文件。通过为环境提供对项目、项目项和解决方案项在磁盘上位置的引用，可将它们组织到解决方案中。

（3）HelloCSharp.suo

该文件记录所有将与解决方案建立关联的选项，以便在每次打开时，它都包含所做的自定义设置。

新建一个解决方案，就可以在 Visual Studio 开发环境的右侧解决方案资源管理器中看到整个解决方案的文件结构，如图 1-18 所示。

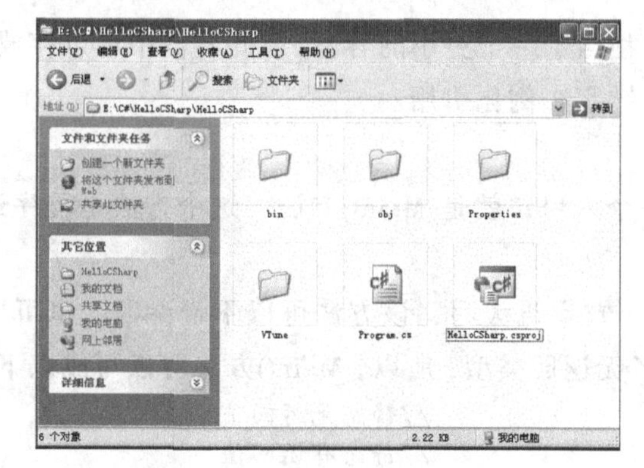

图 1-17　解决方案文件夹

图 1-18　解决方案资源管理器

在解决方案资源管理器中，可以展开 HelloCSharp 项目树状图，Properties 文件夹中包含程序集信息文件（AssembleInfo.cs），以及用户自定义的程序信息文件。引用文件夹中包含项目引用的命名空间。

1.4.3 认识 C#程序

【例 1-1】为了使大家认识控制台程序的结构，在 Program.cs 文件中写入一个简单的控制台程序，程序设计的代码如下：

```
1   using System;                                     //引入命名空间
2   using System.Collections.Generic;
3   using System.Linq;
4   using System.Text;
5
6   namespace HelloCSharp                             //定义命名空间
7   {
8       class Program                                 //定义类
9       {
10          static void Main(string[] args)           //创建主函数
11          {
12              Console.WriteLine("Hello C#");        //控制台输出
13              Console.ReadLine();                   //接收控制台输入
14          }
15      }
16  }
```

这是一个完整的 C#程序，代码虽少，却比较完整。下面通过几个关键词来逐一理解这个 C#程序。

（1）using

程序通过 using 关键字将提供不同操作的程序集对象引用到本程序中。例如，下文将用到 Console 类，在此通过“using System”引用该类。

（2）namespace

程序通过 namespace 关键字定义一个命名空间，命名空间相当于一个容器，在此容器中可以存放类、结构等程序模块，在其他程序中通过 using 关键字引用。

（3）class

程序通过 class 关键字定义一个类，类相当于一个更小的容器，在此容器中可以存放属性、方法等程序模块，在其他地方通过 new 关键字实例化引用。

（4）Main

C#跟其他语言一样，一个程序只有一个入口，就是 Main()方法。这个方法是程序运行的起点。

注意：C#中的入口方法（Main()方法）首字母大写，该方法可以不带参数，也可以带一个字符串数组参数，方法返回 int 类型或者无返回类型，所以，Main()方法可以写成以下几种：

```
static void Main()                         //静态无返回值
static int Main()                          //静态有返回值
```

```
static void Main(string[] args)        //静态无返回值带参函数
static int Main(string[] args)         //静态有返回值带参函数
```

1.4.4　控制台输入/输出

在控制台程序的基本结构中，控制台的输入和输出方法是值得注意的。在 C 语言中想打印一句话到控制台，使用的是 printf 语句，在 C#中，控制台的输入/输出操作主要是通过命名空间 System 中的类 Console 来实现的。输入操作主要有 Read()方法和 ReadLine()方法，输出操作主要有 Write()方法和 WriteLine()方法。

Console 是控制台类,对于控制台的一些操作以及特性都可以在 Console 类的成员中找到，Read()方法是一个静态方法，调用的格式为 Console.Read();。Read()方法每次从标准输入流中读取一个字符，程序将接收的字符作为 int 型值返回给变量。如果输入流中没有可用字符，则返回-1。ReadLine()方法也是一个静态方法，调用格式为 Console.ReadLine();。

ReadLine()方法用于从控制台中一次读取一行字符串，直到遇到【Enter】键才返回读取的字符串。但此字符串中不包含【Enter】键和换行符（'\n'），如果没有接收到任何输入或接收了无效的输入，那么 ReadLine()方法将返回 null。

输出使用 Write()方法或 WriteLine()方法，如【例 1-1】中的 Console.WriteLine("Hello C#")就是最简单的输出。Write()方法与 WriteLine()方法的区别在于 Write()方法输出以后不换行，而 WriteLine()方法输出后换行。

【例 1-2】如果用户在程序的控制台下写下用户名 sa，然后实现这样的效果：

```
请输入你的用户名: sa
你的用户名为 sa
请按任意键继续. . .
```

第二句的“你的用户名为”后面的“sa”会随着用户填写的不同内容而改变。这就需要将用户写在控制台上的内容读取下来，先存在一个变量中，然后再把这个变量显示出来。C#就是使用 ReadLine()方法来读取控制台的输入内容的，当用户输入结束后，按【Enter】键，这个方法便会读取用户写的内容。接下来就应该考虑读完内容后要存在变量里，这个变量应该定义为什么类型呢？用户写在了控制台上，无论写的是数字还是文字，都是一种字符串的形式，所以应该定义一个 string 类型的变量来存放。为解决这个问题，程序设计的代码如下：

```
1    Console.Write("请输入你的用户名: ");
2    //读取后的内容存放在 name 变量里
3    string name = Console.ReadLine();
4    //然后将 name 变量输出，这样就达到了输出结果随用户的填写内容而改变
```

这里需要注意的是第 3 行代码，即将用户写的内容用 ReadLine()方法读取后存放在 string 类型的变量里。需要突破习惯性思维的是：如果用户输入了数字，读取这个数字后也应该存放在 string 类型的变量里，原因是这个数字是以文本的形式写出来的。在本书后面的章节中会讲解各种类型数值与 string 类型的转化。

另外，还有自定义的格式化输出，其一般形式为：

```
Console.WriteLine ("{项目数},{0:自定义格式说明符}"参数表)
```

【例 1-3】采用占位符的方式显示如下结果：

```
你的真实名字是: 张三
你的年龄是: 19
你的性别是: 男
张三正在登录系统，性别: 男，年龄: 19 岁。
请按任意键继续. . .
```

为解决这个问题，程序设计的代码如下：

```
1   Console.Write("你的真实名字是: ");
2   string name = Console.ReadLine();
3   Console.Write("你的年龄是: ");
4   string age = Console.ReadLine();
5   Console.Write("你的性别是: ");
6   string sex= Console.ReadLine();
7   Console.WriteLine("{0}正在登录系统， 性别: {1}，年龄: {2}岁。", name,
sex, age);
```

前 6 行分别是提示语句与具体输入，第 7 行采用占位符的格式将 name、sex、age 这 3 个变量分别赋给前面对应的 3 个占位符。

1.4.5 获得帮助

在.NET 平台下开发软件有个最大的好处就是帮助很全。读者可以在微软提供的 MSDN 帮助中找到任何需要的东西，还可以注册活跃的开发社区参与讨论。

（1）Microsoft Visual Studio MSDN 帮助系统

MSDN 是 Microsoft Software Developer Network 的简称。这是微软针对开发者的开发计划。可以在 http://msdn.microsoft.com 看到有关软件开发的资料，也可以直接购买 MSDN Library 的光盘，也可以在安装 Visual Studio 的同时选择安装 MSDN。MSDN 包括 C#等语言的帮助文件和许多与开发相关的技术文献，是学习 C#最好的指导书和工具书。MSDN Library 每个季度更新一次，可以向微软订阅更新光盘。

图 1-19 是 MSDN 中文站点，通过访问站点，可以获得更新的开发信息。

（2）如何使用 MSDN 获得帮助

C#的帮助是以 MSDN Library 的方式提供的，即通过【F1】快捷键访问。MSDN 中也包括大量 C#的文章和例子，对读者很有帮助。通常在以下情况下使用帮助：

① 获得学习帮助。比如在开发过程中，希望获得某个知识点的帮助，可以通过使用菜单栏的“帮助”命令获得，如图 1-20 所示。例如，需要了解 Object 类的用法，可以在菜单栏选择“帮助”→“搜索”命令，打开图 1-21 所示窗口，然后在文本框中输入“Object”，单击“搜索”按钮，得到结果。

可以通过索引来更精确地获得 Object 类的相关信息，在菜单栏选择“帮助”→“索引”命令，在文本框中输入“Object”，在索引列表中就可以找到 Object 相关的信息，如图 1-22 所示。

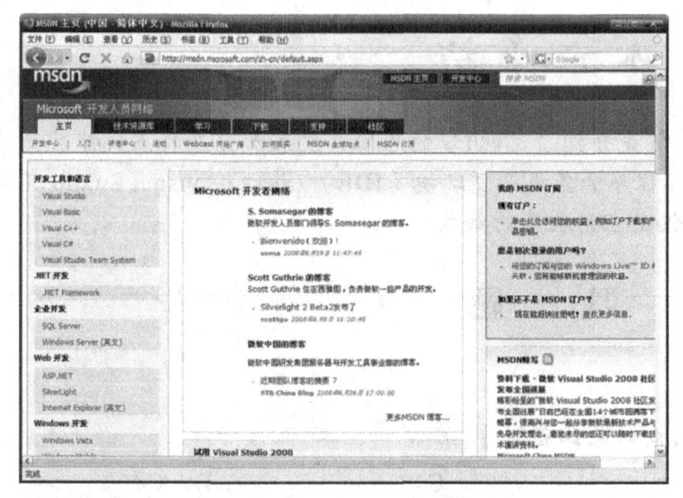

图 1-19　MSDN 中文主页

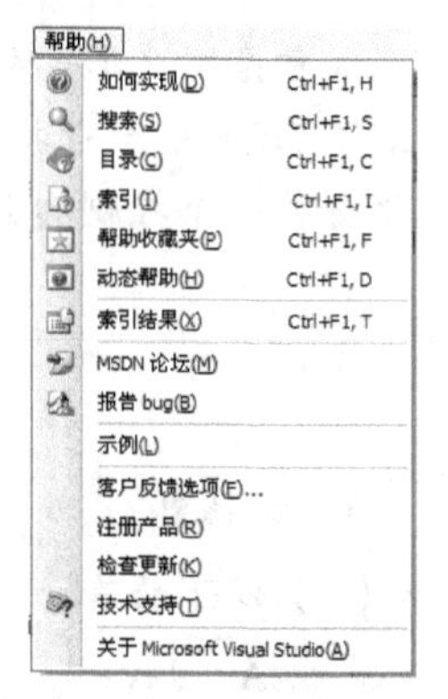

图 1-20　“帮助”菜单

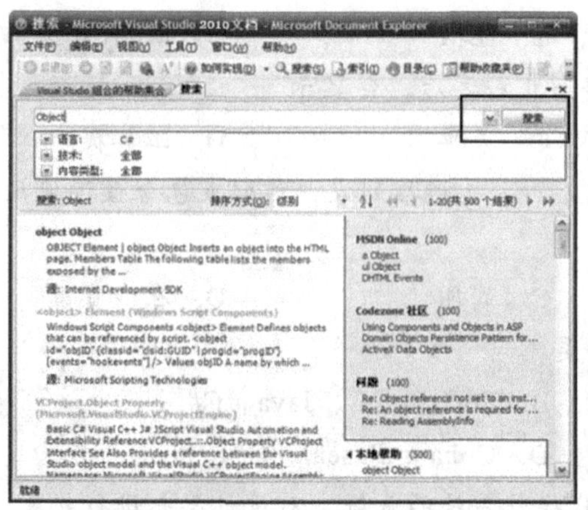

图 1-21　使用 MSDN 的搜索功能

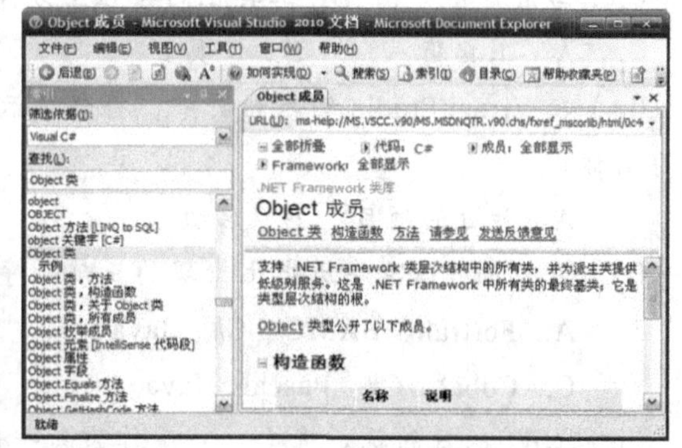

图 1-22　使用 MSDN 的索引功能

也可以通过目录查找相应信息。总之，关于 MSDN 的使用非常灵活，读者不妨把它当作一本丰富的工具辞典。

② 编写程序总会有出错的时候，Visual Studio 对程序的出错提供了友好的提示，如图 1-23 所示。这是一个数组下标越界的错误，当程序运行以后，会在出错的地方中断，并弹出出错提示对话框。读者可以单击出错提示中的内容进入 MSDN，以获得帮助，可以方便快速地解决这个错误。

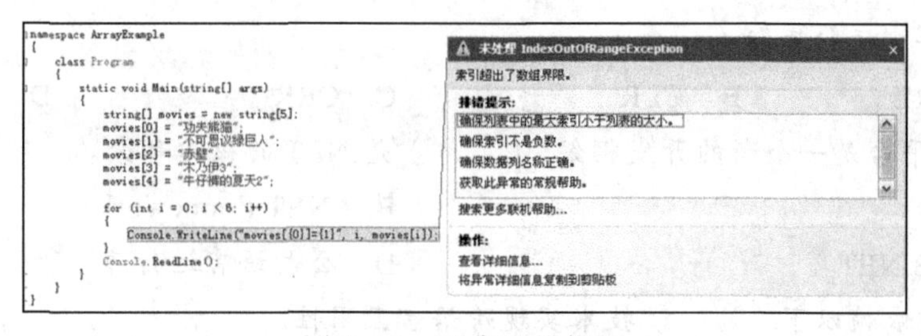

图 1-23　程序出错提示

本章小结

本章是对C#程序设计的概述。首先介绍了C#出现的原因、发展历史及特点；然后简单介绍了.NET平台；接下来介绍了C#程序的集成开发环境（IDE）；最后在Visual Studio环境下开发第一个控制台应用程序，并叙述应用程序的结构。

习　题

1. 选择题

（1）以下语言，（　　）不是面向对象编程语言。

A. Java　　B. C　　C. C++　　D. C#

（2）C#是（　　）公司出品的优秀的集成开发工具中所支持的一种语言。

A. Sun　　B. Borland　　C. IBM　　D. Microsoft

（3）当鼠标指针在IDE工具栏的按钮上方停留几秒之后，会显示（　　）。

A. 工具箱　　B. 工具栏　　C. 菜单　　D. 工具提示

（4）在Visual Studio的起始页中，将会显示（　　）链接列表，该列表包含最近使用的项目名称。

A. 最近的项目　　B. 启动　　C. 新闻　　D. 在线资源

（5）以下几种语言在历史上出现的正确顺序是（　　）。

A. Fortran、BASIC、C#、Java　　B. Fortran、C、Java、C#

C. Cobal、C#、Pascal、Java　　D. Cobal、Pascal、C#、Java

（6）.NET的目的就是将（　　）作为新一代操作系统的基础，对设计思想进行扩展。

A. Internet　　B. Windows　　C. C#　　D. 网络操作系统

（7）下列关于命名空间的说法，错误的是（　　）。

A. 在C#中，需要命名空间，根据需要来定义和使用

B. 使用命名空间的好处是，不但在不同命名空间中的成员可以重名，而且在同一个命名空间中的成员也可以重名

C. 不同命名空间中的成员可以重名，同一个命名空间中的成员不可以重名

D. 命名空间为程序的逻辑结构提供了一种良好的组织方式

（8）公共语言运行库即（　　）。

A. CRL　　B. CLR　　C. CRR　　D. CLS

（9）.NET平台是一个新的开发框架，（　　）是.NET的核心部分。

A. C#　　B. .NET Framework

C. VB.NET　　D. 公共语言运行库

（10）.NET依赖以下（　　）技术实现跨语言互用性。

A. CLR　　B. CTS　　C. CLS　　D. CTT

2. 简答题

（1）简述 C#语言的特点。

（2）简述编写一个控制台应用程序的步骤，并上机编写运行。

（3）什么是.NET Framework？其设计目标是什么？与 Windows 平台以前的开发平台相比有哪些特点？

（4）说明.NET Framework 的组件构成，并解释每个组件所实现的功能。

3. 程序练习题

开发一个简单的控制台应用程序，该程序完成一段字符串的输入，然后输出该字符串。

上 机 实 验

1. 实验目的

（1）熟悉 Visual Studio 环境的使用；

（2）掌握 C#控制台应用程序的基本操作过程；

（3）掌握控制台下输入/输出方法的使用。

2. 实验内容

（1）实验一

在本练习中，使用 Visual Studio 集成开发环境，用*号输出一个圣诞树的造型，如下所示：

```
      *
     ***
    *****
   *******
    *****
   *******
************
     **
     **
```

（2）实验二

在本练习中，使用 Visual Studio 集成开发环境，输出所输入的字符串。执行效果如下：

```
请输入你的姓名，按回车键确认。
王芳<enter>
王芳，你好！欢迎使用 Visual Studio 2005!
```

其中第 2 行为运行程序要输入的语句，按回车键后显示第 3 行。

第2章 C#语言基础

本章导读

本章主要介绍C#编程的一些基础知识。一共分为6节来介绍，内容包括C#的基本数据类型、变量和常量、数据类型转换、常用运算符、表达式编程、分支结构、循环结构，以及复杂数据类型。

本章内容要点：

- 表达式编程；
- 分支结构编程；
- 循环结构编程；
- 数组和字符串。

内容结构

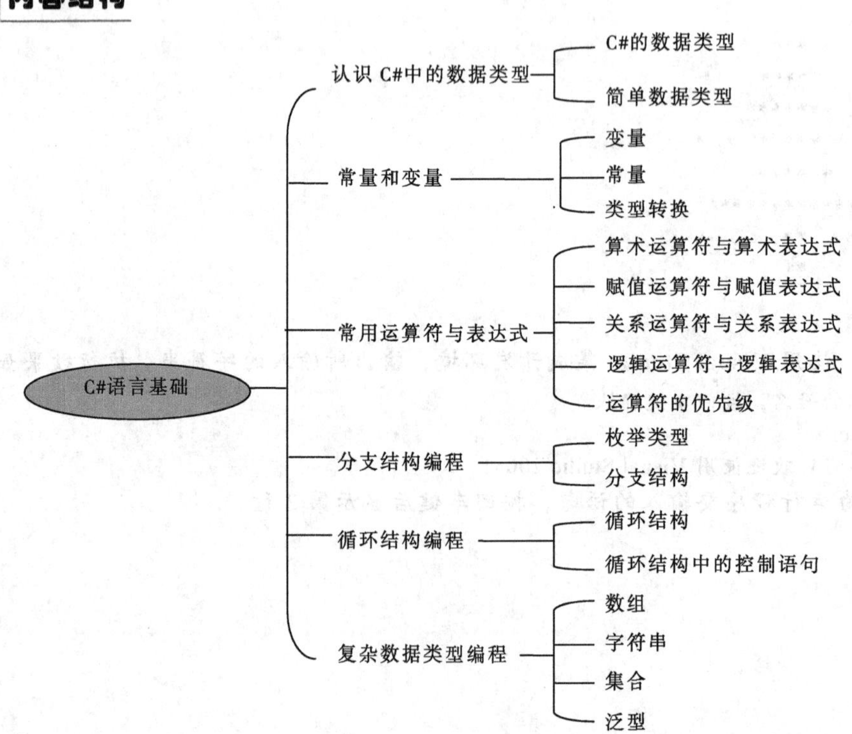

学习目标

通过本章内容的学习，学生应该能够做到：

- 掌握常用的基本数据类型——整型、字符型、实型、布尔型等；
- 了解值类型和引用类型的区别；
- 学会使用变量及常量编程；
- 学会使用运算符及表达式编程；
- 掌握分支语句和循环语句；
- 了解枚举类型的概念及使用方法；
- 掌握数组及字符串的概念及使用方法；
- 了解集合类、泛型类的使用。

2.1　认识 C#中的数据类型

2.1.1　C#的数据类型

学习任何一种语言，必须先了解它所提供的数据类型，因为程序设计中的每一变量和对象都需要为其声明类型，类型决定了变量或对象在内存上的存储方式以及存储空间的大小。C#的数据类型根据存储方式的不同，分为值类型和引用类型，如图 2-1 所示。对于值类型数据在内存中直接存储该数据的值；而对于引用类型的数据，内存中存储的是该数据的地址，由此地址再索引到数据本身。

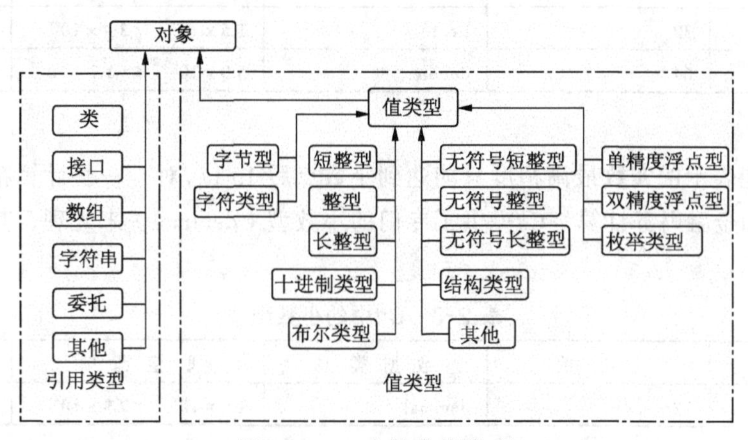

图 2-1　C#中的数据类型

如图 2-1 所示，引用类型包括类、接口、数组、字符串和委托等。值类型包括简单类型（整型、实型、布尔类型等）和一些复杂的值类型（结构类型、枚举类型等）。

2.1.2　简单数据类型

引用类型和复杂的值类型在后面的章节中会陆续介绍，本节主要介绍一些常用的值类型。

1. 整型

数学上的整数用整型表示。计算机的存储单元是有限的，所以计算机程序设计语言提供的整型值总是限于某个范围内。根据数据所占内存的位数，C#提供 8 种整数类型，如表 2-1 所示。8 种整数类型分为两组，分别为有符号整型（带有前缀 s，全称 signed）和无符号整型（带有前缀 u，全称 unsigned）。

表 2-1 C#中的整型

描　述	位　数	数据类型	取 值 范 围
有符号整数	8	sbyte	–128～127
	16	short	–32 768～32 767
	32	int	–2 147 483 648～2 147 483 647
	64	long	–9 223 372 036 854 775 808～9 223 372 036 854 775 807
无符号整数	8	byte	0～255
	16	ushort	0～65 535
	32	uint	0～4 294 967 295
	64	ulong	0～18 446 744 073 709 551 615

2. 实型

数学中除了整数，还有实数。C#提供了两种数据类型来表示实数：单精度实型（float）和双精度实型（double），其差别在于取值范围和精度的不同，如表 2-2 所示。

表 2-2 C#中的实型

描　述	位　数	数 据 类 型	取 值 范 围	精　度
单精度实型	32	float	1.5×10^{-45}～3.4×10^{38}	7 位
双精度实型	64	double	5.0×10^{-324} ～1.7×10^{308}	15 位

3. 小数型

由于实型能表示的实数最高精度只能达到小数点后 15 位，对于一些计算精度要求很高的应用程序，例如金融财务计算，C#提供了专门的小数型（decimal）来处理，其取值范围和精度如表 2-3 所示。

表 2-3 C#中的小数型

描　述	位　数	数 据 类 型	取 值 范 围	精　度
十进制类型	128	decimal	1.0×10^{-28}～7.9×10^{28}	29 位

4. 布尔类型

布尔类型（bool）表示逻辑真或逻辑假，分别采用 true 和 false 这两个值，如表 2-4 所示。

表 2-4 C#中的布尔类型

描　述	位　数	数 据 类 型	取 值 范 围
布尔类型	8	bool	true 或 false

5. 字符型

字符型（char）用来处理国际上公认的Unicode标准字符集，既包括ASCII字符集中的一些简单的字母和符号字符，也包括世界范围的各种文本字符、音调字符、数学符号字符等，如表2-5所示。

表2-5 C#中的字符型

描 述	位 数	数据类型	取值范围
字符型	16	char	0～65 535范围内以双字节编码的任意字符

2.2 常量和变量

2.2.1 变量

1. 变量的含义

写程序时，第一步一般要考虑程序中的数据如何存储，变量是存储信息的基本单元，在变量中可以存储各种类型的数据，需根据实际需求来定义变量的数据类型。例如，一个学生的"课程成绩"，该数据可能会是实数，如90.5，因此考虑将该变量定义为实型（double或是float）。另外，每一个变量还需要为它定义一个名字，以便在程序中调用它。

2. 变量的声明

使用变量时，一定要注意"先声明再使用"的原则。声明变量的语法如下：

```
数据类型  变量名;
```

变量名要遵循C#语言的命名规范：第一，变量名只能由下画线或字母打头，后跟字母、数字、下画线的字符序列；第二，变量名不能与C#中的关键字名称相同。

例如，声明一个存储学生身高的变量：

```
double  h;       //变量名最好遵循Camel命名规范
```

声明好的变量，需要的时候可以给它赋值，如h=1.75；也可以声明变量的时候直接初始化它的值，如double h=0。

2.2.2 常量

同变量一样，常量也用来存储数据，但是常量一旦初始化就不能改变其值。常量的声明语法跟变量类似，多了一个表示常量的关键字const，如下：

```
const  数据类型  常量名=常量值;
```

下面这条语句声明了一个常量圆周率PI:

```
const double PI=3.1415926; //常量名通常均大写
```

2.2.3 类型转换

计算机在处理数据时，经常需要在不同的数据类型之间进行转换。例如，下面的这条类型转换语句：

```
w=double.Parse(Console.ReadLine());
```

键盘输入的值是字符串类型，需要将其转换成 double 类型后，才能赋值给 double 型变量 w。在 C#中，数据类型的转换可以分为两类：隐式类型转换和显式类型转换。

1. 隐式类型转换

隐式类型转换又称自动转换，是由编译器自动完成，不需要任何的类型转换语法。隐式类型转换遵循以下几条规则：

① 如果参与运算的数据类型不相同，则先转换成同一类型，然后进行运算。

② 隐式类型转化发生在低精度数值类型向高精度数值类型转换时，例如 int 型和 long 型数据进行运算时，编译器能将 int 数据隐式转换成 long 型后再进行运算。

③ 所有的浮点运算都是以双精度进行的，即使仅含 float 单精度量运算的表达式，也要先转换成 double 型，再进行运算。

④ byte 型和 short 型数据参与运算时，必须先转换成 int 型。

⑤ char 型可以隐式转换为 ushort、int、uint、long、ulong、float、double 或 decimal 型，但是不存在从其他类型到 char 类型的隐式转换。

2. 显式类型转换

显式类型转换又称强制转换，由用户通过类型转换语法将某一类型强制转换为另一类型，显式类型转换的语法如下：

（目标类型）（待转换的数据）

例如，下面的语句是将 long 型数据强制转换成 int 型：

```
long  a=100;
int  i=(int) a;
```

显式类型转换时，有一个很重要的前提条件，待转换的数据类型和目标类型一定要类型兼容，long 和 int 类型兼容，但是如果试图将一个字符串类型强制转换成 int，编译会报错，如下面的两条语句：

```
string  s="1000";
int  i=(int)s;
```

这种情况，显式类型转换是行不通的，但是可以用 parse 和 convert 两种内容转换方法，该方法较上面的类型转换方法更为灵活，只要待转换数据的内容是一个与目标类型的内容兼容，就可以进行转换。如上面内容为数值的字符串转换为 int：

```
string s="1000";
int i;
i=int.Parse( s);
```

或者

```
i=Convert.ToInt32(s);
```

2.3 常用运算符与表达式

程序中，需要对数据进行各种计算，比如赋值、算术运算（加减乘除）等。C#中的运算符非常丰富，常见的运算符有算术运算符、赋值运算符、关系运算符、逻辑运算符等。由运算符和操作数组成的式子称为表达式。下面是计算身高质量指数（BMI）的语句：

```
BMI=w/(h*h)
```

其中，w / (h * h)就是一个表达式；w、h 是操作数；/和*是运算符（除法和乘法运算）。

2.3.1　算术运算符与算术表达式

我们从小学就开始接触算术运算符，如加、减、乘、除、求余等。C#提供的算术运算符一共有 7 种，包括加（+）、减（-）、乘（*）、除（/）、求余（%）、自增（++）和自减（--）。

+、-、*、/、%这 5 种运算符都是双目运算符（操作数为两个的运算符），运算法则与数学中的运算法则一样，其运算结果与操作数中优先级高的看齐。例如，下面一条语句中，5.0/2 的结果是 2.5，原因被除数为 double 型，高于除数的 int 型，所以结果为 double 型。

```
Console.WriteLine("2+3={0},5/2={1},5.0/2={2},5%2={3}", 2 + 3, 5 / 2,
5.0 / 2,5 % 2);
```

运行结果如下：

```
2+3=5,  5/2=2 ,  5.0/2=2.5,  5%2=1
```

++、--两种运算符属于单目运算符（只有一个操作数），运算法则是对变量的值加 1 或减 1，表达式 i++（i--）或表达式++i（--i）执行完，变量 i 的值均加 1（或减 1），但是表达式的值跟运算符的位置有关。如果++/--在变量的前面，则表达式++i（--i）的值为加 1（或减 1）后的值；如果++/--在变量的后面，表达式 i++（i--）的值还是原来变化前的值。例如，下面的代码：

```
int sum,subtract;
int i=1;
int j=1;
sum=i++;                //i++表达式的值为原来的值，还是 1
subtract=--j;           //--j 表达式的值为减 1 后的值 0
Console.WriteLine("i={0},j={1},sum={2},subtract={3}",i,j,sum,subtra
ct);
```

运行结果如下：

```
i=2,j=0,sum=1,subtract=0
```

2.3.2　赋值运算符与赋值表达式

1．简单赋值运算符

C#的赋值运算符为“=”，它的作用是给一个变量赋一个新值，如下所示。

```
x=20;
```

在进行赋值运算时，如果赋值号左右的数据类型不同时，则系统自动将赋值号右边的类型转换成左边的类型再赋值。如下面的语句执行完，result 变量的值为 double 型，而不是 int 型。

```
double  result=20;
```

2．复合赋值运算符

在赋值运算符“=”前面加上其他二元运算符就构成复合赋值运算符，常见的复合赋值运算符有+=、-=、*=、/=、%=、&=、|=等。它们的运算法则是将赋值号左右的操作数算术（或逻辑）运算后再进行赋值。如下所示。

```
x+=2       等价于    x=(x+2)
y*=y+2     等价于    y=y*(y+2)
```

2.3.3 关系运算符与关系表达式

C#的关系运算符包括大于（>）、小于（<）、大于等于（>=）、小于等于（<=）、等于（==）和不等于（!=）。关系运算符用来判断两个操作数之间的关系，如果关系成立，则返回 true，如果关系不成立，则返回 false。

例如，若有 x=2，y=5，则关系表达式 x==y 的值为 false。

2.3.4 逻辑运算符与逻辑表达式

C#的逻辑运算符包括逻辑与（&&或&）、逻辑或（||或|）、逻辑非（!）和逻辑异或（^）。逻辑运算的操作数通常是关系表达式或布尔类型变量，结果为布尔类型值。逻辑运算的真值表如表 2-6 所示。

表 2-6 逻辑运算的真值表

运 算 符	操作数 A	操作数 B	逻辑表达式	结 果
逻辑与	true	true	A&&B 或 A&B	true
	true	false	A&&B 或 A&B	false
	false	true	A&&B 或 A&B	false
	false	false	A&&B 或 A&B	false
逻辑或	true	true	A||B 或 A|B	true
	true	false	A||B 或 A|B	true
	false	true	A||B 或 A|B	true
	false	false	A||B 或 A|B	false
逻辑异或	true	true	A^B	false
	true	false	A^B	true
	false	true	A^B	true
	false	false	A^B	false
逻辑非	true		!A	false
	false		!A	true

其中，&&和||支持短路运算，如果第一个操作数能确定逻辑表达式的结果，那么第二个操作数就不会被计算，即被短路掉了。如 x=2,y=3，在计算表达式(x<y)||(++x<y)时，第一个操作数（x<y）值为 true，查看真值表，或（||）运算只要一个为 true，则结果为 true，按照短路原则，第二个操作数不会被执行。

2.3.5 运算符的优先级

当表达式中含有多个运算符时，计算就不是简单地从左到右，运算的顺序由运算符的优先级决定。上面介绍的 4 种运算符，外部优先级从高到低为：算术运算符＞关系运算符＞逻辑运算符＞赋值运算符。每一种运算符内部的优先级也不完全相同，例如，算术运算符中*、/的优先级高于+和-，一般单目运算符的优先级高于双目运算符。表 2-7 列出了 C#运算符的优先级关系，从上到下优先级越来越低，每一行的优先级相同。

表 2-7　运算符的优先级

运　算　符	结合方向	运　算　符	结合方向
++、　--、　!	右	^	左
*、　/、　%	左			左
+、　-	左	&&	左
<、　>、　<=、　>=	左	||	左
==、　!=	左	=、　+=、　-+、　*=、　/=、　%=	右
&	左		

2.4　分支结构编程

2.4.1　枚举类型

枚举类型是一种值类型，被用来描述某种取值数量有限的数据，程序员可以在其中进行选择。例如，用户登录过程中，用户最终登录验证的结果可以是 3 种的其中一种：合法身份、非法身份或退出身份。枚举类型是使用 enum 关键字声明的，如下面的代码：

```
public enum LoginResult
{
    LoginOut,                           //退出
    LoginValidity,                      //合法身份
    LoginInvalidity                     //非法身份
}
```

其中，LoginResult 是枚举类型名，花括号中的 LoginOut、LoginValidity、LoginInvalidity 分别表示 3 个不同的枚举元素，每一个枚举元素的值为一个整数。默认情况下，第一个元素值为 0，第二个元素值为 1，后面的元素依此类推。如果需要，可以为枚举元素指定整数值，如下面的代码：

```
public enum LoginResult
{
    LoginOut,                           //退出
    LoginValidity=100,                  //合法身份
    LoginInvalidity                     //非法身份
}
```

修改后，3 个元素对应的整数分别为：LoginOut=0、LoginValidity=100、LoginInvalidity=101。

定义好的枚举类型如何使用？LoginResult 现在是一个枚举类型名，与 int、double 一样，可以基于 LoginResult 声明枚举类型的变量，并且为变量赋一个枚举元素值，如下面的语句：

```
LoginResult lgr;
if(option=="2")
    { lgr=LoginResult.LoginOut; }
```

lgr 是一个 LoginResult 枚举类型的变量，所以它的值可以是 3 个元素中的任意一个，上面代码中，当用户选择了“2”退出操作时，lgr 的值为 LoginResult.LoginOut（退出结果）。

2.4.2 分支结构

程序有 3 种常用结构，分别是：顺序结构、分支结构和循环结构。顺序结构最简单，按照程序代码编写的顺序依次执行，如图 2-2 所示；分支结构是将执行流程分成若干分支，根据不同的条件选择不同的分支执行；循环结构是指某一程序段需要反复执行。本小节讨论分支结构，循环结构将在 2.5 节中介绍。

分支结构采用条件语句实现，包括 if 语句和 switch 语句，根据给定的条件 P 进行判断，如果条件成立则执行 A，否则执行 B，如图 2-3 所示。

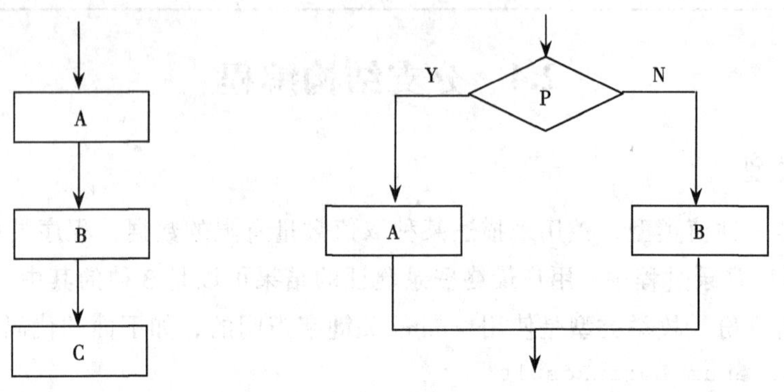

图 2-2 顺序结构流程　　图 2-3 分支结构流程

1. if 语句

if 语句是最常用的条件语句，if 后通常紧跟一个条件表达式——值为布尔类型的表达式（关系表达式或是逻辑表达式），当条件表达式的值为真，就执行 if 后的语句，否则就执行关键词 else 后面的语句，if 语句的使用有下面 4 种形式。

（1）if-else 形式

```
if(条件表达式)
 {  语句 A;}
else
 {  语句 B;}
```

这是最基本的形式，如果条件表达式的值为真，则执行语句 A，否则执行语句 B。

（2）if 形式

```
if(条件表达式)
  {  语句;}
```

这种形式，只给出条件表达式的值为真的一条分支，条件表达式的值为假不做任何操作，这是 if 语句最简单的一种使用。2.4.1 节中登录的代码：

```
if(option=="2")
     {   lgr = LoginResult.LoginOut;   }
```

变量 option 是存储用户键盘的输入值（1 表示登录，2 表示退出），如果条件表达式(option == "2")值为真，即说明用户选择的是退出操作，则将 lgr 变量的值设为枚举值 LoginResult.LoginOut（LoginOut 是 3 种登录验证结果中的一种：退出）。

（3）if 的嵌套形式

```
if(条件表达式 1)
```

```
  {
     if(条件表达式 2)
         {  语句 A;}
     else
         {  语句 B;}
  }
else
  {
     if(条件表达式 3)
         {  语句 C;}
     else
         {  语句 D;}

  }
```

嵌套形式是在每一个 if 或者 else 内部又嵌套一个 if-else 结构，利用它来实现多条分支结构。例如，使用 if 的嵌套形式对登录过程中用户身份进行验证，代码如下：

```
//用户选择“登录操作”
if(option=="1")
{   //用户验证
    if(userName=="sa" && userPwd=="123")
        lgr=LoginResult.LoginValidity;
    else
        lgr=LoginResult.LoginInvalidity;
}
```

上面代码中，若条件表达式(option=="1")的值为真，即用户选择的是登录操作，需要进一步判断用户身份的合法性，此处用了一个 if 的嵌套，如果用户名(userName)、密码(userPwd)与预设的值相同，则是合法身份，执行内层嵌套 if 后的语句：lgr=LoginResult.LoginValidity；否则是非法身份，执行内层嵌套 else 后面的语句：lgr=LoginResult.LoginInvalidity。

（4）if 的扩展形式

```
if(条件表达式 1)
 {  语句 A;}
else if(条件表达式 2)
 {   语句 B;}
else if(条件表达式 3)
 {  语句 C;}
…
else
 {  语句 D;}
```

扩展形式，是对每一个 else 分支进一步展开判断，它和嵌套形式一样，可以被用来定义多分支结构。

2．switch 语句

使用 if 语句虽然能够实现多分支结构，但当判断的条件较多时，程序的可读性大大降低，switch 语句专门来实现多分支结构，其语法更为简单，能处理复杂的条件判断。switch 语句的一般形式如下：

```
switch(表达式)
```

```
{
   case 常量 1: 语句 1;break;
   case 常量 2: 语句 2;break;
   …
   case 常量 n: 语句 n;break;
   default: 语句 n+1;break;
}
```

每一个可能的分支都对应着一个 case 语句，执行流程会计算 switch 后面的表达式与哪个 case 后的常量值相同，则执行该 case 后面的语句。每一个 case 语句执行完，需要执行 break 语句，帮助执行流程跳出 switch 结构。default 在这里的作用，相当于 if 中的 else，当没有匹配的 case 分支时，就会执行 default 后的语句，default 分支可有可无，视情况而定。例如，使用 switch 语句根据用户的身份验证结果执行对应的操作，代码如下：

```
switch(lgr)
{
    case LoginResult.LoginOut:
        break;                          //关闭控制台
    case LoginResult.LoginValidity:
        DrawMain();                     //显示学生操作主窗口
        break;
    case LoginResult.LoginInvalidity:
        Console.WriteLine("不正确的用户名或密码！");
        break;
    default:
        Console.WriteLine("无效输入！");
        break;
}
```

上面的代码中，根据 lgr 中的值（lgr 是一个枚举变量，它的值有 3 种可能，LoginOut、LoginValidity 或 LoginInvalidity），选择不同的分支执行，如果 lgr 的值为 LoginOut，表示用户选择了退出操作，则关闭程序；如果 lgr 的值为 LoginValidity，表示是一个合法身份的用户登录，则允许进入“学生操作主窗口”，此处的 DrawMain()是一个显示学生主操作窗口的方法；如果 lgr 的值为 LoginInvalidity，表示是一个非法用户要登录，则给出错误提示“不正确的用户名或密码!”。

2.5 循环结构编程

2.5.1 循环结构

当某个程序段需要不停地反复执行，直到达到某种条件才停止，可以采用循环结构实现。反复被执行的程序段称为循环体，决定循环是否继续的条件称为循环条件，通常为一个条件表达式。C#提供了 4 种循环语句，分别为 while 语句、do-while 语句、for 语句和 foreach 语句。

1. while 语句

while 是“当”型循环。当循环条件表达式的值为真时，就继续循环，否则结束循环。语法如下：

```
while（循环条件）
{
    循环体;
}
```

while 语句的执行过程如图 2-4 所示。计算条件表达式，如果值为真，则执行一次循环体中的语句，并重复上述操作，直到条件表达式值为假，结束循环，执行后面的语句。因此，while 语句的特点是：先判断条件表达式，后执行循环体。

使用 while 语句时，首先应在循环外部设置一个循环控制变量，并为其赋初值；然后在循环体内要修改循环控制变量的值，使之越来越接近循环结束的条件值，以保证不会造成死循环。如下面的代码，计算 1～100 的累加和，即 1+2+…+100。

```
int i=1;
int sum=0;
while(i<=100)
{
    sum+=i;
    i++;
}
Console.WriteLine("从 1 到 100 的累加和为{0}。",sum);
```

运行结果如图 2-5 所示。

2. do-while 语句

do-while 语句语法如下：

```
do
{
    循环体;
}
while（循环条件）
```

do-while 语句的执行过程如图 2-6 所示。首先执行一次循环体，然后计算条件表达式，如果值为真，则再执行一次循环体中的语句，重复上述操作，直到条件表达式值为假，结束循环，执行后面的语句。

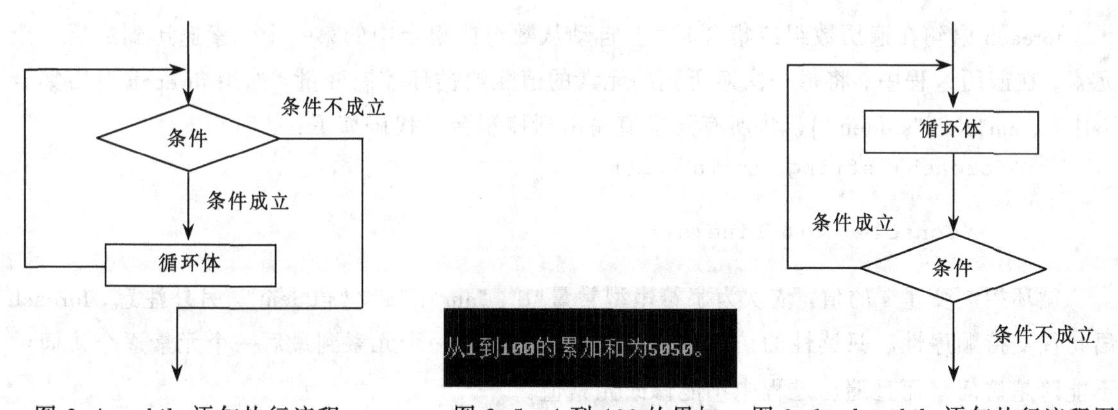

图 2-4　while 语句执行流程　　图 2-5　1 到 100 的累加　　图 2-6　do-while 语句执行流程图

While 语句与 do-while 语句很相似，唯一的区别在于：当第一次循环条件值为假时，While 语句中循环体不被执行，而 do-while 语句中的循环体被执行 1 次。

3. for 语句

for 语句是 C#中用得最多，也是最灵活的一种循环语句。它的语法如下：

```
for(表达式 1;表达式 2;表达式 3)
{
    循环体;
}
```

表达式 1 为赋值表达式，为循环控制变量赋初值；表达式 2 为循环条件，是条件表达式，用来检测循环条件是否成立；表达式 3 为赋值表达式，用来修改循环控制变量的值，以保证循环能正常终止。

for 语句的执行流程如图 2-7 所示。第一步，执行表达式 1，为循环控制变量赋初值；第二步，计算表达式 2，如果值为真，则执行一次循环体中的语句，否则结束循环；第三步，执行表达式 3，修改循环控制变量的值，然后回到第二步，重复上述操作。

使用 for 语句实现 1～100 的累加和计算，运行结果参照图 2-5，代码如下：

```
int i;
int sum=0;
for(i=1; i<=100; i++)
    sum+=i;
Console.WriteLine("从 1 到 100 的累加和为{0}。",sum);
```

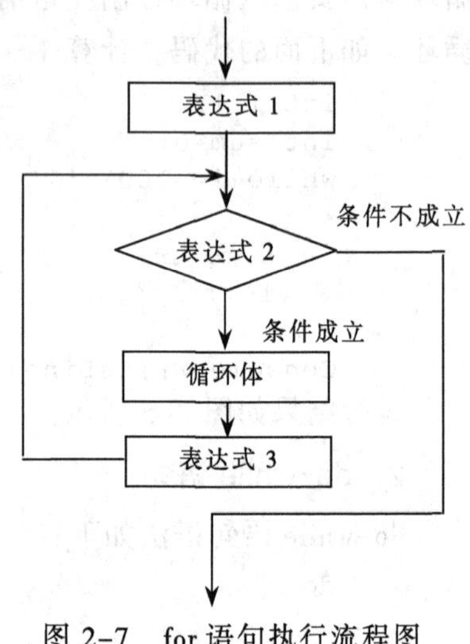

图 2-7　for 语句执行流程图

4. foreach 语句

foreach 语句是一种新型循环语句，主要用来遍历数组或集合中的元素。它的语法如下：

```
foreach(数据类型 循环控制变量  in  集合)
{
    循环体;
}
```

foreach 语句在遍历数组或集合时，会自动从数组或集合中的第一个元素遍历到最后一个元素，在遍历过程中，将每一次遍历到的元素的值赋给循环控制变量。如用 foreach 遍历集合 list{"I","am","a","student"}，将所有元素值输出到控制台，代码如下：

```
foreach( string  s  in  list )
{
    Console.WriteLine(s);
}
```

循环控制变量 s 的值，依次为字符串型常量"I"、"am"、"a"、"student"。另外注意，foreach 语句仅支持顺序性、只读性的访问，也就是说只能从第一个元素到最后一个元素逐个访问，不能跨越访问，而且遍历过程中不能修改元素值。

2.5.2　循环结构中的控制语句

有的时候，可能会希望在循环体执行到一半的时候就退出循环，而不是等到循环条件不成立时才退出循环，此时，可以借助循环控制语句来完成。C#提供两种控制语句：break 语句和 continue 语句。

1. break 语句

对于 break 语句大家已经熟悉了，在分支结构中，使用它来退出 switch 语句。此外，break 语句也可用于 while 语句、do-while 语句和 for 语句的循环结构中，帮助退出循环结构。

2. continue 语句

continue 语句用于循环结构中，它的作用是结束本次循环，忽略 continue 后的循环体语句，直接进入下一次循环。例如下面的代码，检验控制台输入的体重值是否有效：

```
1          while(true)
2           {
3              if(!double.TryParse(Console.ReadLine(), out w))
4              {
5                Console.WriteLine("输入有误!");
6                Console.Write("请重新输入你的体重(单位 kg):");
7                continue;
8              }
9              else if(w<=0)
10              {
11                 Console.WriteLine("输入有错, 请重新输入你的体重(单位
kg): ");
12              }
13              else  break;
14          }
```

① 本段代码中，while 循环语句后的条件表达式永真，何时结束循环由 break 控制。

② 第 3 行的 double.TryParse()是一个数据形式转换方法，将第一个参数——控制台输入的字符串，转换为 double 型值，赋值给第二个参数 w。

③ 第 7 行的 continue 的作用是：在用户输入有误的情况下，直接进入下一次循环，即跳转到第 3 行，再执行一次循环体，等待用户重新输入。

④ 第 13 行 else 隐含的条件是用户的输入为一个合法的体重值，如“60”，此时执行 break 语句，结束体重输入检验的循环。

2.6　复杂数据类型编程

2.6.1　数组

程序设计中常常需要存储大量的数据，且这些数据是有规律的排列，就可以考虑用到数组来存储。数组是一组具有固定数量的相同数据类型的数据成员（元素）的集合，集合中每一个成员数据类型必须相同。例如，{1,3,6,9}是一个数组；{1,20.5,7,9}不是一个数组，因为成员中既有 int 型，又有 double 型。另外，数组的大小一旦声明好，后面是不能动态改变的。

1. 数组的定义

C#中，数组是一种引用类型，所以使用 new 运算符来创建一个数组对象。一维数组和多维数组的定义语法如下：

```
数组类型 [ ] 数组名=new 数组类型[数组长度];             //一维数组
数组类型 [逗号列表] 数组名=new 数组类型[数组长度列表];   //多维数组
```

一维数组的定义语句示例如下：

```
int [ ] myArray1=new int [5];
```

表示定义了一个具有 5 个 int 型元素的一维线性数组，数组名为 myArray1。一维数组多个成员呈现出来是一个线性结构，其中的数字代表数组成员的下标，如图 2-8 所示。

[0]	[1]	[2]	[3]	[4]

图 2-8 一维数组

二维数组的定义语句示例如下：

```
int [,] myArray2=new int [3,4];
```

表示定义了一个具有 3 行 4 列的二维矩阵数组，数组名为 myArray2。二维数组的多个成员呈现出来是一个二维矩阵结构，如图 2-9 所示，方括号中的数字代表数组成员在二维矩阵中的行号和列号。二维数组中的数据按行存放在内存中。

[0,0]	[0,1]	[0,2]	[0,3]
[1,0]	[1,1]	[1,2]	[1,3]
[2,0]	[2,1]	[2,2]	[2,3]

图 2-9 二维数组

多维数组定义时，如果逗号列表有 1 个逗号，则是二维数组，如果逗号列表有 2 个逗号，则是三维数组，依此类推。逗号列表的逗号个数与数组长度列表中的逗号个数必须相同。

2. 数组的初始化

在 C#中，有两种方式初始化数组，一种是定义时初始化，第二种是先定义再初始化。

（1）定义时初始化

```
int [ ] myArray1=new int [5]{1,2,3,4,5};
```

这条语句定义并初始化了一个包含 5 个 int 型元素的数组，每个元素及其值分别是：myArray1[0]=1，myArray1[1]=2, myArray1[2]=3, myArray1 [3]=4, myArray1 [4]=5。注意：数组元素的下标（索引）从 0 开始编号，第一个元素下标为 0，而不是 1。

定义时初始化数组，还可采用如下简写形式：

```
int [ ] myArray1={1,2,3,4,5};
```

这条语句跟上面语句的功能完全一样，当给所有数组元素初始化时，数组的长度可以省略。

类似的方法，可以给二维数组初始化，因为二维数组成员在内存中是按行存放的，因此可以将数组成员分行初始化，语句如下：

```
int [ ,] myArray2=new int [3,4]{ {1,2,3,4}, {5,6,7,8}, {9,10,11,12} };
```

该赋值方法比较直观，把第一个花括号内的数据给第一行的元素，第二个花括号内的数据给第二行的元素，第三个花括号内的数据给第三行的元素。

（2）先定义再初始化

```
int [ ] myArray= new int [5];
…
myArray[0]=1;myArray[1]=2;…
```

表示先定义一个一维数组 myArray，然后在使用它的时候为其初始化。

3．数组元素的引用

数组中每个元素都有一个唯一的下标值，从 0 开始编号，到“数组的长度-1”结束。数组元素通过数组名和下标来引用，语法如下所示。

```
数组名[下标];
```

例如，创建一个长度为 5 的整型数组，将第 3 个元素赋值为 100，代码如下：

```
int [ ] myArray={1,2,3,4,5};
myArray[2]=100;                //第 3 个元素下标为 2
```

4．数组元素的遍历

遍历数组是指从头至尾依次访问数组中的每个元素，且仅访问一次，可以利用循环控制结构中的 foreach 语句或 for 语句实现该功能。

例如，下面的代码，分别使用 foreach 语句和 for 语句遍历数组 myArray，控制台输出每个元素，运行结果如图 2-10 所示。

```
int[] myArray ={1,3,5,7,9};
//使用 foreach 语句遍历
foreach(int i in myArray)
{
    Console.WriteLine(i);
}
//使用 for 语句遍历
for(int index=0; index<myArray.Length; index++)
{
    int arr=myArray [index];
    Console.WriteLine(arr);
}
```

图 2-10 遍历数组

foreach 语句或 for 语句遍历数组时，前者语法更为简单，不需要考虑元素的下标，但是功能没有 for 语句强大。以下几种情况只能使用 for 语句遍历：

① foreach 语句总是遍历整个数组。如果只需要遍历数组的特定部分（如前半部分），或者需要绕过特定元素（如只遍历索引为偶数的元素），那么最好是使用 for 语句。

② foreach 语句总是从索引 0 遍历到索引 Length-1。如果需要反向遍历，那么最好使用 for 语句。

③ 如果循环体需要知道元素索引，而不仅仅是元素值，那么必须使用 for 语句。

④ 如果需要修改数组元素，那么必须使用 for 语句。这是因为 foreach 语句是一个只读访问。

5．数组常用的属性及方法

数组都是直接或间接从 System.Array 类继承而来，因此可以使用该类提供的一些预定义好的属性及方法。

（1）常用属性

① IsFixedSize：返回一个值，指示数组是否具有固定大小，对于所有数组，该返回值都为 true，因为数组必须是具有固定数量的数据成员的集合。

② IsReadOnly：返回一个值，指示数组是否为只读，对于所有数组，该返回值都为 false。

③ Length：返回数组的长度，即数组中所包含的元素的个数。

④ Rank：返回数组的秩（维数）。

例如，下面的代码运行结果如图 2-11 所示。

```
static void Main(string[] args)
{
    int[] myArray ={1,3,5,7,9};
    Console.WriteLine("数组是否具有固定大小（是为 True，否为 False）：
{0}",myArray.
    IsFixedSize);
    Console.WriteLine("数组是否只读(是为 True，否为 False)：{0}",myArray.
    IsReadOnly);
    Console.WriteLine("数组的长度：{0}", myArray.Length);
    Console.WriteLine("数组的维数：{0}", myArray.Rank);
}
```

```
数组是否具有固定大小（是为True，否为False）：True
数组是否只读（是为True，否为False）：False
数组的长度：5
数组的维数：1
```

图 2-11　数组的常用属性

（2）常用方法

下面介绍方法都是 System.Array 类下的静态方法，使用时直接通过类名 Array 调用。

① Array.Clear(Array array,int index,int length)

该方法是将数组中指定的元素清空，数值型数据清空后值为 0，引用型数据清空后为 null，布尔型数据清空后为 false。3 个参数中，第 1 个参数是指需要清空的数组，第 2 个参数是起始索引（下标），从该位置开始清空，第 3 个参数是需要清空的元素个数。

例如，下面的代码对数组中指定元素清空后再遍历输出数组元素，效果如图 2-12 所示。

```
static void Main(string[] args)
{
    int[] myArray={1,3,5,7,9};
    Array.Clear(myArray, 1, 2);
    //从下标为 1 的位置开始，一共清空 2 个元素
    foreach(int i in myArray)
    {
        Console.Write("{0,-5}",i);
    }
```

```
}
```

② Array.Sort(Array array,int index,int length)

该方法是对数组中元素按照从小到大的顺序排列，参数的含义跟 Clear()方法中基本一样。Sort()方法有很多重载，下面演示的是最简单的一种，Array.Sort(myArray)，只使用一个数组名参数，表示对数组中所有元素进行排序。

例如，下面的代码对数组中所有元素排序后，遍历输出每个元素，运行结果如图 2-13 所示。

```
static void Main(string[] args)
{
    int[] myArray={1,4,5,9,3};
    Array.Sort(myArray);
    foreach (int i in myArray)
    {
       Console.Write("{0,-5}",i);
    }
}
```

图 2-12　Clear()方法

图 2-13　Sort()方法

③ Array.Copy(Array sourceArray,int sourceIndex, Array destinationArray, int destinationIndex, int length)

参数说明：

① sourceArray：源数组，它包含要复制的数据。

② sourceIndex：源数组的起始索引，表示从该位置开始复制。

③ destinationArray：目标数组，接收复制的数组。

④ destinationIndex：目标数组的起始索引，表示从位置开始存储被复制的数据。

⑤ length：要复制的元素个数。

Copy 提供了数组之间的复制功能，从源数组指定的起始索引开始，复制指定个数的元素，把它们粘贴到目标数组中（从指定的位置开始存放）。

例如，下面的代码运行后的结果如图 2-14 所示。

2   3   4   0   0

图 2-14　Copy()方法

```
static void Main(string[] args)
{
     int[] sourceArray={1,2,3,4,5 };
     int[] destinationArray=new int[5];  //该方式创建数组，元素默认值为 0
     //共复制 3 个元素到 destinationArray 中
     Array.Copy(sourceArray, 1, destinationArray, 0, 3);
     foreach (int i in destinationArray)
     {
        Console.Write("{0,-5}",i);
     }
}
```

2.6.2 字符串

在程序设计中，经常会用到类似"hello"，"映日荷花别样红"这样的文本，C#中用字符串来表示。"hello"是一个字符串常量，一般字符串常量需要用双引号括起来，字符串变量用 string 关键字来声明。例如，下面的语句声明了一个保存学生姓名的字符串变量：

```
string studentName;
```

1. 理解字符串

字符串本身可以看作若干字符构成的数组，每个字符都有它自己的下标，可以像访问数组元素那样访问字符串中每个字符。例如：

```
string s="映日荷花别样红";
```

s[0]为字符'映'，s[1]为'日',s[2]为'荷'。

2. 字符串常用方法

string 是 System.String 的别名。String 类本身提供了很多字符串相关的一些方法，包括字符串比较、分隔字符串、查询子串、组合字符串、复制字符串等。下面将对一些常用的字符串处理方法加以介绍。

（1）比较字符串

很多情况下，需要判断两个字符串的值是否相同，如登录界面，要检验用户名是否等于预设的某个值。字符串比较方法有 3 种，分别为：

① str1== str2：使用关系运算符比较 str1 和 str2 两个串，如果完全相同，则返回 true，否则返回 false。

② str1.Equals(str2)：如果两个串完全相同，则返回 true，否则返回 false。

③ String.Compare(str1, str2)：如果两个串完全相同，则返回 0，否则返回值不等于 0（大于 0 或者小于 0）。

（2）分隔字符串

对于一个比较长的字符串，可以按照一定规则将其分隔，得到若干子串的集合。

Split()方法使用时，方法参数中给出分隔字符，如'\t'，表示按照【Tab】键进行分隔，如果有多个分隔符，每个分隔符之间逗号相隔。如下面的语句，对 str 字符串进行分隔得到 8 个单词，最后将单词输出，运行结果如图 2-15 所示。

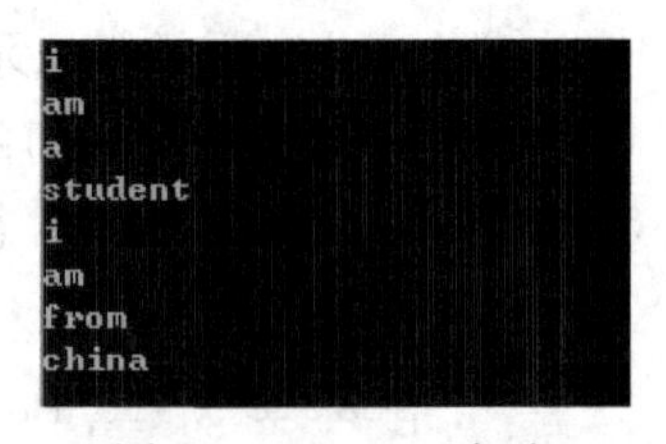

图 2-15 Split()方法

```
static void Main(string[] args)
{
   string str="i am a student,i am from china";
   string[] strArray=str.Split(' ', ',' );//按照空格和逗号进行分隔
   foreach (string s in strArray)
   {
      Console.WriteLine(s);
   }
}
```

（3）查询子串

IndexOf()方法返回子串在字符串中的第一次出现的位置下标，如果查找不到子串，则返回-1。如下面的语句，输出结果是2。

```
string str = "映日荷花别样红";
Console.WriteLine(str.IndexOf("荷花"));
```

还有一些其他字符串处理方法：使用Substring()方法截取子串；使用Concat()和Join()方法连接多个子串创建一个新字符串；使用Copy()、CopyTo()复制字符串；使用Insert()方法插入字符；使用Remove()方法删除字符；使用Replace()方法替换字符等。

3. 可变字符串StringBuilder

为了增强字符串的操作，FrameWork类库还提供了StringBuilder类来构造可变字符串，StringBuilder类位于System.Text命名空间下。传统的基于System.String类创建的字符串，每次在进行运算时（如赋值、拼接等）会产生一个新的实例，意味着每次都要为新对象分配内存空间，而StringBuilder则不会。

下面两段代码分别为string字符串和StringBuilde字符串插入一个子串，前者在内存中需要分配两个内存单元分别存储原字符串"aa"和插入子串后的新字符串"aabb"（见图2-16），而后者则只需要一个内存单元，单元内容由"aa"替换成"aabb"（见图2-17）。

```
//string 字符串
string str="aa";
str.Insert(2, "bb");
Console.WriteLine("str={0}",str);

//StringBuilder 字符串
StringBuilder strBuild=new StringBuilder("aa");
strBuild.Insert(2, "bb");
Console.WriteLine("strBuild={0}", strBuild);
```

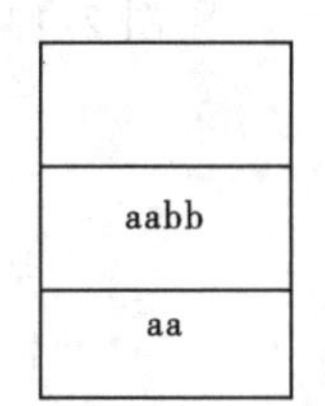

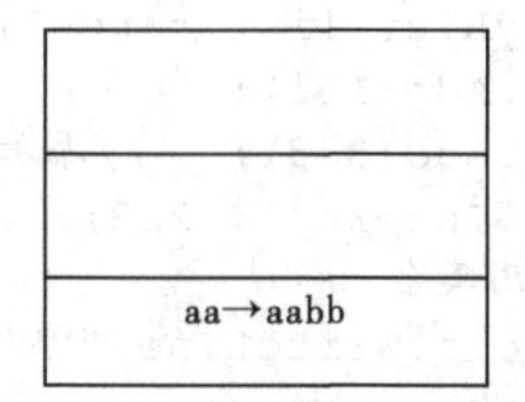

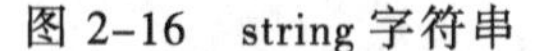

图2-16 string字符串　　　图2-17 StringBuilder字符串

上述代码的运行结果如图2-18所示，str的值还是原来的值"aa"，而strBuild的值是插入后的新值"aabb"。

```
str=aa
strBuild=aabb
```

图2-18 运行结果

2.6.3 集合

集合类似于数组，是能够同时容纳多个数据元素的一种数据结构，但是集合比数组更为灵活。数组有两个明显的局限性：第一，数组元素的数据类型一定要相同；第二，在创建数组时必须明确数组的长度，即要知道有多少个数据元素。而实际应用中，很多时候可能无法在早期就能明确数据的规模，所以不能用固定大小的数组来定义存储数据，此时可以考虑使用集合。在程序的执行过程中，集合的大小可以动态变化。

C#中，集合中元素的数据类型是 Object 类型，由于 Object 是所有类型的基类，所以任意类型的数据（包括值类型和引用类型数据）都可以被组合到集合中。根据数据的存储内容，可以将集合分成值集合和键值对集合，它们都位于命名空间 System.Collection 下。另外，每一个集合都具有添加元素、删除元素、插入元素、清空元素等操作。

1. 值集合

如果集合元素只存储元素的一个值，称为值集合，它包括以下几种常见的类：

① ArrayList（动态数组）：一维的动态数组。

② Queue（队列）：具有先进先出特征的队列。

③ Stack（栈）：具有后进先出特征的栈。

（1）ArrayList 类

动态数组类 ArrayList 因为没有限制元素的个数和数据类型而得名，它与数组类 Array 的主要区别如下：

① Array 的大小是固定的，而 ArrayList 的大小可根据需要自动扩充。

② Array 可以具有多个维度，而 ArrayList 始终只是一维的。

③ Array 位于 System 命名空间中，ArrayList 位于 System.Collections 命名空间中。

创建动态数组对象的语法如下：

```
ArrayList 数组对象名=new ArrayList();
```

例如，ArrayList list=new ArrayList();这条语句表示创建了一个动态数组对象 list。

ArrayList 类还提供了一些常用方法，如添加方法（Add()）、删除方法（Remove()）、插入方法（Insert()）、清空方法（Clear()）、排序方法（Sort()）等。

【例 2-1】 ArrayList 的使用，运行结果如图 2-19 所示。

```
static void Main(string[] args)
{
    ArrayList list = newArrayList();
    list.Add(111);
    list.Add(333);   //添加元素
    list.Insert(1, 222); //指定位置插入元素
    //遍历集合
    Console.WriteLine("添加元素后的数组 list:");
    foreach (object obj in list)
    Console.Write("{0,-5}",obj);
    Console.WriteLine();
    //按值或下标删除元素
    list.Remove(111);      //或者 list.RemoveAt(0);
    //遍历集合
    Console.WriteLine("删除元素后的数组 list:");
    foreach (object obj in list)
        Console.Write("{0,-5}",obj);
}
```

```
添加元素后的数组list:
111  222  333
删除元素后的数组list:
222  333
```

图 2-19 ArrayList 类

（2）Queue 类

Queue 类是一种先进先出的队列结构，从一端插入元素，从另外一端移除元素，并且最

先入队的元素最先被移除，因此队列一般用于顺序处理对象。

创建队列对象的语法如下：

```
Queue 队列名 = new Queue([队列长度][,增长因子]);
```

其中，队列长度默认为 32，增长因子默认为 2.0（即每当队列容量不足时，队列长度调整为原来的 2 倍）。

Queue 类也提供了一些常用的属性及方法，如 Count 属性，获取队列中元素的个数，类似数组的 Length 属性；Enqueue()方法，入队操作，即向队列中插入元素；Dequeue()方法，出队操作，即从队列中移除元素；Clear()方法，表示从队列中移除所有元素。

【例 2-2】 Queue 类的使用。运行结果如图 2-20 所示。

```
添加元素后的队列:
111  222  333
移除元素后的队列:
222  333
```

图 2-20　Queue 类

```
static void Main(string[] args)
{
    Queue queue=new Queue();   //创建队列
    //元素入队
    queue.Enqueue(111);
    queue.Enqueue(222);
    queue.Enqueue(333);
    //遍历队列
  Console.WriteLine("添加元素后的队列:");
    foreach (object obj in queue)
        Console.Write("{0,-5}", obj);
    Console.WriteLine();
    queue.Dequeue();           //元素出队
    //遍历队列
    Console.WriteLine("移除元素后的队列:");
    foreach (object obj in queue)
        Console.Write("{0,-5}", obj);
}
```

（3）Stack 类

Stack 类是一种后进先出的栈结构，数据的进出都在一端进行，即从栈顶插入元素，也从栈顶移除元素。创建栈对象的语法如下：

```
Stack 栈名=new Stack();
```

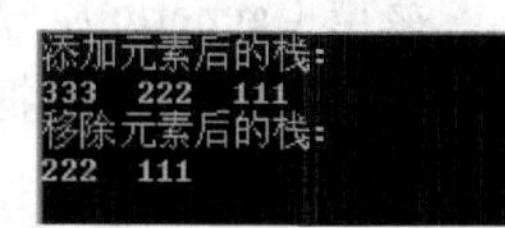

图 2-21　Stack 类

栈中添加元素使用 Push()方法，移除栈顶元素使用 Pop()方法，返回栈顶数据使用 Peek()方法，清空栈元素使用 Clear()方法。

【例 2-3】 Stack 的使用。运行结果如图 2-21 所示。

```
static void Main(string[] args)
{
    Stack stack=new Stack();       //创建栈
    //元素入栈
    stack.Push (111);
    stack.Push(222);
    stack.Push(333);
    Console.WriteLine("添加元素后的栈:");
    //遍历栈
    foreach (object obj in stack)
```

```
            Console.Write("{0,-5}", obj);
        Console.WriteLine();
        stack.Pop();                        //元素出栈
        //遍历栈
        Console.WriteLine("移除元素后的栈:");
        foreach (object obj in stack)
            Console.Write("{0,-5}", obj);
    }
```

2. 键值对集合（Hashtable）

键值对集合中每个元素包含一个键一个值，或者一个键多个值，最常见的键值对集合类是 Hashtable（哈希表）。在保存哈希表元素时，首先由哈希函数处理键得到的哈希代码，来确定该元素的保存位置，再把元素的值放入相应位置所指向的内存单元中。查找时，再次通过键所对应的哈希代码到特定的内存单元中搜索。

创建哈希表对象的语法如下：

```
Hashtable 哈希表名=new Hashtable([哈希表长度][,增长因子]);
```

其中，默认长度为 0，默认增长因子为 1.0。

哈希表中添加元素使用 Add()方法，移除指定元素使用 Remove()方法，在添加元素时，需要两个参数，一个是元素的键，一个是元素的值；删除元素时根据键来删除。

例如，下面的代码中，第一行是创建一个哈希表对象，第二行和第三行是添加元素，第四行是删除指定键的元素，最后一行是根据键检索某个元素并输出该元素的值。

```
Hashtable ht=new Hashtable();
ht.Add("001", "张三");
ht.Add("002", "李四");
ht.Remove("001");
Console.WriteLine(ht["002"]);                  //输出“李四”
```

2.6.4 泛型

泛型（generic），字面理解就是广泛的类型，是 C# 2.0 和通用语言运行时（CLR）的一个新特性。泛型为.NET 框架引入了类型参数的概念，使得在设计类和方法时，不必确定一个或多个具体参数，而是用类型参数<T>来定义，具体参数可延迟到客户代码中声明、实现。

为什么需要引入泛型？先来看下面一段代码：

```
public class Stack
{   private int[] item;                          //定义栈中的元素项
    public int Pop()
    {
        //出栈操作
    }
    public void Push(int item)
    {
       //压栈操作
    }
    public Stack(int i)                          //初始化栈的大小
    {
        this.item = new int[i];
```

```
        }
    }
```

上面的这段代码是模拟一个栈的定义，其中包括出栈操作和入栈操作，栈中的元素是整型（int），如果现在要求栈中元素类型是字符串型（string）或者实型（double），那么怎么办？相同的代码再写一遍，将原来的 int 替换成 string 或是 double，显然这种做法不够科学。诸如此类情况，即当遇到两个模块的功能非常相似时，可以考虑采用泛型，在方法中传入通用的数据类型，保证方法的通用性，也避免了为每一种数据类型定义一个方法。相似的代码合并到一个方法中，使得代码更为清晰、简洁。

1．.NET Framework 2.0 的泛型类

.NET Framework 在 System.Collections.Generic 和 System.Collections.ObjectModel 命名空间下提供了大量的泛型集合类，包括 List、Queue、Stack、Dictionary 等，这些集合类实现了增加、删除、清除、排序和返回集合元素值的操作，且这些操作方法适用于任意类型的数据。下面分别就值类型 List 和键值对类型 Dictionary，对预定义泛型类的使用加以说明。

（1）泛型类 List 的使用

List 是一种泛型列表类，在使用时，必须明确指定列表元素的数据类型，创建一个列表对象的语法如下：

```
List<元素类型> 对象名=new List<元素类型>();
```

例如：

```
List<String> list=new List<string>(); //将列表强类型化为 String 类型
list.Add("张三");                     //向列表中添加 String 类型的元素
list.Add("李四");
foreach (string s in list)            //遍历输出列表中的元素
    Console.Write("{0}\t", s);
```

（2）泛型类 Dictionary 的使用

字典 Dictionary 是键值对的集合，因此在使用时需要分别指定键和值的数据类型，创建一个字典对象的语法如下：

```
Dictionary<键类型,值类型> 对象名=new Dictionary<键类型,值类型>();
```

例如：

```
//将字典中键和值分别强类型化为 String 类型
 Dictionary<string, string> dic=new Dictionary<string, string>();
 dic.Add("学号", "13001");            //向字典中添加元素
 dic.Add("姓名", "张三");
```

2．用户自定义泛型类

前面分析过，当一个类的操作不针对特定或具体的数据类型时，可把这个类定义为泛型类，较非泛型类，泛型类具有可重用性、类型安全的优点。如何设计泛型类呢？一般情况下，从现有的具体类开始，逐一将不需要明确的类型用类型参数代替，一直达到通用性和可用性的最佳平衡。

自定义泛型类的语法如下：

```
[访问修饰符] class 泛型类名 <类型参数列表> [: 基类或接口]  [类型参数约束]
```

其中，“访问修饰符”是限制类的作用范围，包括 public、protected 和 internal 等。“类型参数列表”不指定明确数据类型，当具有多个类型参数时使用逗号分隔。“基类或接口”，是指允许自定义的泛型类从基类或接口派生。“类型参数约束”是指在定义泛型类时，可以对客户端代码能够在实例化类时用于类型参数的类型种类施加限制，如果客户端代码尝试使用某个约束所不允许的类型来实例化类，则会产生编译时错误，这些限制称为约束。约束用 where 关键字指定，表 2-8 列出了 6 种类型参数约束。

表 2-8 常见的类型参数约束

约束	说明
T：结构	类型参数必须是值类型。可以指定除 Nullable 以外的任何值类型
T：类	类型参数必须是引用类型，包括任何类、接口、委托或数组类型
T：new()	类型参数必须具有无参数的公共构造函数。当与其他约束一起使用时，new()约束必须最后指定
T：<基类名>	类型参数必须是指定的基类或派生自指定的基类
T:<接口名称>	类型参数必须是指定的接口或实现指定的接口。可以指定多个接口约束。约束接口也可以是泛型的
T：U	为 T 提供的类型参数必须是为 U 提供的参数或派生自为 U 提供的参数。这称为裸类型约束

例如，下面的代码定义了一个 Stack 泛型类，尖括号中的 T 为类型参数，where 约束 T 必须是值类型。

```
public class Stack<T> where T : struct
{
}
```

根据约束，实例化 Stack 泛型类时，可以使用下面的语句，将 T 强类型化为 int 或 double 等值类型，但是不能是 string 引用类型。

```
Stack<int> s = new Stack<int>();
```

3. 用户自定义泛型方法

泛型方法，顾名思义，就是使用类型参数定义的方法，定义语法如下所示。

```
[访问修饰符] 返回值类型  方法名 <类型参数列表> (参数列表)
{
   //方法体
}
```

例如，下面的代码定义了一个泛型方法 Pop()。

```
public void Pop<T>()
{
}
```

泛型方法既可以包含在泛型类中，也可以包含在非泛型类中，如果包含在泛型类中，则泛型方法中的类型参数必须与方法所属类的类型参数相同。

至此，可以将本节最前面介绍的栈定义成泛型类，并完善类中的各个方法，代码如下：

【例 2-4】 泛型类实现一个“模拟栈”。

```
public class Stack<T>                                    //定义泛型类 Stack
{
    public List<T> list=new List<T>();                   //定义栈中的元素项
    public T Pop()
```

```
        {
            //出栈操作
            if(list.Count==0)
            {
               throw new Exception("栈中已经没有元素！"); //抛出异常

            }
            else
            {
                list.RemoveAt(list.Count - 1);          //删除栈中的元素
                return list[list.Count - 1];            //返回栈顶元素
            }
        }
        public void Push(T item)
        {
          //入栈操作
            list .Add(item);
        }
    }
```

在入口函数 Main()方法中，实例化 Stack 类，并向栈中添加 2 个元素，然后执行出栈操作，执行结果如图 2-22 所示。Main()方法的代码如下：

```
    static void Main(string[] args)
    {
        Stack<int> s = new Stack<int>();
        s.Push(111);
        s.Push(222);
        s.Pop();
        foreach (int i in s.list)
        {
            Console.WriteLine("栈中的元素遍历输出结果为: ");
            Console.WriteLine(i);
        }
    }
```

```
栈中的元素遍历输出结果为:
111
```

图 2-22 泛型类运行结果

本 章 小 结

本章介绍了 C#程序设计的语法基础。首先介绍了 C#的数据类型——值类型和引用类型两大类：值类型包括简单的整型、实型、字符型、小数型等，以及复杂的枚举型；引用类型本章涉及的有数组、字符串。然后，介绍了程序中的常量、变量以及各种运算符，包括算术运算符、赋值运算符、关系运算符、逻辑运算符以及这些运算符所组成的表达式。接下来介绍的是程序流程控制语句，包括两个分支语句（if 和 switch）、4 个循环语句（while、do-while、for、foreach）以及两个跳转语句（break、continue）。最后介绍了数组、字符串、集合、泛型集中复杂数据类型的概念及使用。

习　题

1．填空题

（1）如果 int x 的初始值为 5，则执行表达式 x-=3 之后，x 的值为________。

（2）________运算符将左右操作数相加的结果赋值给左操作数。

（3）存储整型数的变量应当用关键字________来声明。

（4）常量通过关键字________进行声明。

（5）布尔类型变量可以赋值为关键字________或________。

（6）________语句在多个可能的值或条件为表达式中选择一个执行。

（7）在执行一个循环语句时，________语句可以跳过剩下部分循环体，直接执行下一次循环。

（8）枚举是从 System.________ 类继承而来的类型。

2．判断题

（1）在使用变量之前必须先声明其数据类型。（　）

（2）C#认为 number 和 NuMbEr 是同一个变量。（　）

（3）算术运算符*、/、%、+和-处于同一优先级。（　）

（4）switch 语句中必须有 default 标记。（　）

（5）每组 switch 语句中必须有 break 语句。（　）

（6）如果(x>y)或(a<b)中一个为真，则表达式((x>y) && (a<b))为真。（　）

（7）在带有“||”操作符的语句中，如果其中一个或两个条件都为真，则语句为真。（　）

3．选择题

（1）算术表达式按照（　）进行计算。

A．自右至左　　B．自左至右

C．运算符优先级规则　　D．优先级从低往高的顺序

（2）当（　）时，条件“expression1 XOR expression2”的值为真

A．expression1 为真而 expression2 为假　　B．expression1 为假而 expression2 为真

C．expression1 和 expression2 均为真　　D．A 和 B 都对

（3）在 C#中无须编写任何代码就能将 int 型数值转换为 double，称为（　）。

A．显式转换　　B．隐式转换　　C．数据类型变换　　D．变换

（4）“&&”运算符（　）。

A．执行短路计算　　B．不是关键字

C．是一个比较运算符　　D．其值为真（如果两个操作数都为真）

（5）在 C#中，（　）表示为""。

A．空字符　　B．空串　　C．空值　　D．以上都不是

（6）可用作C#程序用户标识符的一组标识符是（　　）。

A. void　define　+WORD　B. a3_b3　_123　YN

C. for　-abc　Case　D. 2a　DO　sizeof

（7）引用类型主要有5种：类类型、委托类型、接口类型、字符串类型和（　　）。

A. 对象类型　B. 字符类型　C. 数组类型　D. 整数类型

（8）将变量从字符串类型转换为数值类型可以使用的类型转换方法是（　　）。

A. Str()　B. Cchar　C. CStr()　D. int.Parse();

（9）假定一个10行20列的二维整型数组，下列定义语句正确的是（　　）。

A. int[]arr = new int[10,20]　B. int[]arr = int new[10,20]

C. int[,]arr = new int[10,20]　D. int[,]arr = new int[20;10]

（10）在Array类中，可以对一维数组中的元素进行排序的方法是（　　）。

A. Sort()　B. Clear()　C. Copy()　D. Reverse()

4. 程序练习题

（1）假定一个小球在3 m高的地方以10 m/s的初速度垂直上抛，求3 s后小球的高度。

提示：t秒后小球的高度近似值计算公式：$v_0t+h_0-5t^2$，式中，v_0指初速度；h_0是球的初始高度。

（2）分别使用while和for语句，控制台输出1～20所有的整数，要求每行显示5个数据。

（3）编写一个程序，输入一个字符，如果是大写字母，将其转换成小写字母后控制台输出，如果是小写字母，直接输出。

（4）控制台输入3个实数，要求使用if-else语句，把它们的中间数找出来，借助逻辑运算符来实现。

（5）编写一个程序，打印出所有的“水仙花数”。“水仙花数”是指一个3位数，它的各位数字立方和等于该数本身。例如，$153=1^3+5^3+3^3$，所以153是“水仙花数”。

（6）编写一个程序，从键盘输入一个字符串，用foreach循环语句，统计并输出其中大写字母的个数和小写字母的个数。

（7）编写一个程序，定义一个字符串变量，输入字符串，判断有没有连续重复字符出现，统计重复字符出现的次数。例如，aaabccdfff，其中a重复出现二次，c重复出现一次，f重复出现二次，共计字符重复5次。

（8）定义一个字符串数组，输入若干单词（所有名称全用大写或者全用小写），设计一个算法按字典顺序将这些单词进行排序。

（9）定义一个ArrayList集合list，在集合中先添加2项，分别为“111”“222”，然后在第1个位置插入项“333”，最后删除集合中的第2项，编程实现上述功能并遍历输出list集合项。

（10）使用哈希表，键盘输入班级每位学生学号及性别姓名的对应关系，然后实现按学号查询某个学生的姓名性别并输出，并统计班级男生或者女生的人数（key：学号，value：性别姓名）。

（11）使用泛型 Dictionary<k,v>实现下面的功能：创建一个电话本，存储电话信息，每个人的姓名和电话作为一个整体来存储，使用姓名作为键值，可以根据姓名来查询电话号码。

上机实验

1. 实验目的

（1）掌握C#的常用运算符及表达式的使用；

（2）掌握分支语句（if或switch）的使用；

（3）掌握数组和字符串的使用；

（4）掌握集合类的使用。

2. 实验内容

（1）实验一

在控制台应用程序中，模仿实现计算器的加法、减法、乘法和除法的功能。

具体要求：自定义两个整型变量，它们的值均由控制台输入，利用一个变量OP来专门存放运算符号，OP的值也由控制台输入，根据OP的值，利用switch语句，决定到底是做加法还是减法等运算，并输出最后的计算结果。

运行效果如下：

```
请输入第一个数：
 32
请输入第二个数：
3
请输入要做的运算：
 +
本次计算的结果为35
```

（2）实验二

在本练习中，在Visual Studio中通过控制台程序平台利用循环和判断结构编写程序，运用Random ra = new Random();int rndInt = ra.Next(1, 100);方法随机产生一个1～100之间的一个数，并由玩家进行猜测。提示玩家是猜大了还是猜小了或是猜对了。运行程序显示效果如下：

```
请输入一个整数（范围为1～100）
如果要退出，请输入0！否则输入1！
```

选择输入1，输入猜的数值，如果猜大了，显示“猜大了”，如果猜小了，显示“猜小了”，直到猜对为止，并输出下列语句：

```
恭喜你，猜对了！
若继续猜测输入Y,若退出则输入N！
请输入：
```

继续游戏。直至输入N，退出游戏为止。

（3）实验三

在本练习中，编写一个控制台应用程序，能够进行图书的查询。运行结果如图2-23所示。

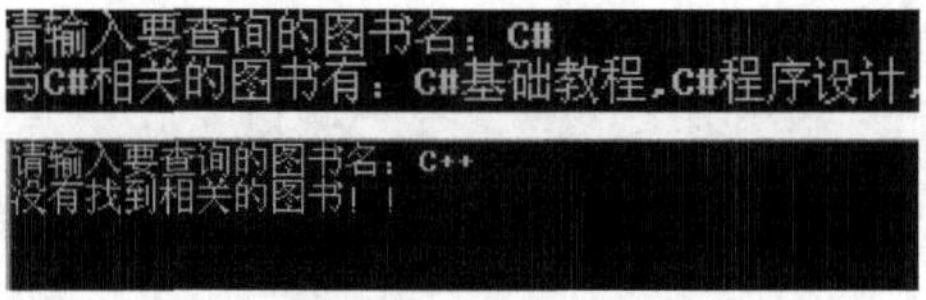

```
请输入要查询的图书名：C#
与C#相关的图书有：C#基础教程,C#程序设计,

请输入要查询的图书名：C++
没有找到相关的图书！！
```

图 2-23　实验三运行结果

（4）实验四

在本练习中，要求使用集合类 Hashtable 存储一副扑克牌，然后分别为指定个数的玩家发牌（1～4 位玩家），每个玩家分配 13 张牌，且在发牌过程中要保证不能发出同样的牌。Hashtable 类存储扑克牌时，需要给每张牌设定一个编号，一副牌 54 张，具体的编号规则如下：

```
红桃按照从小到大依次为：1~13
方块按照从小到大依次为：14~26
黑桃按照从小到大依次为：27~39
梅花按照从小到大依次为：40~52
小王为 53，大王为 54
```

第3章 面向对象程序设计

本章导读

本章内容为面向对象编程。一共分为5小节来介绍，内容包括面向对象编程的基本概念、类的定义、类的成员、继承与多态，以及抽象类与接口。

本章内容要点：

- 面向对象的基本概念；
- 类的定义；
- 类的成员；
- 继承与多态；
- 抽象类与接口。

内容结构

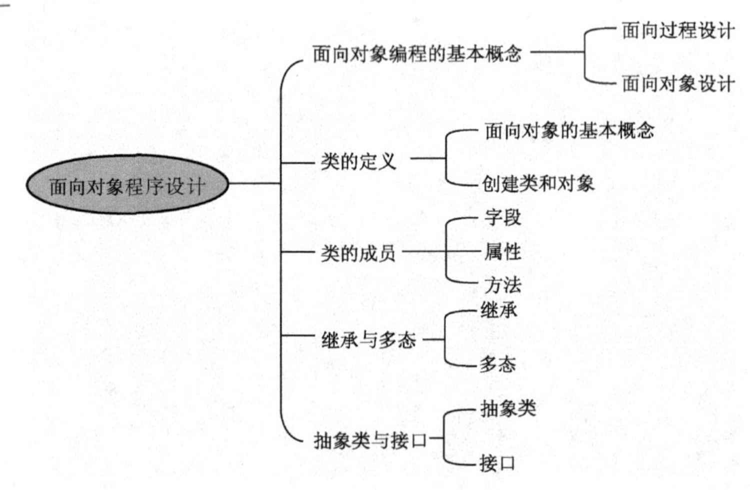

学习目标

通过本章内容的学习，学生应该能够做到：

- 了解面向过程设计和面向对象设计的思想；
- 掌握类及对象的概念，学会使用类及对象编程；
- 学会使用类成员（字段、属性、方法）编程；

- 了解构造函数及析构函数的作用，学会使用构造函数编程；
- 掌握继承性及多态性的概念，学会使用继承性及多态性编程；
- 了解接口及抽象类的概念、区别。

3.1　面向对象编程的基本概念

程序设计有两种思路，第一种是面向过程设计，第二种是面向对象设计。面向过程设计法是一种比较传统的程序设计方法，以过程为中心，侧重解决问题所需要的步骤，然后用函数把这些步骤一步一步地实现，使用的时候调用这些函数；面向对象设计法是以对象为中心，它的关键是分析出解决问题需要哪些对象，每一个对象具有哪些特性和行为，对象间相互调用完成一项功能。

下面以一款五子棋游戏为例，分别用面向过程法和面向对象法来设计。

3.1.1　面向过程设计

该方法是按照游戏的步骤一步步进行，例如，黑方先出棋，判断有没有输赢局面，如果有，输出比赛结果，游戏结束，否则，轮到白方出棋，同样，判断有没有输赢局面，如果有，输出比赛结果，游戏结束，否则，重复上面的步骤。整个过程可以用图 3-1 来说明。

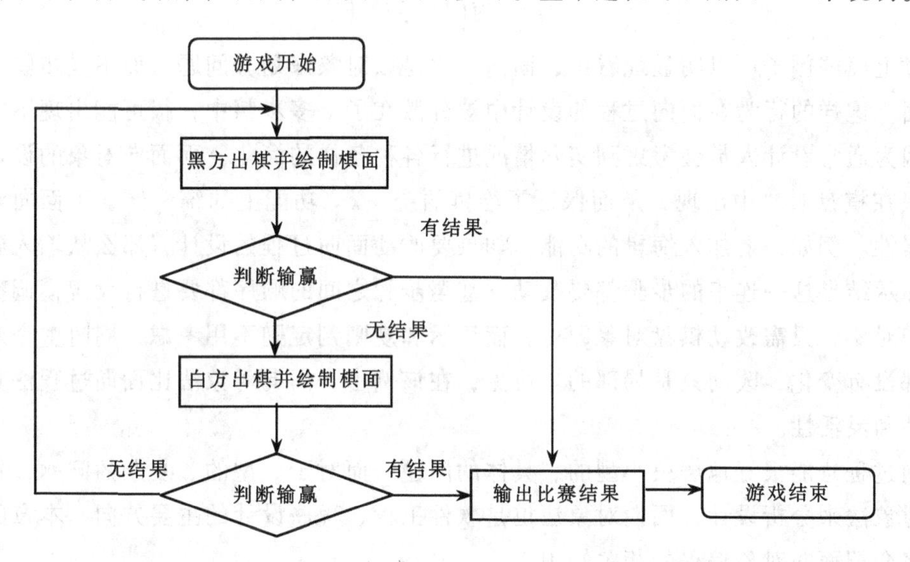

图 3-1　面向过程设计法

面向过程设计时，把上面的每个步骤分别用对应的函数实现出来，并按照游戏的过程进行相互调用，问题就解决了。

3.1.2　面向对象设计

面向对象设计是从另外的思路来解决问题，将程序分解成不同对象之间的交互。五子棋游戏中需要的对象有 3 个：第一是“玩家对象”，它负责出棋；第二是“棋盘对象”，它负责绘棋；第三是“规则系统对象”，它负责判定输赢，以及游戏过程中是否犯规等。这 3 类对象各自封装了自己的数据及行为操作，而且通过 3 类对象相互之间的交互完成整个游戏。例如，玩家对象即黑白双方，负责接收用户的输入，并告知棋盘对象棋子布局的变化，棋盘对象接收到这个变化后，随后开始在屏幕上绘制棋面，显示出这种变化，同时，规则系统对象也开始工作，判断当前有无输赢局面等，3 类对象之间的交互情况如图 3–2 所示。

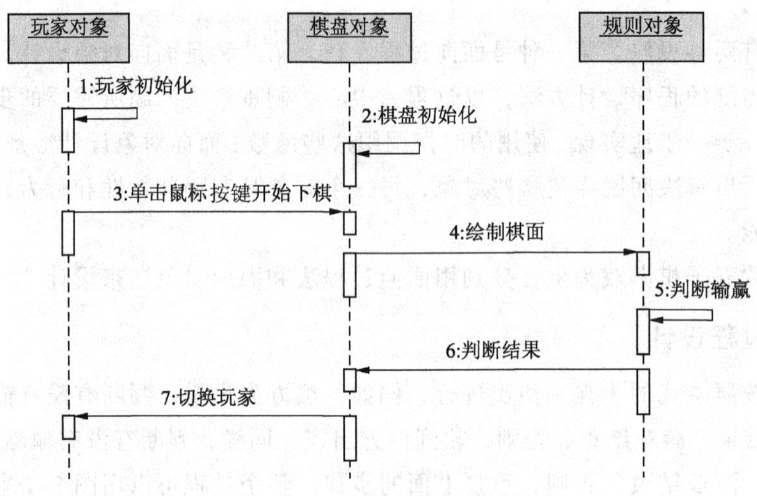

图 3–2 面向对象设计法

通过上面的例子可以明显地看出，面向对象是以对象来划分问题，而不是步骤。同样是绘制棋面，这样的行为在面向过程的设计中被分散在了众多步骤中，很可能出现不同的绘制版本，因为通常设计人员会考虑到实际情况进行各种各样的简化。而面向对象的设计中，绘制棋面只在棋盘对象中出现，从而保证了绘棋的统一。 功能上的统一保证了面向对象设计的可扩展性。例如，要加入悔棋的功能，如果要改动面向过程的设计，那么从输入到规则判定再到显示结果这一连串的步骤都要改动，甚至步骤之间的顺序都要进行大规模调整。但如果是面向对象，只需改动棋盘对象即可，而显示和规则判定则不用考虑，同时整个对象的交互顺序都没有变化，改动只是局部的。可见，在该例中，面向对象法比面向过程法具有更大的扩展性和灵活性。

面向过程法能很好地解决小型的、具体的问题，而对于大型的、复杂的问题，更倾向于用面向对象法来分析设计，面向对象法也是软件工程、程序设计的主要方向。本章的后面几个小节将介绍面向对象编程的相关知识。

3.2 类的定义

【例 3-1】 假设需要开发一个“学生信息管理系统”，该系统中有一个很重要的对象就是学生，学生具有一些特性及行为，比如学生有“学号”“姓名”“性别”“年龄”等特性，学生还具有“上学”“回答问题”等行为，那么如何表示学生？需要用到类，类是面向对象程序设计中的基本单位。下面列出该问题中学生类的部分代码：

```
1  public class Student
2  {
3       private string stuNumber;
4       private string stuName;
5       public string StuNumber
6       {
7          get   {  return stuNumber;   }
8          set   {  stuNumber=value;  }
9       }
10      public Student(string num, string name)
11      {
12         stuNumber=num;
13         stuName=name;
14      }
15   }
```

第 1 行代码是定义一个学生类；第 2～15 行的所有内容称为类体。其中，第 3 行和第 4 行代码定义了学生类的 2 个字段，分别表示学生的学号和姓名，第 5～9 行代码定义了类的一个属性，名为 StuNumber，用来对外公开学号字段，第 10～14 行代码是类的构造函数定义。本节内容将围绕面向对象的基本概念以及程序中如何创建和使用类展开。

3.2.1　面向对象的基本概念

1．类和对象的概念

类是一个抽象的概念，而对象则是具体的，是类的一个实例。如【例 3-1】中，学生是一个抽象的类，而某一个具体的学生张三或者李四就是一个对象，能够看得见、摸得着。因此，对象是一个客观存在的具体事物，而类是对一组具有相似特性及行为的对象的抽象，使用时需要先定义类，然后实例化类得到对象，一个类可以有多个实例对象。

2．面向对象的特征

面向对象的 3 个基本特征是：封装、继承、多态。

（1）封装

封装比较好理解，它是面向对象的特征之一，也是对象和类的主要特性。它把对象的所有特性和行为封装在一起，形成一个不可分割的单位，并且只让可信的对象操作，对不可信的进行信息隐藏。

例如，洗衣机就是一个封装体。对于设计者，他们需要考虑洗衣机内部的实现细节，比如需要哪些元器件，每一种元器件如何实现，如何组装集成等；而对于使用者，只需要通过洗衣机的控制面板提供的若干按钮来操作洗衣机，不需要去关心内部的元器件是如何工作、如何实现的。

因此，封装的最大优点就是将对象的使用与实现分开，使用者不需要了解对象内部的实现细节，只需要通过对象的外部接口来访问对象。

（2）继承

现实世界中的许多实体之间不是相互孤立的，它们往往具有共同的特性，当然也存在内在的差别，可以用层次结构来描述这些实体之间的相似之处和不同之处。例如，图 3-3 中，在描述大学生和小学生时，会有很多共同的特性和行为，如学号、姓名、性别、学习、回答问题等，可以把这些共同的部分抽取出来，定义成一般类——学生类，然后让大学生、小学生这两个特殊类继承它。继承意味着特殊类能够自动拥有一般类中的特性和行为，并且允许有自己的一些特有特性和行为。比如图 3-3 中，大学生类除了具有一般类中的共有特性和行为外，还具有专业特性以及创新实践行为。

继承是指一个类 A 能拥有类 B 的资源（包括特性和行为），被继承的类 B 称为父类或基类，继承得到的新类（类 A）称为子类或派生类。

程序设计中使用继承，可以减少代码的重复率，大大提高编程的效率，因为基类中定义过的特性及行为在派生类中不需要重复定义。

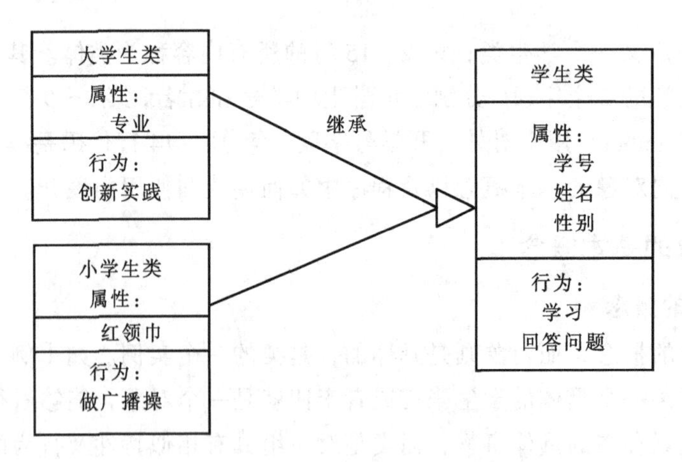

图 3-3 层次结构设计实体

（3）多态

多态是面向对象的又一重要特性，很多初学者难以理解。它可以分为运行时多态和编译时多态。运行时多态是指基类中的同一行为在不同的派生类中有不同的表现。比如，派生类——大学生类和小学生类，都继承基类——学生类的一个相同的行为——“回答问题”，但是一个大学生跟一个小学生回答问题的表现是不一样的，小学生很活泼，积极地举手而且举得很高，但大学生不一样，一般比较深沉，不喜欢举手。另一种为编译时多态，是指在某个类的内部，可以对同一个行为定义多次，表现在行为的参数列表不同。

实现多态性有两种方式：覆盖和重载。覆盖适用于运行时多态，是指在派生类中重新定义基类的行为，用新的行为覆盖基类的行为。重载适用于编译时多态，允许存在同名的行为方法，而这些方法的参数列表不同，编译器根据不同的参数列表，对同名的方法作修饰，从而形成了不同的方法。

3.2.2 创建类和对象

如前所述，类是面向对象编程的基本单位，C#应用程序由程序员自定义类和 Framework 中预定义的类组成。虽然 Framework 提供了大量的实现各种功能的类，但在实际应用中往往不够，还需要程序员自己编写类来实现某种功能，那么如何定义类呢？定义了的类又如何使用呢？下面对这些内容加以介绍。

1. 定义类

类是使用关键字 class 来定义的，语法如下：

```
[访问修饰符] class 类名 [:基类]
{
    类的成员（可以是字段、属性、方法、构造函数等）；
}
```

其中，访问修饰符用来限制类的作用范围或访问级别，可省略不写，默认为 internal，C#常用的 5 种访问修饰符如表 3-1 所示。基类表明所定义的类是一个派生类，可省略不写。类名推荐使用 Pascal 命名规范，要求类名的每个单词的首字母要大写。类的成员放在花括号中，构成类体，类成员包括类的字段、属性、方法、索引器、事件、构造函数和析构函数等。

表 3-1 访问修饰符

访问修饰符	说　明
Public	公有访问，不受任何限制
Private	私有访问，只限于本类成员访问，派生类、实例都不能访问
Protecte	保护访问，只限于本类和派生类访问，实例不能访问
Internal	内部访问，只限于本项目内访问，其他不能访问
protected internal	内部保护访问，只限于本项目或是派生类访问，其他不能访问

例如，【例 3-1】中，定义一个学生类，具有最高的访问级别，代码如下：

```
public class Student
{
    //在这里添加类体
}
```

Framework 2.0 中还支持分部类，允许将一个类拆分到两个或多个源文件中定义，每个源文件只包含该类定义的一部分，编译时编译器会自动组合所有源文件。

例如，下面的代码是将学生类(Student)拆分到 2 个源文件中定义，分别是 file1.c 和 file2.c。file1.c 中完成了 Student 类的部分定义，包含一个学习方法（Study()）；file2.c 中完成了 Student 类的另一部分定义，包含一个回答问题方法（Answer()）。

```
//file1.c
public partial class Student
  {
    public void Study() { }
  }
  //file2.c
  public partial class Student
  {
    public void Answer() { }
  }
```

定义分部类需要用到关键字 partial，位置在类关键字 class 前面。使用分部类有两个好处：第一，便于分工，一个类的源代码可以分布到多个独立文件中，在处理大型项目时，过去很多只能由一个人进行的编程任务，现在可以由多个人同时进行，这样将大大加快程序设计的工作进度；第二，可以将应用程序的设计与代码分开管理，在 Windows 窗体设计时，Visual Studio 2008 使用两个分部类来完成窗体类的设计，分部类 1 是管理窗体的设计部分，这部分代码自动生成；分部类 2 是管理窗体的后代码部分，即程序员自己编写的项目业务处理逻辑代码，编译时 Visual Studio 2008 会自动把程序员编写的代码与自动生成的代码进行合并编译。

2. 创建对象

类是一种抽象的数据类型。定义好的类，一般需要创建该类的实例即类的对象来使用。就好比学生类定义好后，现在需要叫一个学生回答问题，必须要定位到某一个具体的学生对象，如名为张三或者李四的学生。

C#中通过 new 关键字来实例化类得到一个对象，语法如下：

```
类名 对象名=new 类名([参数]);
```

例如：Student s==new Student("001","张三");，此时的 s 就是一个具体的学生对象，名为张三。

new 关键字在创建类的实例后，将返回一个该对象的引用，如 s 是对 Student 类的对象的引用，此处引用新对象，但不包含对象的数据本身。有时，可以在不创建对象的情况下使用对象引用，如下所示：

```
Student s;
```

但是建议不要使用像这样的不创建对象的对象引用，因为在运行时经常会引发“未将对象引用设置到对象的实例”的错误。

创建了类的对象后，就可以访问类中的成员了。类成员有两种访问方式，第一，在类的内部访问，第二，在类的外部访问。

（1）在类的内部访问

在类的内部访问某成员，表示一个类成员要使用当前类中其他类成员，可以采用以下语法：

```
this.成员名;
```

其中，this 表示当前类对象，是 C#关键字；“.”号是一个运算符，表示引用。

（2）在类的外部访问

在类的外部访问类成员，表示在其他类中访问该类的成员，需要通过该类的“对象名+成员名”来访问，语法如下：

```
对象名.成员名
```

但如果是 static 声明的静态成员，则可以直接通过“类名+方法名”来调用，不需要实例化类。

3.3 类的成员

类是一种抽象的数据类型，例如学生类，必须通过学号、姓名、学习行为、回答问题行为等来丰富它。本小节将介绍类的成员。

3.3.1　字段

字段是类中最为简单的一种成员，它就是一个简单的变量，在类中，需要明确该变量的访问级别，字段的定义语法如下：

```
[访问修饰符]  数据类型  字段名;
```

其中，访问修饰符用来控制字段的访问级别，可省略，默认情况下访问级别为 private。

例如，下面的代码，定义了一个名为 stuNumber 的字符串型字段，表示学生的学号：

```
private string stuNumber;
```

3.3.2　属性

类的字段一般定义为 private（私有的），在类的外部要想使用该字段，比如为字段赋值或者调用字段时，需要通过属性来间接访问字段，因此属性是用来读取、修改或计算字段的值。定义属性的语法如下：

```
[访问修饰符]  数据类型  属性名
{
      get
        {  //调用属性的返回值    }
      set
        {  //设置属性的值      }
}
```

属性与字段相比较，多了两个访问器，分别是 get 和 set。get 访问器的内部通常是一个返回语句，一般来说，使用 return 语句返回某一个字段的值，当然也可以先对这个字段进行计算再返回其结果，但注意不要去修改字段的值。set 访问器的内部一般用来更新某一个字段的值。set 语句具有一个隐式参数，称为 value。系统通过它将外界的数据传递进来，然后通过赋值运算更新字段值。注意，要保证所传递的值的数据类型和属性的数据类型（属性定义的第一行中的数据类型）相同。

另外，属性中的两个访问器不是必需的，可根据实际需要省略一个访问器。例如，只包含 get 访问器的属性是一个只读属性，反之，如果只包含 set 访问器的属性则是一个只写属性，既包含 get 访问器又包含 set 访问器的则是一个可读可写的属性。

例如下面的代码：

```
public string StuNumber
{
    get   {  return stuNumber;   }
    set   {  stuNumber=value;  }
}
```

该段代码定义了一个名为 StuNumber（属性名一般遵照 Pascal 命名规范）的属性，它是为公开学号字段（stuNumber）而设计的。可以通过它来修改学号字段的值，或者调用学号字段的值，如下面的语句：

```
Student s=new Student();
s. StuNumber="001";
Console.WriteLine(s. StuNumber);
```

系统在执行第 2 条赋值语句时（s. StuNumber="001"），会自动调用属性的 set 访问器，将

“001”传递给隐式参数 value，再通过 value 为学号字段 stuNumber 赋值，即学号字段的值为“001”；当执行第 3 条输出语句中表达式 s.StuNumber 时，系统会自动调用 get 访问器，获得一个返回值，即字段 stuNumber 的“001”。

3.3.3 方法

1. 方法的定义

方法用来表示类的行为，是一段小的代码块。在 C#中，方法接收输入的数据参数，并通过参数执行方法体，允许有返回值。方法定义的语法如下所示：

```
[访问修饰符] 返回类型 方法名称(参数列表)
{
    //方法体
}
```

详细说明如下：

① 访问修饰符控制方法的访问级别，可用于方法的修饰符包括：public、protected、private、internal 等，默认访问级别为 private。

② 方法的返回值类型可以是任何合法的数据类型，包括值类型和引用类型。当无返回值时，返回值类型使用 void 关键字来表示。

③ 方法名必须符合 C#的命名规范，推荐使用 Pascal 命名规范。

④ 参数列表是方法可以接收的输入数据。当方法不需要参数时，可省略参数列表，但不能省略圆括号。当参数不止一个时，需要使用逗号作间隔，同时每一个参数都必须声明数据类型，即使这些参数的数据类型相同也不例外。

⑤ 花括号{}中的内容为方法体，由若干条语句组成，每一条语句都必须使用分号结尾。当方法结束时如果需要返回操作结果，则使用 return 语句返回，此时要注意 return 语句返回的值的类型要与方法返回值类型相匹配。如果方法使用 void 标记为无返回值的方法，可省略 return 语句。

例如，下面的代码为学生类添加一个方法，计算出每个学生的语文和数学分数之和。

```
public void SumScore1(int chinese,int math)
{
    Console.WriteLine("语文和数学成绩之和为{0}",chinese+math);
}
```

该方法中，接收两个输入参数——数学分数和语文分数，将分数的和直接控制台输出，没有返回值，因此方法定义的首行返回值类型为 void，但如果只需要获得分数和，不要求输出，可以使用下面的代码：

```
public int SumScore2(int chinese,int math)
{
    return  chinese+math;                  //返回语文和数学的总分
}
```

2. 方法的调用

方法定义好后，可以在其他方法中被调用。如果调用者是同一个类中的其他方法，则可以直接通过方法名直接来调用，如果调用者是其他类中的方法，则需要通过“对象名.方法名”来调用，但如果是 static 声明的静态方法，则通过“类名.方法名”来调用，不需要实例化类。类的方法被调用，有以下几种形式：

（1）作为一条独立的语句使用

例如：

```
s. SumScorer(90,83);
```

调用学生类的“计算总分”方法，将方法调用作为一条语句出现。

（2）作为表达式的一部分参与运算

例如：

```
int  s = s. SumScorer(90,83)/2;
```

将得到的总分除 2，计算平均分。此处方法的调用作为除法运算表达式的一个操作数出现。

（3）作为另一个方法的参数来使用

例如：

```
int  chinese = int.Parse(Console.ReadLine());
```

Console.ReadLine()是一个控制台输入方法，对该方法的返回值进行类型转换运算，即把 Console.ReadLine()方法作为 int.Parse()类型转换方法的参数来使用。

3. 方法的参数传递

方法的参数有形参和实参之分，在方法定义时出现的参数称为形参，而在方法调用时出现的参数称为实参。例如，上面 public int SumScore2(int chinese, int math)，方法定义时括号中的 chinese 和 math 就叫形参，而调用语句中（s. SumScorer(90,83)）中的 90,83 则为实参。实参有具体的值，在发生方法调用时，最常见的是将实参的值传递给形参，但也有其他传递方式，根据参数的类型不同，会存在不同的参数传递方式。

方法的参数类型有 4 种：一是值类型参数，不含任何的修饰符；二是引用型参数，用关键字 ref 修饰；三是输出型参数，用关键字 out 修饰；四是数组型参数。下面将一一介绍这 4 种类型参数的传递方式。

（1）值类型参数

值类型参数不需要任何的关键字修饰，在发生方法调用时，将实参的值复制给形参，二者在内存中占有不同的单元，因此，当形参在方法执行过程中被修改是不会影响实参的，它们之间是一种单向的值传递。

【例 3-2】值类型参数：Exchange()方法中，对形参 x 和 y 作了交换，但是这不影响实参 a 和 b，运行结果如图 3-4 所示，形参的值被交换，但是实参的值没有改变，仍然是初值 2 和 3。

```
调用方法后形参的值如下：
x=3,y=2
调用方法后实参的值如下：
a=2,b=3
```

图 3-4　值类型参数

```
public class Exchanger
{
      //交换方法，x 和 y 均是形参
      public void Exchange(int x, int y)
       {
           int temp;
           temp=x;
```

```
            x=y;
            y=temp;
            Console.WriteLine("调用方法后形参的值如下: ");
            Console.WriteLine("x={0},y={1}",x,y);
        }
    }
    class Program
    {
        static void Main(string[] args)
        {  //入口函数中调用交换方法, a和b均是实参
            Exchanger ex=new Exchanger();
            int a=2, b=3;
            ex.Exchange(a, b);
            Console.WriteLine("调用方法后实参的值如下: ");
            Console.WriteLine("a={0},b={1}",a,b);
        }
    }
```

值传递发生在两个普通的变量之间，为什么形参 x 和 y 被交换了，但是实参 a 和 b 不变呢？这是因为它们在内存中占有独立的单元，互不影响，只在方法调用时，实参将值复制一个副本给形参，如图 3-5 所示。

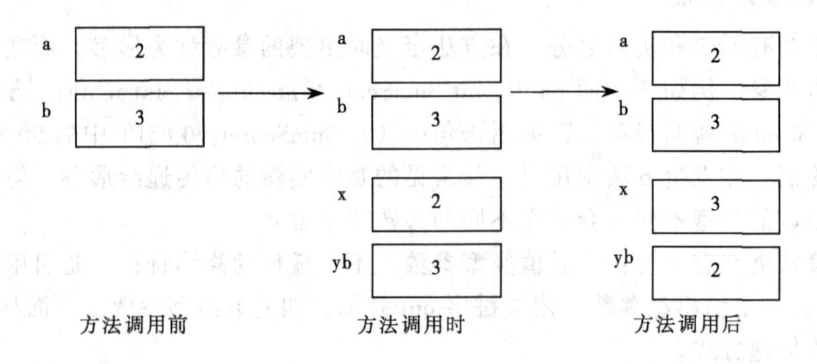

图 3-5　值传递内存单元的变化

（2）引用型参数

当在实参和形参前面加上关键字 ref 时，就成为引用型参数。方法发生调用时，实参会将引用即内存的地址传递给形参，也就是说二者将指向同一个内存单元，如果形参发生变化，实参必然跟着变化，如图 3-6 所示。

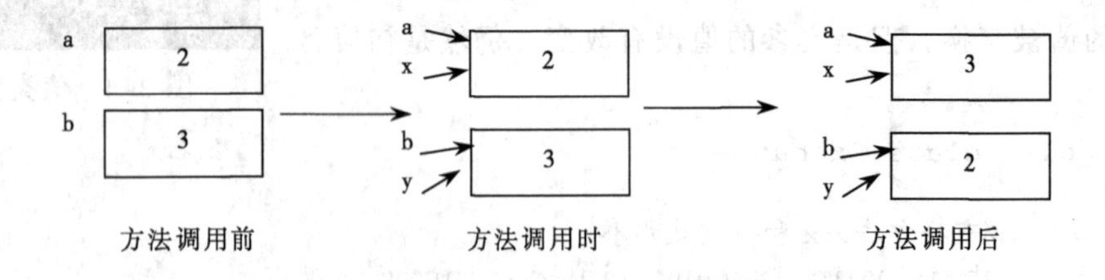

图 3-6　值传递内存单元的变化

【例 3-3】引用型参数：在前面代码的基础上，为形参和实参分别添加关键字 ref，运行结果如图 3-7 所示，显然，形参和实参同时发生了交换。

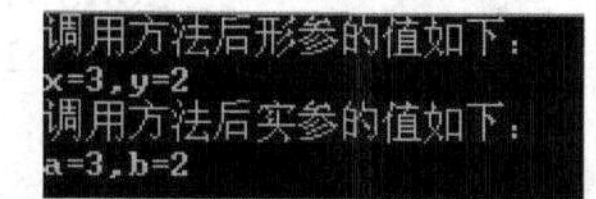

图 3-7　引用型参数

```
public class Exchanger
{
      //交换方法，x 和 y 均是形参
      public void Exchange(ref  int x, ref  int y)
      {
          int temp;
          temp=x;
          x=y;
          y=temp;
          Console.WriteLine("调用方法后形参的值如下：");
          Console.WriteLine("x={0},y={1}",x,y);
      }
}
class Program
{
       static void Main(string[] args)
       {  //入口函数中调用交换方法，a 和 b 均是实参
           Exchanger ex=new Exchanger();
           int a=2, b=3;
           ex.Exchange(ref  a, ref  b);
           Console.WriteLine("调用方法后实参的值如下：");
           Console.WriteLine("a={0},b={1}",a,b);
       }
}
```

（3）输出型参数

当在实参和形参前面加上关键字 out 时，就成为输出型参数。跟引用型参数一样，方法发生调用时，实参与形参之间发生引用传递，因此如果形参发生变化，实参也跟着变化。但二者传递的方向有别，引用型参数是将实参的引用传递给形参，而输出型参数是将形参的引用传递给实参，所以较之于引用型参数传递，输出型参数不要求实参有具体的值，即不需要初始化实参。

【例 3-4】输出型参数。

```
public class Exchanger
{
       public void Exchange(out  int x,out   int y)
       {
           Console.Write("请输入 x:");
           x=int.Parse(Console.ReadLine());
           Console.Write("请输入 y:");
           y=int.Parse(Console.ReadLine());
           int temp;
           temp=x;
           x=y;
           y=temp;
```

```
            Console.WriteLine("调用方法后形参的值如下: ");
            Console.WriteLine("x={0},y={1}",x,y);
        }
    }
    class Program
    {
        static void Main(string[] args)
        {
            Exchanger ex=new Exchanger();
            int a,b;
            ex.Exchange(out a,out b);
            Console.WriteLine("调用方法后实参的值如下: ");
            Console.WriteLine("a={0},b={1}",a,b);
        }
    }
```

上面程序中，a 和 b 仍然是实参，x 和 y 是形参，它们现在都是输出型（out）参数，对比前一案例中的代码，此处，实参 a 和 b 在调用 Exchange()方法前，是没有值的，在方法执行后，将形参 x 和 y 的引用传递给实参 a 和 b,所以最后的输出 a,x 都为交换后的新值 23，而 b，y 为交换后的新值 12，运行结果如图 3-8 所示。

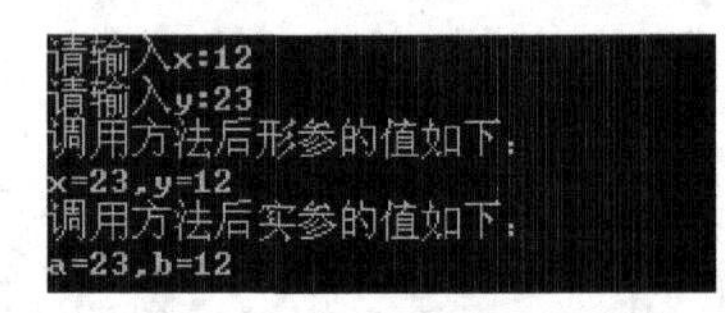

图 3-8　输出型参数

（4）数组型参数

数组作为方法的参数，有两种形式：一是形参为数组类型，实参为数组名；二是形参数组类型前加 params 关键字，这时实参既可以是数组名，也可以是数组元素的列表。

【例 3-5】数组型参数：演示第一种情况，形参为数组类型，实参为数组名。

```
class Test
{   //求最大数，形参为数组类型，实参为数组名
    public void Max( int[] arr)
    {
        int max=arr[0];
        foreach(int i in arr)
        {
            if(max<i)
                max=i;
        }
        Console.WriteLine("最大数是{0}",max);
    }
}

class Program
{
    static void Main(string[] args)
    {
        Test t=new Test();
        int[] arr=new int [] { 1, 4, 13, 25, 79, 35 };
        t.Max(arr);
    }
}
```

上述代码的运行结果，就是一行输出："最大数是 79"。

如果在形参前加上 params 关键字，那么在调用 Max()方法时，可以直接给出一个数组元素列表，而不需要再单独定义一个数组，代码如下所示：

```
class Test
{   //求最大数，形参数组类型前加 params 关键字，实参可以为数组的元素列表
    public void Max(params int[] arr)
    {
        int max=arr[0];
        foreach(int i in arr)
        {
            if(max<i)
                max=i;
        }
        Console.WriteLine("最大数是{0}",max);
    }
}

class Program
{
   static void Main(string[] args)
    {
        Test t=new Test();
        t.Max(1, 4, 13, 25, 79, 35);    //实参可以以元素列表形式出现
    }
}
```

4．方法的重载

方法的重载是一种编译时多态，是指在某个类的内部，可以对同一个方法定义多次，但是方法的参数列表不同。

【例 3-6】方法的重载。

```
class  Test
{
    //① Add()方法没有参数
    public void Add()
    {   int x=2,y=3;
    Console.WriteLine("无参数: x+y={0}",x+y);
    }
    //② Add()方法接收两个整型参数
    public void Add (int  x,int  y)
    {
       Console.WriteLine("int 型参数: x+y={0}",x+y);
    }
    //③ Add()方法接收两个实型参数
    public int Add (double  x,double  y)
    {
      Console.WriteLine("double 型参数: x+y={0}",x+y );
    }
    }
```

上面的代码中，Test 类中有 3 个同名的 Add()方法，①中没有参数，②中使用了 int 类型的参数，③中使用了 double 类型的参数。这 3 个方法之间就构成了重载，因为虽然方法名相同，但是方法的参数列表不同，在运行时，会根据实参的情况来匹配不同的方法执行。参数列表不同是指参数个数不同、参数类型不同，或者参数顺序不同的情况，不包括方法的返回值。

在入口函数中可以去调用上面的方法，具体代码如下：

```
static void Main(string[] args)
{
   Test t=new Test();
   t.Add();                    //执行①
   t.Add(2, 3);                //执行②
   t.Add(3.4, 5.9);            //执行③
}
```

运行结果如图 3-9 所示。

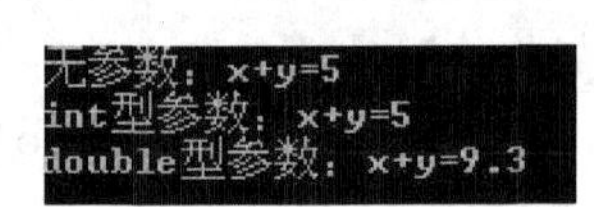

图 3-9 方法的重载

5. 构造函数与析构函数

根据经验，不少程序错误是由于对象没有被正确初始化或被清除造成的，实际编程中，初始化和清除工作很容易被人遗忘。微软利用面向对象的概念，在设计 C#时充分考虑了这个问题并很好地予以解决：把对象的初始化工作放在类的成员——构造函数中，把清除工作放在类的另一个成员——析构函数中。一旦对象被创建（new）时，构造函数会被自动执行，即自动完成对象的初始化工作。当对象消亡时，析构函数被自动执行，这样就不用担心忘记对象的初始化和清除工作了。

（1）构造函数

构造函数是类的重要成员之一，主要用来初始化类的对象，定义语法如下：

```
public 构造函数名([参数列表])
{
    //初始化语句
}
```

构造函数的使用需要注意几点：第一，构造函数的名字不能随便命名，必须让编译器认得出才可以被自动执行，它的命名方法既简单又合理，让构造函数与类同名。第二，构造函数没有返回值类型，这与返回值类型为 void 的函数不同，后者表示返回值类型为空。第三，构造函数可以重载，如果没有自定义构造函数，编译器会自动生成一个默认的空白构造函数，该函数中，参数为空，语句也为空。

例如，【例 3-1】学生类中的自定义构造函数，为学生的学号、姓名等初始化，代码如下：

```
class Student
{
  public Student(string num, string name)
    {
      stuNumber=num;
      stuName=name;
    }
}
```

上面的构造函数是对默认的空构造函数的重载。要注意，如果自定义构造函数了，那么编译器不会再自动生成空白的构造函数，因此，如果需要空白的构造函数，必须重写，代码如下：

```
public Student( )
{
}
```

这两种构造函数都称为实例构造函数，是在类实例化即 new 时被调用执行，除此之外，还存在另一种静态构造函数，它不是为实例化对象而设计的。静态构造函数是在第一个实例对象创建之前或者调用类的任何静态方法之前执行，而且最多执行一次，因此可以用静态构造函数为类的静态字段（全局变量）初始化。

【例 3-7】静态构造函数与实例构造函数：staticCount 为一静态字段，coun 是一普通字段，静态构造函数通常为静态字段提供初始化，而实例构造函数既可为静态字段初始化，也可为普通字段初始化。

```
class Test
{
    public static int staticCount;
    public int count;
    public Test(int x)
    {
        this.count=x;
    }
    static Test()
    {
        staticCount=1;
    }
}
class Program
{
   static void Main(string[] args)
    {
        Test t=new Test(1);           //第一次实例化类
        Console.WriteLine("第一次实例化 count={0},staticCount={1}",
t.count,
        Test.staticCount);
        t.count++;
        Test.staticCount++;
        t=new Test(1);    //第二次实例化类
        Console.WriteLine("第二次实例化 count={0},staticCount={1}",
t.count,
        Test.staticCount);
    }
}
```

上面代码的运行结果如图 3-10 所示。分析结果，第一次实例化时，分别初始化两个字段，staticCount 和 count 的值都为 1，所以第一条输出语句二者均为 1。然后执行自

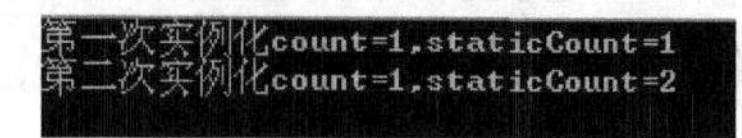

第一次实例化count=1,staticCount=1
第二次实例化count=1,staticCount=2

图 3-10　构造函数

增运算，两个字段的值都变成 2，第二次实例化类时，注意这次，仅执行实例构造函数，所以普通字段 count 重新初始化为 1，而静态字段 staticCount 不变，还是 2。

（2）析构函数

析构函数（destructor）与构造函数相反，是在对象所在的函数调用完毕，系统自动执行它。析构函数往往用来做“清理善后”的工作，例如在建立对象时用 new 开辟了一片内存空间，应在退出前在析构函数中及时回收对象所占的内存空间。

在 C#中使用析构函数时，必须记住以下几点：

① 一个类有且只有一个析构函数，如果用户没有定义，编译器会自动生成一个空白的析构函数。

② 析构函数不能被继承或重载。

③ 析构函数不能被显示调用，它们是自动被编译器调用的。

④ 析构函数不能带访问修饰符或参数，函数名与类名一样。

析构函数的定义语法如下：

```
~ 函数名()
{
    //语句
}
```

3.4 继承与多态

面向对象最重要的两个特性就是继承和多态，允许创建一个通用的基类，在这个基础上扩展出更多的派生类。派生类会自动获得基类的大部分属性和方法，也可以重写基类的方法，以实现基类方法在派生类中的多态。本节将介绍继承和多态的实现。

3.4.1 继承

继承是面向对象程序设计的主要特征之一，它可以实现代码的重用，可以节省程序设计的时间。继承是在类之间建立一种相交关系，使得新定义的派生类可以继承已有的基类的属性和行为，而且派生类可以加入新的特性或者是修改已有的特性。

1. 派生类

C#中定义派生类，语法如下：

```
[访问修饰符] 派生类名: 基类名
{
    //派生类成员
}
```

其中，基类是已经定义好的某个类，继承关系用“:”来体现，C#中只支持单继承，即仅有一个基类。新创建的派生类可以拥有自己的成员，它也会隐式地从基类继承大部分成员，包括方法、字段、属性和事件，但私有成员等除外。

【例 3-8】类的继承。

```
//基类 Student
```

```
class Student
{   private string stuName;
    public string StuName
    {
        get  { return stuName;  }
        set  { stuName=value; }
    }
    public void Answer()
    { Console.WriteLine("我的姓名为{0}。", stuName);  }
}
//派生类CollegeStudent 继承基类Student
class CollegeStudent:Student
{   public string Speciality;
    public void InnovationPractice()
    { Console.WriteLine("我参与了学校{0}方面的创新实践项目！
",Speciality);  }
}
//入口函数Main()中调用派生类
static void Main(string[] args)
   {
       CollegeStudent stu=new CollegeStudent();
       stu.StuName="张三";
       stu.Speciality="计算机";
       stu.Answer();
       stu.InnovationPractice();
       Console.ReadLine();
   }
```

上述代码中，大学生类CollegeStudent继承了学生类Student中所有的成员，除私有字段stuName外；同时大学生类也增加了一些特有的“专业（Speciality）字段”和“创新实践（InnovationPractice）方法”。运行结果如图3-11所示。

我的姓名为张三。
我参与了学校计算机方面的创新实践项目！

图3-11　类的继承

2. 派生类中的构造函数

实例构造函数在对象实例化（创建）时被执行，当创建派生类对象时，系统首先执行基类构造函数，然后执行派生类的构造函数，这是因为派生类要使用基类，所以基类的初始化必须在派生类之前完成。

【例3-9】派生类中调用基类无参构造函数。

```
class Student
{
    public Student()
    { Console.WriteLine("基类构造函数：我是一名学生。");  }
}
class CollegeStudent:Student
{
    public CollegeStudent()
      {  Console.WriteLine("派生类构造函数：我是一名大学生。");  }
}
```

当用下面语句创建派生类对象CollegeStudent时，会先执行基类构造函数，然后再执行派生类构造函数。运行结果如图 3-12 所示。

```
CollegeStudent stu = new CollegeStudent();
```

从上面的运行结果可以看出，基类中的无参构造函数会在派生类对象创建时，被自动调用，但如果基类是带有参数的构造函数，则需要在派生类中实现构造函数，并且在该构造函数中提供相应的参数传递给基类构造函数，以保证基类进行初始化时能获得需要的数据，向基类传递数据可以使用 base 关键字。

【例 3-10】派生类中调用基类有参构造函数。

```
class Student
{
    public Student(string name)
    { Console.WriteLine("基类构造函数：我的姓名为{0}。",name);  }
}
class CollegeStudent:Student
{
    public CollegeStudent(string name,string speciality):base(name)
//向基类传递参数{ Console.WriteLine("派生类构造函数：我的专业为{0}。
",speciality); }
}
```

当用下面语句创建派生类对象 CollegeStudent 时，一定要提供基类构造函数中需要的参数（name），speciality 参数是派生类构造函数中需要的参数。运行结果如图 3-13 所示。

```
CollegeStudent stu=new CollegeStudent("张三","计算机");
```

基类构造函数：我是一名学生。
派生类构造函数：我是一名大学生。

图 3-12　基类无参构造函数

基类构造函数：我的姓名为张三。
派生类构造函数：我的专业为计算机。

图 3-13　基类带参数的构造函数

3. 密封类

C#中，为了阻止一个类的代码被其他类继承，可以将该类定义为密封类，编译器将禁止所有类继承该类。使用密封类的好处：第一，可以提高应用程序的可靠性和性能，对密封类进行优化，不需要顾虑对其派生类的影响；第二，软件企业通过使用密封类还可以把自己的知识产权保护起来，避免他人共享代码。

在 C#中，添加关键字 sealed 可以声明密封类。例如下面的代码：

```
public sealed  class Student  //这是一个密封类
{
   …
}
```

3.4.2　多态

这里介绍的是一种运行时多态，在继承模式下，运行时多态允许派生类更改基类的行为，从而产生同一行为的多种形态。如何更改呢？有两种方法：第一，使用 new 关键字重新定义基类的成员；第二，用 virtual 和 override 关键字分别定义基类和派生类成员。

1. 使用 new 关键字重新定义基类的成员

这种方法比较简单，是一种替换机制，只需要在派生类中，使用 new 关键字来定义与基类中同名的成员，即可替换基类的成员。new 关键字放置在要替换的类成员的返回类型之前。

例如，基类 Student 拥有一个 Answer 方法，代码如下：

```
public void Answer()
{  Console.WriteLine("我的姓名为{0}。", stuName);}
```

派生类 CollegeStudent 重新定义 Answer()的格式如下：

```
public new void Answer()
{  Console.WriteLine("我是一名大学生，我的姓名为{0}。", stuName);}
```

如果执行以下语句，则执行的是替换后的新方法体，即输出：我是一名大学生，我的姓名为…。

```
CollegeStudent stu=new CollegeStudent();
stu. Answer();
```

这种方法实现的多态可以采用强制转换的方法，将派生类转换为基类对象，调用替换前的基类中的 Answer()方法。如下面的代码：

```
CollegeStudent stu=new CollegeStudent();
((Student) stu). Answer(); //派生类对象 stu 被强制转换成基类 Student 对象
```

这里，派生类对象 stu 会先被强制转换成基类 Student 对象，然后再调用 Answer，显然调用的是基类的方法，执行结果是输出：我的姓名为…。

2. 用 virtual 和 override 关键字分别定义基类和派生类成员

该方法是一种重写机制，首先在基类中将要被更改的成员用 virtual 关键字标识为虚拟的，然后在派生类中用 override 关键字去重写基类的虚拟成员。该方法能完全替换来自基类的成员，即使派生类对象被强制转换为基类对象，但所引用的仍然是派生类的成员。

【例 3-11】用 virtual 和 override 关键字实现多态。

```
class Student
{   public  string stuName;
    public Student(string name)
    {   this.stuName=name;      }
    public virtual  void Answer()       //基类中的虚拟方法
    { Console.WriteLine("我的姓名为{0}。", stuName); }
}
class CollegeStudent:Student
{
   public CollegeStudent(string name):base(name)
    {       }
    public override void Answer()          //派生类中重写该方法
    {  Console.WriteLine("我是一名大学生，我的姓名为{0}。", stuName);   }
}
```

其中，基类 Student 中的 Answer()方法要在派生类中被改写，首先在基类中用 virtual 将其声明为虚拟的，派生类 CollegeStudent 中再使用 override 重写 Answer()方法。

我是一名大学生，我的姓名为张三。

图 3-14　多态

入口函数 Main()的代码如下，程序运行结果如图 3-14 所示。

```
static void Main(string[] args)
```

```
{  CollegeStudent stu=new CollegeStudent("张三");
   stu.Answer();
}
```

3.5 抽象类与接口

在前面的代码中，基类 Student 中定义的虚拟方法 Answer()的实现似乎是多余的，根本没被执行。现希望提供一种解决方案，在基类中可以先不实现 Answer()方法，即不给出方法体，在派生类中再实现。为此，C#中引入了抽象类（abstract class）的概念，它是一种特殊的类，不能被实例化；除此以外，还有一个很重要的特性是普通类所不具备的：抽象类可以包括抽象成员，即没有实现的成员。本节先介绍抽象类，再介绍与抽象类很类似的另一种引用类型——接口。

3.5.1 抽象类

1. 抽象类

C#中，抽象类使用关键字 abstract 声明，定义的语法如下：

```
public abstract class 抽象类名
{
    // 类的成员
}
```

抽象类使用 abstract 修饰符，对抽象类的使用有以下几点规定：

① 抽象类只能作为其他类的基类，它不能直接被实例化，对抽象类不能使用 new 操作符。抽象类如果含有抽象的变量或值，则它们要么是 null 类型，要么包含了对非抽象类的实例的引用。

② 抽象类允许包含抽象成员，但也可以包含非抽象成员。

③ 抽象类不能同时又是密封的。

2. 抽象属性

抽象属性不提供属性访问器的实现，它只声明该类支持的属性，而将访问器的实现留给派生类。在属性名前加关键字 abstract，那么该属性就成为抽象属性。例如下面的代码，抽象类 Student 中，包含一个与学生姓名有关的抽象属性：

```
abstract class Student
{
    public string stuName;
    public abstract string StuName
    {
        get;
        set;
    }
}
```

此时，两个访问器均是空的，派生类从抽象类中继承一个抽象属性时，派生类必须重载该抽象属性，使用 override 关键字重载。例如：

```
class CollegeStudent:Student
{
        public override string StuName
        {
            get   {  return stuName; }
            set   {  stuName=value;  }
        }
}
```

上述代码中，类 CollegeStudent 继承了抽象类 Student，因此派生类 CollegeStudent 必须实现抽象基类中的抽象属性 StuName。

3. 抽象方法

当给类的方法添加 abstract 关键字后，就成了抽象方法。与抽象属性类似，抽象方法不提供方法的实现，它必须是一个空方法，而将方法的实现留给派生类。但从包含该抽象方法的抽象类继承的派生类中必须重载该抽象方法。抽象方法的定义语法如下：

```
[访问修饰符] abstract 返回值类型 方法名([参数列表]);
```

由于抽象方法没有实现，因此，抽象方法不包含常规的方法体，直接以分号结尾，也不需要花括号。还有一点，所有抽象成员、抽象属性或者抽象方法一定属于某个抽象类，但抽象类不一定包含抽象成员。

【例 3-12】抽象类 Student 包含一字段 stuName 和一个抽象方法 Answer()类 CollegeStudent 继承 Student 类，并且必须实现 Student 类中的抽象方法 Answer()

```
abstract class Student
{   public string stuName;
    public abstract void  Answer(string name);
}
class CollegeStudent:Student
{
   public override void  Answer(string name)
   {
       stuName=name;
       Console.WriteLine("我的姓名为{0}。",stuName);
   }
}
```

入口函数 Main()的代码如下，程序运行结果如图 3-15 所示。

我的姓名为张三。

图 3-15　抽象方法

```
static void Main(string[] args)
{
    CollegeStudent stu=new CollegeStudent();
    stu.Answer("张三");
}
```

3.5.2　接口

接口与类一样，属于引用类型。它就像是一个完全抽象的抽象类，接口中所有的成员都是抽象成员，接口的成员包括方法、属性、事件、索引等，但不包括字段。接口中不提供成员的实现，但继承接口的类必须提供成员的实现，而且一个类可以继承多个接口。

1. 定义接口

定义接口使用关键字 interface，语法如下：

```
[访问修饰符]  interface 接口名[: 基接口列表]
{
    //接口成员
}
```

其中，接口的默认访问修饰符为 public，还可以是 protected、internal 和 private；为了区别类，接口名的命名时建议使用大写字母 I 打头；基接口列表，表示接口具有继承性，可以从多个接口继承，基接口名之间用逗号分隔，如果没有继承关系，则基接口列表可以省略不写；接口成员可以是属性、方法、索引器和事件，但不能包含字段、构造函数等。注意所有接口成员隐式具有 public 访问修饰符，因此，接口成员不能添加任何访问修饰符。

下面的代码定义了一个接口 IStudnet,该接口具有一个属性 StuName 和一个方法 Answer()。实现该接口的类必须实现属性 StuName 和方法 Answer()，这个规则由编译器强制实施。

```
interface IStudent
{
   string StuName
   { get;set;}
   void Answer();
}
```

2. 实现接口

接口是一种完全抽象的类型，定义接口后，必须要有类/结构继承实现该接口的所有抽象成员。定义接口的目的就是使得程序更加条理化和规范化。接口就是一种约定，使得实现接口的类或结构在形式上保持一致。

例如，要实现上面的接口，可使用如下代码：

```
class Student:IStudent
{
//定义私有字段
private string stuName;
   //实现从接口继承的属性成员
   public  string StuName
   {
      get { return stuName; }
      set { stuName=value; }
   }
   //实现从接口继承的方法成员
    public void Answer()
    {
       Console.WriteLine("我是一名学生，名为{0}",stuName);
    }
}
```

3. 实现多个接口

一个接口可以同时继承多个基接口的定义，一个类或结构也可以同时继承多个接口。若要实现多接口继承，则需要列出这些基接口，它们之间用逗号相隔。

【例 3-13】下面的代码定义了两个接口，分别为 IStudent 和 IWorker，类 WorkedStudent 是一名在职学生，既具有学生的特性，又具有工人的特性，因此它实现了接口 IStudent 和接口 IWorker。运行结果如图 3-16 所示。

```
我是一名学生，名为张三。
我每个月的薪水为1000。
```

图 3-16　从多个接口继承

```
//接口 IStudent
interface IStudent
{
    //属性成员
    string StuName
    { get;set;}
    //方法成员
    void Answer();
}
//接口 IWorker
interface IWorker
{   //属性成员
    double  Salary
    { get;set;}
    //方法成员
    void Earn();
}
//类 WorkedStudent，实现了接口 IStudent 和接口 IWorker
class WorkedStudent:IStudent,IWorker
{   //定义私有字段
    private string stuName;
    private double salary;
    //实现从接口继承的属性成员
    public  string StuName
    {
        get { return stuName; }
        set { stuName=value; }
    }
     public double Salary
     {
        get { return salary; }
        set { salary=value; }
     }
    //实现从接口继承的方法成员
     public void Answer()
     {
        Console.WriteLine("我是一名学生，名为{0}。",stuName);
     }
     public void Earn()
     {
        Console.WriteLine("我每个月的薪水为{0}。", salary);
     }
}
//入口函数 Main()中的代码
class Program
{  static void Main(string[] args)
```

```
        {
            WorkedStudent stu=new WorkedStudent();
            stu.StuName="张三";
            stu.Salary=1000;
            stu.Answer();
            stu.Earn();
        }
    }
```

当类继承的多个接口中存在同名的成员时，在实现时为了区分是从哪个接口继承来的，避免二义性，C#建议使用显示实现接口的方法，使用接口名称和一个句点命名该类成员，注意遵照接口中的要求，成员名前不能有访问修饰符。如下面的代码：

```
    class WorkedStudent:IStudent,IWorker
    {
        String  IStudent..Answer( )
        {
            …
        }
    }
```

为了访问这些成员，必须要把相关对象转换成对应的接口类型，比如，要调用上面显示实现的方法 Answer()，必须将 WorkedStudent 对象转换为接口对象 IStudent：

```
    WorkedStudent stu = new WorkedStudent();
    ((IStudent.)stu). Answer();            //通过接口访问
```

4．接口与抽象类的比较

接口是引用类型的，类似于类，更和抽象类有所相似，以至于很多人对抽象类和接口的区别比较模糊。接口和抽象类的相似之处有三点：第一，两者都不能实例化；第二，两者均可以包含抽象的成员；第三，继承接口或是继承抽象类的派生类必须实现抽象的成员。

两者也存在区别，抽象类可以包含抽象成员，也可以包含非抽象成员，即抽象类可以是完全实现的，也可以是部分实现的，或者完全不实现的。抽象类可以用来封装所有派生类的通用功能。而接口顶多像一个完全没有实现的只包含抽象成员的抽象类，因此无法使用接口来封装所有派生类的通用功能，接口更多地用来制定程序设计开发规范，接口的代码实现由开发者完成。其次，C#规定一个类只能从一个基类派生，但允许从多个接口派生，即支持从接口多继承。再者，抽象类为管理组件版本提供了一个简单易行的方法，通过更新基类，所有派生类都将自动进行相应改动。而接口往往创建后就不能再更改，如果需要修改接口，必须创建新的接口，所以说接口具有不变性。

本 章 小 结

本章详细介绍了面向对象程序设计技术的相关概念和方法。首先是面向对象的基本概念，然后介绍了 C#中有关类的定义、对象的创建、类成员的定义等，类成员主要包括类的字段、属性、方法、构造函数、析构函数；接下来介绍了类的继承性和多态性，继承使得基类中的代码能够实现重用，为了扩展基类的功能，派生类除了从基类继承一定的功能外，还可以更改基类的行为，此称为面向对象的多态；最后介绍了抽象类与接口，接口像一个完全没有实现的只包含抽象成员的抽象类。

习　题

1. 填空题

（1）声明为________的类成员，只能为定义这些成员的类所访问。

（2）方法定义时，如果没有返回值，则在方法声明的首行，应该用________ 关键字。

（3）传入某个属性的SET访问器的隐含参数的名称是________。

（4）继承关系通过________符号体现。被继承的类称为________，创建得到的新类称为________。

（5）如果一个类包含一个或多个抽象方法，它是一个________类。

（6）运行时多态性的实现有两种方法，分别是________和________。

（7）使用关键字________声明的类为密封类，不能被继承。

（8）C#的类不支持多重继承，但可以用________来实现。

2. 判断题

（1）构造函数可以返回值。　（　　）

（2）在C#中，所有类都是直接或间接地继承System.Object类而得来的。（　）

（3）this关键字引用的是该对象本身。　（　　）

（4）抽象类中所有的方法必须被声明为abstract。　（　　）

（5）在C#中，子类不能继承父类中用private修饰的成员变量和成员方法。　（　　）

3. 选择题

（1）在C#中，定义派生类时，指定其基类应使用的语句是（　　）。

A. Inherits　B. :　C. Class　D. Overrides

（2）类的以下特性中，可以用于方便地重用已有的代码和数据的是（　　）。

A. 多态　B. 封装　C. 继承　D. 抽象

（3）下列关于抽象类的说法错误的是（　　）。

A. 抽象类可以实例化　B. 抽象类可以包含抽象方法

C. 抽象类可以包含抽象属性　D. 抽象类可以引用派生类的实例

（4）以下关于继承的说法错误的是（　　）。

A. .NET框架类库中，object类是所有类的基类

B. 派生类不能直接访问基类的私有成员

C. protected修饰符既有公有成员的特点，又有私有成员的特点

D. 基类对象不能引用派生类对象

（5）下列说法中，正确的是（　　）。

A. 派生类对象可以强制转换为基类对象

B. 在任何情况下，基类对象都不能转换为派生类对象

C. 接口不可以实例化，也不可以引用实现该接口的类的对象

D. 基类对象不可以访问派生类的成员

4. 程序练习题

（1）创建一个圆类，该类包括一个字段（圆的半径）和一个计算圆面积的方法，要求在Main()方法中使用该类，为圆的半径键盘输入值，并调用计算圆面积方法，输出圆面积。

（2）定义一个温度类（Tempera），该类包含一个公共方法 Change()，用于将摄氏温度转换为华氏温度，并返回华氏温度结果。该方法能够接收整型和实型的参数，并返回一个计算后的整型和实型华氏温度值。要求：在 Main()方法中，控制台分别输入一个整型和实型摄氏温度，通过调用 Tempera 类的重载 Change()方法，分别计算并输出华氏温度值。

（3）定义一个水果的基类 Fruit，并在基础类中定义多种方法，来实现水果的不同特性，如颜色 Color()、形状 Shape()、口味 Taste()等；声明派生类 Apple，重写 Color()、Shape()等方法。

（4）编写一个程序，定义一个类，该类中包含一个方法，方法的功能是使用“out 型参数”传递数据，找出这组数据的最大数和最小数，方法的原型参考下面，最后在 Main()中调用该方法。

```
public void Find(out int max, out int min, params int [] array);
```

（5）编写一个程序，定义类 student 和它的成员（学号、姓名、年龄、C#课程成绩），Main()用 student 生成对象 s，分别对对象 s 的成员赋值，然后输出这些值。

上机实验

1. 实验目标

（1）理解类和对象的概念；

（2）掌握如何定义类及成员；

（3）掌握如何创建类的对象；

（4）掌握如何调用类的成员；

（5）掌握派生类的创建方法；

（6）掌握多态的实现方法；

（7）掌握接口的定义及实现方法。

2. 实验内容

（1）实验一

定义一个学生类，包含字段（学号，姓名，语文成绩，数学成绩，英语成绩），重载一个带参数的构造函数，属性（总成绩），一个方法（求该学生的三门功课的平均分）。

要求：在 Main()方法中，定义一个“学生类”类型的数组，保存全班所有同学的信息，并通过控制台为每个同学输入字段（学号，姓名，语文成绩，数学成绩，英语成绩）的值，最后，控制台输出班级一共有多少个学生，各科及总分平均分分别为多少。

（2）实验二

定义一个水果的基础类 Fruit，并在基础类中定义多种方法，来实现水果的不同特性，如颜色 Color()、形状 Shape()、口味 Taste()等；声明派生类 Apple，重写 Color()、Shape()等方法。并运行确认。

（3）实验三

某公司有各类员工，如老板（经理），销售员，普通工人，他们的薪水计算方法不同，各类员工的薪水计算方法如下：

（1）老板：固定月薪。

（2）销售员：固定月薪加销售提成（月薪+销售额×提成率）。

（3）普通工人：固定月薪+奖金。

具体方法：

对于公司的每一个员工，都有姓名和工资，但不同类型的员工，薪水的计算方法不同。因此，定义一接口 IPerson，该接口提供指定实现该接口的类必须提供的基准成员，基准成员有属性 Name 和返回员工薪水的方法 Earning()。

定义一个通用类 Employee 实现 IPerson 接口，重载一个构造函数，给字段姓名 name 和薪水 salary 初始化；并定义属性 Name 和属性 Salary 分别公开字段 name 和 salary；定义一个静态字段 count 统计员工人数（每次 new 创建新员工时，count++）；由于公司不同类型的员工和计算薪水的方法 Earning()不同，因此在 Employee 类中，将 Earning()方法声明为 Virtual()方法，每个派生类（例如 Boss、SalesMan 类）都可重写该方法，以实现各自的薪水计算；另外，该类中定义一个 Virtual()方法 Outputstring()，返回指定格式的串（身份+姓名+每月所得），该方法在每个派生类中应该按照具体情况重写。

各派生类的自己的个性化字段如销售额、提成率或者奖金在构造函数中完成初始化；另外字段姓名和薪水的初始化应该是通过调用基类 Employee 构造函数实现的。

在 Main()方法中，实例化上述类（Boss、WorkMan、SalesMan 类），分别调用 Outputstring 方法，检验输出是否正确。

第 4 章 文件读/写

本章导读

本章主要介绍 C#的复杂数据类型和磁盘文件的读写操作。一共分为 3 小节来介绍，内容包括文件和流的概念、文件存储管理的相关类和如何使用相关类进行文件的读写。

本章内容要点

- 文件和流的概念；
- 文件存储管理的相关类；
- 文件读/写操作。

内容结构

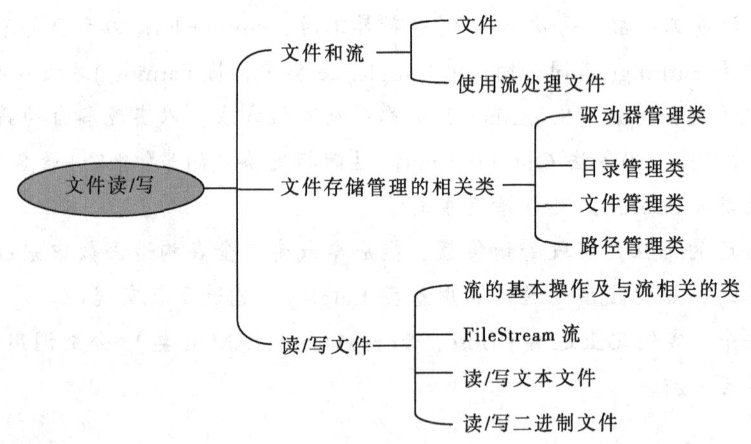

学习目标

通过本章内容的学习，学生应该能够做到：

- 了解文件及流的概念；
- 了解驱动器、目录、文件和路径的概念，以及对应类的使用方法；
- 学会使用 StreamReader 类和 StreamWriter 类读写文本文件；
- 学会使用 BinaryReader 类和 BinaryWriter 类读写二进制文件。

4.1　文件和流

4.1.1　文件

许多计算机应用程序都需要保存运行过程中的数据，最常用的方法是使用数据库来存储，但是在很多时候，使用数据库开销太大，没有必要。例如，只需要存储上次打开应用程序的时间或者使用应用程序的用户名等简单、少量的数据时，可以将这些数据保存到磁盘上的一个文件中，下次再到文件中读取数据。

存储在磁盘存储器上的任何数据/信息都指定了一个唯一的名称，这些数据集合称为一个“文件”。也就是说，文件是一些具有永久存储和特定顺序的字节组成的一个有序的、具有名称的数据集合。

1. 文件的类型

文件通常使用三个字母的文件扩展名来指示文件类型。例如：

① txt，说明文件是一个文本文件。

② exe，说明文件是一个可执行文件。

③ jpg，说明文件是一个图片文件。

扩展名是文件名的一部分，每个文件的后面都有一个小点和几个字母。这个小点后面的字母就是文件的扩展名。如：文件名 article.txt 中，txt 就是文件的扩展名，表示是一个文本文件。

2. 文件的属性

文件的属性很多，最基本的是文件名、文件大小、文件位置、文件修改日期等。文件名是为文件指定的名称，由文件主名加扩展名组成，相当于一个人名字是由姓和名组成一样，操作系统通过文件名对文件进行控制和管理。文件大小表明一个文件的信息量，也就是文件在磁盘上占用的空间大小，文件的大小都是以字节来计算的，字节是计算机里存储信息的基本单位。文件的位置就是文件保存的磁盘位置。创建日期、修改日期这些都是文件的属性，可以通过资源管理器或快捷菜单中的“属性”命令查看。

4.1.2　使用流处理文件

文件是一个静止的概念，它是存储在磁盘上的一个数据的集合。当向磁盘上的文件写入数据或者从磁盘上的文件读取数据时，这时的数据必须转变成数据流，如图 4-1 所示。

```
using  System.IO;
```

图 4-1　文件的读取和写入

在一个数据流中，数据就像水流中的泡泡一样在传输，所以这里的“流”就像水流一样，是一个动态的概念，用来描述从一个位置向另一个位置传输许多字节数据的对象。流对象位于 System.IO 命名空间中，处理文件的项目必须在程序的最前面添加以下一条 using 语句：

```
Using System.IO;
```

.NET 中使用流对象进行文件的读写，大大简化了开发人员的工作，因为开发人员可以对一系列的通用对象进行操作，而不必关心输入/输出操作是和本机的文件有关还是和网络中的数据有关。流对象提供了连续的字节流存储空间，是进行文件读/写操作的基本对象。有两种类型的流：文本流（Text Stream）和二进制流（Binary Stream）。

1. 文本流

文本流中的数据存储的是字符的 ASCII 码，可以显示或打印出来，而且是用户可以读懂的信息。比如，数据 5678 在文本流中的存放形式是：

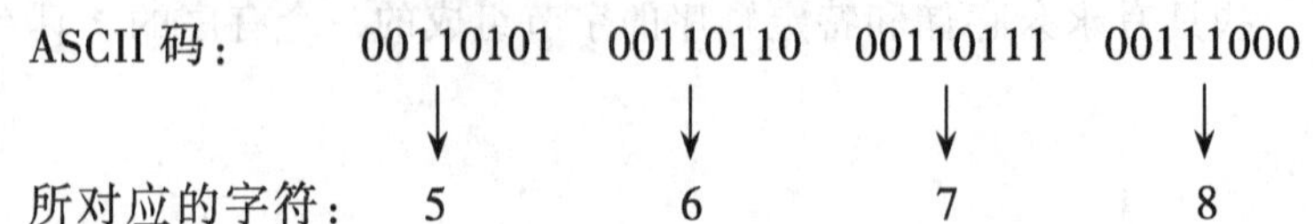

一共占用 4 个字节。另外，文本流的有些特性在不同的系统中可能不同，例如，其中之一，文本行的最大长度，标准规定至少允许 254 个字符；其二，文本流是由一行行的字符组成，通常换行符表示一行的结束。

2. 二进制流

二进制流中的字节按程序编写它们的形式写入文件或者设备中，而且完全根据它们从文件或者设备读取的形式读入程序中，未做任何改变。这种类型的流适合非文本数据。二进制流中的数据是按照二进制编码的方式来存放文件的，像数据 5678 在二进制流中的存储形式为： 00010110 00101110，转换成十进制，$2^{12}+2^{10}+2^9+2^5+2^3+2^2+2^1=5678$，共占 2 字节。二进制内容也可在屏幕上显示，但其内容无法读懂。

综上，二进制流比文本流更节省空间，且不用对换行符进行转换，这样可以大大加快流的速度，提高效率。二进制流没有行长度的限制。通常，对于含有大量数据信息的数字流，可以采用二进制流的方式；对于含有大量字符信息的流，则采用文本流的方式。

4.2 文件存储管理的相关类

System.IO 命名空间下，提供了很多与文件存储管理相关的类，主要包括驱动器管理类（DriveInfo）、目录管理类（Directory 和 DirectoryInfo）、文件管理类（File 和 FileInfo）和路径管理类（Path）。

4.2.1 驱动器管理类

众所周知，文件必须保存到一个存储介质中，可以是 U 盘、光盘和硬盘，类似这样的存储介质，统称为“驱动器”。U 盘是移动驱动器；光盘对应的是光盘驱动器；每个驱动器一般会用一个驱动器号来标识，硬盘可划分为多个区域，例如 C 盘、D 盘等，每个区域称为一个驱动器。

System.IO 命名空间下的 DriveInfo 类，提供了大量的方法和属性，用来对驱动器信息进行访问，包括驱动器的盘符名、驱动器类型、驱动器上的总空间大小、可用空间的大小等。

DriveInfo 类常用的方法有：

① GetDrives()：检索计算机上的所有逻辑驱动器的驱动器名称。

② GetType()：获取当前驱动器的类型。

③ ToString()：将驱动器名称作为字符串返回。

DriveInfo 类常用的属性有：

① DriveFormat：获取文件系统的名称，例如 NTFS 或 FAT32。

② DriveType：获取驱动器类型。例如 CDRom（光驱）、Fixed（硬盘）、Unknown（未知驱动器类型）、Network（网络驱动器）、NoRootDirectory（没有根目录的驱动器）、Ram（RAM）、Removable（可移动存储设备）。值在 DriveType 枚举中列出。

③ IsReady：获取一个指示驱动器是否已准备好的值。

④ Name：获取驱动器的名称。

⑤ RootDirectory：获取驱动器的根目录。

⑥ TotalFreeSpace：获取驱动器上的可用空闲空间总量。

⑦ TotalSize：获取驱动器上存储空间的总大小。

【例 4-1】 输出每一个硬盘驱动器的驱动器名称、驱动器类型、总空间大小及剩余空间大小，运行结果如图 4-2 所示。

```
DriveInfo[] drives = DriveInfo.GetDrives();
foreach (DriveInfo driver in drives)                    //遍历每一个驱动器
{
   Console.WriteLine("驱动器{0}: ", driver.Name);
   if (driver.IsReady==true)
   {
     Console.WriteLine("驱动器类型为{0},总共空间为{1}, 剩余空间为{2}",
driver.DriveType,driver.TotalSize,driver.TotalFreeSpace);
    }
}
```

```
驱动器C:\:
驱动器类型为Fixed,总共空间为20974428160, 剩余空间为6436712448
驱动器D:\:
驱动器类型为Fixed,总共空间为46620852224, 剩余空间为36869304320
驱动器E:\:
驱动器类型为Fixed,总共空间为52427898880, 剩余空间为35222851584
驱动器F:\:
驱动器类型为CDRom,总共空间为2733268992, 剩余空间为0
```

图 4-2　驱动器类的运行结果

4.2.2 目录管理类

在 Windows 系统中，目录又称文件夹。每个驱动器都有一个根目录，使用“\”表示，例如，“E:\”表示 E 驱动器的根目录。在根目录下创建的目录称为一级子目录，在一级子目录中创建的目录，称为二级子目录，依此类推。可以想象，文件系统的目录实际上是一种树状结构。

目录管理，也就是对目录的操作，如赋值、移动、重命名、创建和删除操作。主要用到 System.IO 命名空间下的两个类：Directory 类和 DirectoryInfo 类。Directory 类是一个静态类，可以直接通过类名 Directory 调用其下的一些静态方法。表 4-1 列出了 Directory 类的一些常用方法。

表 4-1 Directory 类的常用方法

方 法 名 称	说 明
CreateDirectory()	创建指定路径中的所有目录
Delete()	已重载。删除指定的目录
GetCreationTime()	获取目录的创建日期和时间
GetCurrentDirectory()	获取应用程序的当前工作目录
GetDirectories()	已重载。获取指定目录中子目录的名称
GetDirectoryRoot()	返回指定路径的卷信息、根信息或两者同时返回
GetFiles()	已重载。返回指定目录中的文件的名称
GetFileSystemEntries()	已重载。返回指定目录中所有文件和子目录的名称
GetLastAccessTime()	返回上次访问指定文件或目录的日期和时间
GetLastWriteTime()	返回上次写入指定文件或目录的日期和时间
GetLogicalDrives()	检索此计算机上格式为“<驱动器号>:\”的逻辑驱动器的名称
GetParent()	检索指定路径的父目录，包括绝对路径和相对路径
Move()	将文件或目录及其内容移到新位置
SetCreationTime()	为指定的文件或目录设置创建日期和时间
SetCurrentDirectory()	将应用程序的当前工作目录设置为指定的目录
SetLastAccessTime()	设置上次访问指定文件或目录的日期和时间
SetLastWriteTime()	设置上次写入目录的日期和时间

DirectoryInfo 类是一个实例类，除了有与 Directory 类基本类似的方法外，该类还提供了一组属性，使用这些属性可以方便地获得目录的有关信息。表 4-2 列出了 DirectoryInfo 类的常用属性。所有的属性或是方法必须先创建 DirectoryInfo 类的实例才能调用。

表 4-2 DirectoryInfo 类的常用属性

属 性 名 称	说 明
Attributes	获取或设置当前文件或目录的特性
CreationTime	获取或设置当前文件或目录的创建时间
Exists	已重写。获取指示目录是否存在的值
Extension	获取表示文件扩展名部分的字符串
FullName	获取表示文件或目录的完整目录
LastAccessTime	获取或设置上次访问文件或目录的日期和时间
LastWriteTime	获取或设置上次写入文件或目录的日期和时间
Name	已重写。获取此目录实例的名称
Parent	获取指定子目录的父目录
Root	获取路径的根目录

【例 4-2】使用 Directory 类创建目录及删除目录。

```
//创建目录
if(Directory.Exists("e:\\C#程序设计"))
   Console.WriteLine("目录已经存在! ");
else
{
    Directory.CreateDirectory("e:\\C#程序设计");
    Console.WriteLine("目录被成功创建! ");
}
//删除目录
Directory.Delete("e:\\C#程序设计");
Console.WriteLine("目录被删除! ");
```

【例 4-3】使用 DirectoryInfo 类创建目录及删除目录。

```
//创建目录
DirectoryInfo di=new DirectoryInfo("e:\\C#程序设计");
if(di.Exists)
    Console.WriteLine("目录已经存在! ");
else
{
   di.Create();
   Console.WriteLine("目录被成功创建! ");
}
//删除目录
 di.Delete();
 Console.WriteLine("目录被删除! ");
```

代码分析：

① 创建目录时，如果该目录已经存在就会发生异常，因此可以在创建（Creat）目录前，先判断该目录是否存在（Exists）。

② 书写文件和目录路径的时候，要十分谨慎。编译器默认将斜杠“\”处理成转义字符，因此，目录中的分割符，要使用两个斜杠表示，如"e:\\C#程序设计"。另外，也可以在目录字符串的最前面加一个“@”符号，它能提示编译器过滤字符串中的转义符，如@"e:\C#程序设计"。

4.2.3　文件管理类

文件是永久性保存在计算机存储介质上的数据的有序集合。它是进行数据读写操作的基本对象，可以是程序、数据、图片、声音或者是视频等。通常情况下，文件按照树状目录进行组织管理。

文件管理主要是指文件的创建、复制、移动、删除等基本操作，会用到 System.IO 命名空间下的两个类：File 类和 FileInfo 类。与前面的目录类 Directory 和 DirectoryInfo 的工作方式相似，File 类是一个静态类，可以直接通过类名 File 调用其下的一些静态方法，使用 File 类提供的文件管理功能，不仅可以创建、复制、移动和删除文件，还可以打开文件，以及获取和设置文件的有关信息。表 4-3 列出了 File 类的常用方法。FileInfo 类是一实例类，使用时必须创建类的实例对象。其方法类似于 File 类。表 4-4 列出了 FileInfo 类的常用属性。

表 4-3　File 类的常用方法

方 法 名 称	说　　明
AppendText()	创建一个 StreamWriter，它将 UTF-8 编码文本追加到现有文件
AppendAllText()	打开一个文件，向其中追加指定的字符串，然后关闭该文件
Copy()	将现有文件复制到新文件。允许覆盖同名的文件
Create(String)()	在指定路径中创建或覆盖文件
CreateText()	创建或打开一个文件用于写入 UTF-8 编码的文本
Delete()	删除指定的文件
Exists()	确定指定的文件是否存在
GetAttributes()	获取在此路径上的文件的文件特性
GetCreationTime()	返回指定文件或目录的创建日期和时间
GetLastAccessTime()	返回上次访问指定文件或目录的日期和时间
GetLastWriteTime()	返回上次写入指定文件或目录的日期和时间
Move()	将指定文件移到新位置，并提供指定新文件名的选项
OpenRead()	打开现有文件以进行读取
OpenText()	打开现有 UTF-8 编码文本文件以进行读取
OpenWrite()	打开一个现有文件或创建一个新文件以进行写入
SetAttributes()	设置指定路径上文件的指定的文件特性
SetCreationTime()	设置创建该文件的日期和时间
SetLastAccessTime()	设置上次访问指定文件的日期和时间

表 4-4　FileInfo 类的常用属性

属 性 名 称	说　　明
Attributes	获取或设置当前文件的特性
CreationTime	获取或设置当前文件的创建时间
Directory	获取父目录的实例
DirectoryName	获取或表示目录的完整路径的字符串
Exists	已重写。获取指示文件是否存在的值
Extension	获取表示文件扩展名部分的字符串，文件的后缀
FullName	获取表示文件或目录的完整目录
LastAccessTime	获取或设置上次访问文件或目录的日期和时间
LastWriteTime	获取或设置上次写入文件或目录的日期和时间
Length	获取当前文件的大小
Name	获取文件名

【例 4-4】下面的代码用于在前面创建好的“E:\C#程序设计”目录的基础上，创建文件 myfile1.txt，并向文件中追加文本，以及完成文件间的复制。

```
//创建文件
if(!File.Exists(@"e:\C#程序设计\myfile1.txt"))
{
```

```
            File.Create(@"e:\C#程序设计\myfile1.txt");
            Console.WriteLine("文件创建成功！");
        }
        //向文件中追加文本
        File.AppendAllText(@"e:\C#程序设计\myfile1.txt", "hello ,c#!");
        //将文件myfile1.txt复制给文件myfile2.txt2
        File.Copy(@"e:\C#程序设计\myfile1.txt",@"e:\C#程序设计\myfile2.txt");
```

4.2.4 路径管理类

每个驱动器都包含一个或多个目录，而每个目录又包含一个或多个子目录，目录是一树状结构。一个文件只能保存在沿着树状结构根目录下来的某个特定子目录中，例如“E:\C#程序设计\myfile.txt”。类似这样的表达式称为文件的路径，根据它能够检索文件所在的位置，路径通常由根目录（驱动器盘符）、目录名、文件名、文件扩展名和分隔符组成。

路径有两种表示方法：一种称为“绝对路径”，从驱动器的根目录开始，如“E:\C#程序设计\myfile.txt”；另一种称为“相对路径”，从当前工作的目录开始，如果当前工作目录就在E盘下，那么前面的路径可以简写成“C#程序设计\myfile.txt”。

【例 4-5】定义两个路径 pathStr1 和 PathStr2，将其合并后的值保存到路径 pathStr 中，最后输出 pathStr 路径中的的信息，运行结果如图 4-3 所示。

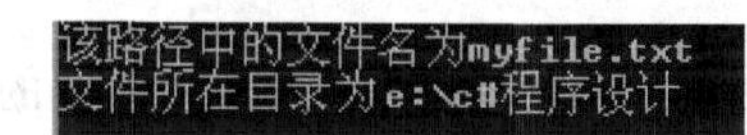

图 4-3　Path 类的代码运行结果

```
        string pathStr1=@"e:/c#程序设计";
        string pathStr2="myfile.txt";
        string pathStr=Path.Combine(pathStr1, pathStr2);
        Console.WriteLine("该路径中的文件名为{0}\n文件所在目录为{1}",
        Path.GetFileName(pathStr), Path.GetDirectoryName(pathStr));
```

4.3 读/写文件

读写文件的操作，通过流来完成。使用流可以把传输数据的过程与特定的数据源分离开来，从而更容易地切换数据源。流对象本身包含很多代码，可以在外部数据源和代码中的变量之间移动数据，把这些代码与特定数据源的概念分离开来，更容易实现不同环境下代码的重用。

4.3.1 流的基本操作及与流相关的类

1. 流的基本操作

流包括以下三个基本操作：

① 读取流（read）：数据从流输出到某种数据结构中（如：字节数组）。

② 写入流（write）：数据从某种数据结构输出到流中。

③ 定位流（seek）：在流中查找或重新定位当前位置。

2. 与流相关的类

.NET 的 System.IO 命名空间下，与流相关的类层次结构如图 4-4 所示。

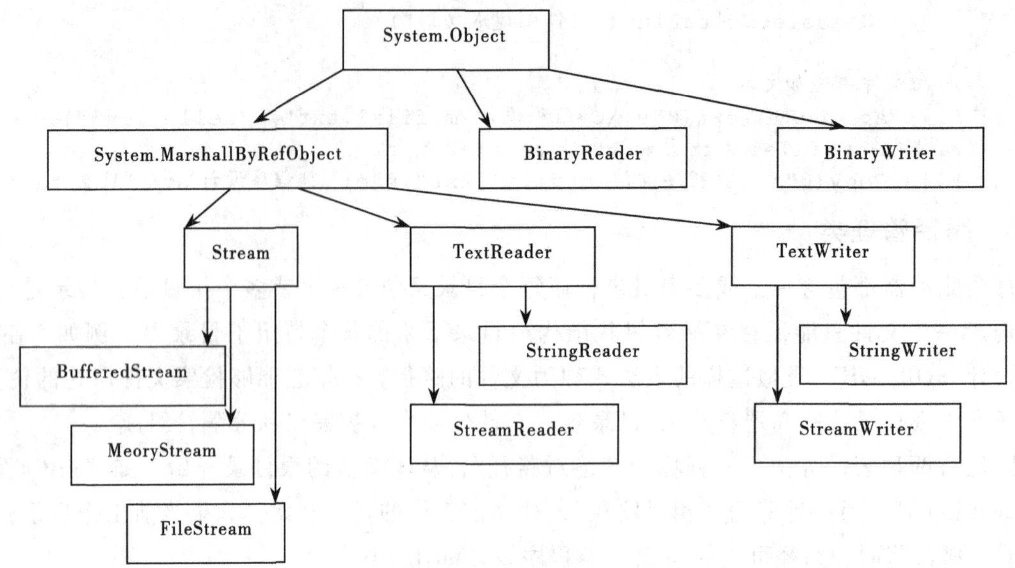

图 4-4　与流相关的类

图 4-4 中，包括两种类型的类：第一种是通用输入/输出流类，第二种是从流中读取或向流中写入的类。下面分别简单介绍这些类。

（1）通用输入/出流类

Stream 类是所有流的抽象基类。其下派生出来 FileStream 类、MeoryStream 类和 BufferedStream 类。FileStream 类称为文件流，用于对文件系统上的文件进行读取、写入、打开和关闭操作；MeoryStream 类称为内存流，用于在内存中创建流，以暂时保存数据，因此有了它就无须在硬盘上创建临时文件；BufferedStream 类称为缓冲流，表示把流先添加到缓冲区再进行数据的读/写操作，使用缓冲区，可以减少访问数据时对操作系统的调用次数，增强系统的读/写功能。

（2）从流读取或向流中写入的类

BinaryReader 和 BinaryWriter 类支持从流中读取或向流中写入编码的字符串和基元数据类型，通常用来读/写二进制文件。读/写文本文件时，主要使用 TextReader 类和 TextWriter 类，也可以使用其派生类 StringReader/StringWriter 和 StreamReader/StreamWriter。

4.3.2　FileStream 流

FileStream 类表示在磁盘或网络路径上指向文件的流。这个类提供了在文件中读写字节的方法，使用 FileStream 类可以对文件系统上的文件进行读取、写入、打开和关闭操作，并对其他与文件相关的操作系统句柄进行操作，如管道、标准输入/输出。下面介绍 FileStream 类的使用。

1. FileStream 对象的创建

FileStream 类的构造函数具有许多不同的重载版本，如下所示。最简单的构造函数仅仅带有两个参数，即文件名和 FileMode 枚举值。

① Public FileStream(String filePath, fileMode)：使用指定的文件路径和创建模式初始化一个 FileStream 类的新实例。

② Public FileStream(String filePath, fileMode, FileAccess)：使用指定的文件路径、创建模式和读写权限初始化一个 FileStream 类的新实例。

③ Public FileStream(String filePath, fileMode, FileAccess,FileShare)：使用指定的文件路径、创建模式、读取权限和共享权限初始化一个 FileStream 类的新实例。

其中，FileMode 枚举值规定了如何打开或创建文件；FileAcces 枚举值指定了流的作用，它们的枚举成员如表 4-5 和表 4-6 所示。

表 4-5　FileMode 的枚举成员

成　员	说　明
FileMode.Append	如果文件存在，就打开文件，指针移动到文件的末尾；若文件不存在，则创建一个新的文件
FileMode.Creat	创建新文件，如果该文件已经存在，则覆盖它
FileMode.CreatNew	创建新文件，如果该文件已经存在，则抛出异常
FileMode.Open	打开现有的文件，如果文件不存在，则抛出异常
FileMode.OpenOrCreat	如果文件存在，则打开文件，指针移动到文件的开始；如果文件不存在，则新建文件
FileMode.Truncate	打开一个已有的文件，并且设定其长度为零，然后可以向文件写入全新的数据，但是保留文件的初始创建日期；如果文件不存在，将抛出异常

表 4-6　FileAcces 的枚举成员

成　员	说　明
Read	打开文件，用于只读
Write	打开文件，用于只写
ReadWrite	打开文件，用于读写

例如，下面的代码以只读方式打开一个现有文件，如果文件不存在，将会引发一个 FileNotFoundException 异常。

```
FileStream fs = new FileStream(@"e:\test.txt", FileMode.Open,
FileAccess. Read);
```

2. 文件位置

FileStream 类维护内部文件指针，该指针指向文件中进行下一次读写操作的位置。在大多数情况下，当打开文件时，它就指向文件的开始位置，但是此指针可以修改。这允许应用程序在文件的任何位置读/写，随机访问文件，或直接跳到文件的特定位置上。当处理大型文件时，这个处理方法非常省时，因为可以马上定位到正确的位置。

实现此功能的一个方法是 Seek()方法，它有两个参数：第一个参数规定文件指针以字节为单位的移动距离；第二个参数规定开始计算的起始位置，用 SeekOrigin 枚举的一个值表示。SeekOrigin 枚举包含 3 个值：Begin、Current 和 End，分别表示流的开始、流的当前位置和流的末尾。

例如，下面的代码行将文件指针移动到文件的第 8 个字节，其起始位置就是文件的第 1

个字节：

```
fs.Seek(8,SeekOrigin.Begin);
```

另外，FileStream 类提供了一个属性 Position，用于获取或设置流的当前位置。例如，fs.Position=0 将流的当前位置设置为 0。

3. 文件的读写

使用 FileStream 类读写数据不像使用本章后面介绍的 StreamReader（StreamWriter）类那样容易。这是因为 FileStream 类只能处理原始字节（raw byte）。处理原始字节的功能使 FileStream 类可以用于任何数据文件，而不仅仅是文本文件。通过读/写字节数据，FileStream 对象可以用于读/写图像和声音的文件。这种灵活性的代价是，不能使用 FileStream 类将数据直接读入字符串，而必须将字符串转换成字节数组，或者进行相反的操作。

FileStream.Read()方法是从 FileStream 对象所指向的文件中访问数据的主要手段。这个方法从文件中读取数据，再把数据写入一个字节数组。它有三个参数：第一个参数是传输进来的字节数组，用以接收 FileStream 对象中的数据；第二个参数是字节数组中开始写入数据的位置。它通常是 0，表示从数组的起始位置开始写入数据；最后一个参数指定从文件中读出多少字节。

例如，以下代码表示从流 fs 中读取 200 个字节到数组 byteArray 中。Read()方法的返回值为实际读取的字节数，如果该值为 0，表示已经到了流的末尾。

```
byte[] byteArray=new byte[200];
int length=fs.Read(byteArray,0,200);
```

向文件写入数据的过程与从文件中读取数据非常类似。首先需要创建一个字节数组，然后调用 Write()方法，将字节数组传送到文件中。

例如：

```
fs.Write(byteArray,0,200);
```

4.3.3 读/写文本文件

如果要读取或写入的文件中只包含纯文本数据，那么可以使用 StreamReader 类和 StreamWriter 类。这些类是为了更简单的操作文本文件而设计。例如，它们支持 ReadLine()和 WriteLine()方法，一次读取和写入一行文本。在读取文件时，流能够自动确定下一个回车符的位置，并在该处停止读取；在写入文件时，流会自动把回车符和换行符添加到文本的尾部。

StreamReader 类和 StreamWriter 类能够识别不同的编码模式（默认编码为 UTF-8）。StreamReader 类可以正确读取任何格式的文件，而 StreamWriter 类可以使用任何一种编码方案格式化它要写入的文本。

1. StreamReader 类

前面介绍过，StreamReader 类是从 TextReader 类继承而来，它可以使用一种特定的编码从字节流中读取字符。StreamReader 类的构造函数具有许多不同的重载版本，如下所示。创建 StreamReader 的实例，可以选择其中的任意一种方式。

① public StreamReader (Stream stream)：为指定的流初始化 StreamReader 类的新实例，这里的流通常是 FileStream。

② public StreamReader(String filePath)：为指定的文件名初始化 StreamReader 类的新实例。

③ public StreamReader(String filePath,Encoding encoding)：根据指定的字符编码方案为指定的文件名初始化 StreamReader 类的新实例。

④ public StreamReader(Stream stream,Encoding encoding)：用指定的编码为指定的流初始化 StreamReader 类的新实例。

最简单的构造函数是只带有一个文件名参数，例如：

```
StreamReader sr=new StreamReader(@"e:\test.txt");
```

如果希望自己来指定 StreamReader 对象的编码方式，则可以使用上述构造函数的第三种形式。例如：

```
StreamReader sr=new StreamReader(@"e:\test.txt",Encoding.UTF8);
```

另外，也可以用第四种形式创建 StreadReader 对象，即使用指定的 FileStream 流来创建一个 StreadReader 实例对象。例如下面的代码：

```
FileStream fs=new FileStream(fileName, FileMode.Open,
FileAccess.Read);
StreamReader sr=new StreamReader(fs, Encoding.Default);
// 使用默认编码
```

创建了 StreamReader 对象后，就可以使用 StreamReader 的方法，如表 4-7 所示。

表 4-7　StreamReader 类的方法

方 法 名 称	说　明
Read()	在当前流中读取一个字符
ReadLine()	从当前流中读取一行字符，并将其作为字符串返回
ReadToEnd()	从流的当前位置一直读取到末尾
Close()	关闭当前的 StreamReader 流以及下属的流

对于小型文件，可以使用一个非常方便的方法，即 ReadToEnd()方法。此方法读取整个文件，并将其作为字符串返回。例如，下面的代码读取 test.txt 文件中的所有文本，并将其输出到控制台。

```
StreamReader sr=new StreamReader(@"e:\test.txt");
string str=sr.ReadToEnd();
Console.WriteLine("读取整个文本文件的输出结果为{0}",str);
sr.Close();
```

在用完 StreamReader 对象后，跟 FileStream 对象一样，一定要关闭它。否则，文件将一直被锁定而不能执行其他进程。

再如下面的代码，使用 ReadLine()方法，每次读取一行，保存至字符串变量 temp，并将 temp 添加到集合中，这样保证所有读到的信息行都保存在集合中。最后要及时关闭掉 StreamReader 和 FileStream 两个对象。注意关闭的顺序，应该先关闭 StreamReader 对象，再关闭 FileStream 对象。

```
while((temp=sr.ReadLine())!=null)
```

```
{
set.Add(temp);
}
sr.Close();
fs.Close();
```

2. StreamWriter 类

StreamWriter 类从 TextWriter 类继承而来，它可以使用一种特定的编码向字节流中写入字符。StreamWriter 类的构造函数与 StreamReader 类相似，具有许多不同的重载版本，如下所示。创建 StreamWriter 的实例，可以选择其中的任意一种方式。

① public StreamWriter (Stream stream)：用默认编码及缓冲区大小，为指定的流初始化 StreamWriter 类的新实例。

② public StreamWriter(String filePath)：用默认编码及缓冲区大小，为指定的文件名初始化 StreamWriter 类的新实例。

③ public StreamWriter(String filePath,Boolean)：根据默认的字符编码及默认的缓冲区大小，为指定的文件名初始化 StreamWriter 类的新实例，第二个布尔型参数约束对象的创建方式。如果此值为 false，则创建一个新文件，如果存在原文件，则覆盖；如果此值为 true，则打开文件保留原来数据，如果找不到文件，则创建新文件。

④ public StreamWriter(Stream stream,Encoding encoding)：用指定的编码及默认的缓冲区大小，为指定的流初始化 StreamWriter 类的新实例。

最简单的构造函数是只带有一个文件名参数，例如：

```
StreamWriter sw=new StreamWriter(@"e:\test.txt");
```

上述代码使用默认的 UTF-8 编码方案。另外，也可以将 StreamWriter 关联到一个文件流上，以获得打开文件的更多控制选项。例如，使用第四种形式创建 StreamWriter 对象，代码如下：

```
FileStream fs = new FileStream(fileName, FileMode.Create,
FileAccess.Write);
StreamWriter sw = new StreamWriter(fs, Encoding.Default);
//使用默认编码
```

创建了 StreamWriter 对象后，就可以使用 StreamReader 的方法，如表 4-8 所示。

表 4-8　StreamWrite 类的方法

方法名称	说明
Write()	向流中写入文本
WriteLine()	向流中写入一行文本，后跟行结束符
Flush()	清理当前编写器的所有缓冲区，并使所有缓冲数据写入流
Close()	关闭当前的 StreamWriter 流以及下属的流

当向流中写入文本时，可以使用 Write()的 4 个重载方法之一。例如，写入一个字符，写入一个字符串或者是一个字符数组，也可以一次仅写入字符数组中的一部分，代码如下：

```
StreamWriter sw=new StreamWriter(@"e:\test.txt", true);
sw.Write('a');                          //写入一个字符
```

```
sw.Write("hello");                          //写入一个字符串
char[] charArray={ 'a', 'b', 'c', 'd' };
sw.Write(charArray);                        //写入一个字符数组
sw.Write(charArray, 1, 2);      //写入字符数组的部分，从下标 1 开始，写入 2 个
字符即 "bc"。
sw.Close();
```

和其他流一样，在用完 StreamWriter 流之后，应该及时关闭它。另外，Write()和 WriteLine()方法还支持字符串的格式化，例如：

```
sw.WriteLine("数据保留 2 位小数{0:f2}", 3.1415926);
```

写入的数据应该是格式化后的值 3.14。与 sw.Write("数据保留 2 位小数{0:f2}", 3.1415926)作用一样，前者数据的后面多一个行结束符。

如果是基于 FileStream 创建的 StreamWriter 对象，最后要及时关闭掉 StreamWriter 和 FileStream 两个对象，注意关闭的顺序，应该先关闭 StreamWriter 对象，再关闭 FileStream 对象。例如下面的代码：

```
FileStream fs = new FileStream(fileName, FileMode.Create,
FileAccess.Write);
StreamWriter sw = new StreamWriter(fs, Encoding.Default);
foreach (string s in set)
{
    sw.WriteLine(s);
}
sw.Close();
fs.Close();
```

4.3.4 读/写二进制文件

二进制文件是以二进制形式编码的文件，数据存储为字节序列。读写二进制文件可以使用 BinaryReader 类和 BinaryWriter 类，它们也属于 System.IO 命名空间。

（1）BinaryReader 类

BinaryReader 类的构造函数主要有以下两种形式：

① public BinaryReader (Stream stream)：基于指定的流，用默认编码 UTF-8，初始化 BinaryReader 类的新实例。

② public BinaryReader(Stream stream,Encoding encoding)：基于指定的流，用指定的编码，初始化 BinaryReader 类的新实例。

创建了 BinaryReader 对象后，就 StreamReader 类可以使用 BinaryReader 的方法，如表 4-9 所示。

表 4-9　BinaryReader 类的方法

方 法 名 称	说　明
ReadBoolean()	读取下一个 Boolean 值
ReadByte()	读取下一个字节
ReadChar()	读取下一个字符
ReadDouble()	读取 8 字节浮点值

ReadInt32()	读取 4 字节有符号整数
ReadString()	读取一个字符串
Close()	关闭 BinaryReader 对象

（2）BinaryWriter 类

BinaryWriter 类的构造函数与 BinaryReader 类的构造函数类似，主要有以下两种形式：

① public BinaryWriter(Stream stream)：基于指定的流，用默认编码 UTF-8，初始化 BinaryWriter 类的新实例。

② public BinaryWriter(Stream stream,Encoding encoding)：基于指定的流，用指定的编码，初始化 BinaryWriter 类的新实例。

创建了 BinaryWriter 对象后，就可以使用 BinaryReader 的方法，如表 4-10 所示。

表 4-10 BinaryWriter 类的方法

方 法 名 称	说 明
Write()	已重载。将指定数据类型的值写入到流
Seek()	设置当前流的位置
Flush()	清理当前编写器的所有缓冲区，使所有缓冲数据写入基础设备
Close()	关闭 BinaryWriter 对象

【例 4-6】 BinaryWriter 和 BinaryReader 的使用：当输入 1 时，则进入输入学生信息状态，如图 4-5 所示，将输入的学生信息保存到 e:\student.dat 数据文件中；而当输入 2 时，则在控制台上直接显示输出所有学生的信息，如图 4-6 所示。

```
//文件读写类
class Test
{
    string stuNumber="", stuName="", student="";
    //写方法
    public  void WriteStudent()
    {
        Console.Write("请输入学生的学号: ");
        stuNumber=Console.ReadLine();
        Console.Write("请输入学生的姓名: ");
        stuName=Console.ReadLine();
        student=string.Format(" 学 号 : {0}\t 姓 名 : {1}", stuNumber,
stuName);
        FileStream        fs=new        FileStream(@"e:\student.dat",
FileMode.Append,
        FileAccess.Write);
        BinaryWriter bw=new BinaryWriter(fs);
        bw.Write(student);
        bw.Close();
        fs.Close();
    }
    //读方法
    public  void ReadStudent()
```

```
        {
            FileStream fs=new FileStream(@"e:\student.dat", FileMode.Open,
            FileAccess.Read);
            BinaryReader br=new BinaryReader(fs);
            fs.Position=0;
            while(fs.Position<fs.Length)
            {
                student=br.ReadString();
                Console.WriteLine(student);
            }
            br.Close();
            fs.Close();
        }
    }
    //入口函数Main()的代码
    static void Main(string[] args)
      {
          Test  t=new Test ();
          Console.WriteLine("写入学生信息输入 1,读取学生信息输入 2，请输入: ");
          string input=Console.ReadLine();
          if(input=="1")
             t.WriteStudent();
          else if (input=="2")
             t.ReadStudent();
          else
              Console.WriteLine("您的输入不正确! ");
          Console.ReadLine();
      }
```

```
写入学生信息输入1,读取学生信息输入2，请输入:
1
请输入学生的学号：002
请输入学生的姓名：李阳
```

图 4-5　输入学生信息

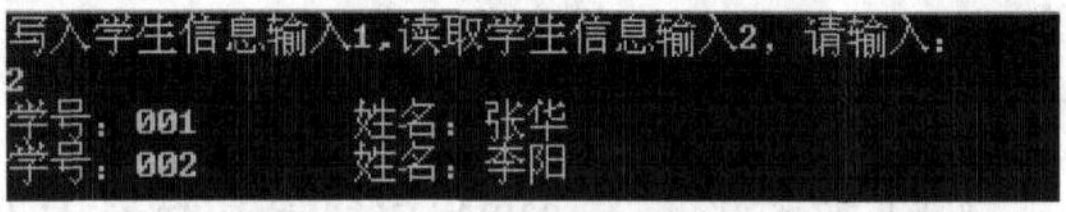

```
写入学生信息输入1,读取学生信息输入2，请输入:
2
学号：001        姓名：张华
学号：002        姓名：李阳
```

图 4-6　显示所有学生信息

上面代码中，BinaryWriter 和 BinaryReader 均是基于 FileStream 文件流对象创建的；写方法中，将学生的学号和姓名组合到一个字符串变量 student 里，然后使用 Write()方法写入磁盘文件；读取方法中，fs.Position = 0，用来定位开始读取时文件流的起始位置，br.ReadString()方法读取并返回一个字符串。

本章小结

文件的读写是应用程序的重要功能之一。本章围绕文件的基本操作，重点介绍了与文件操作相关的概念，包括驱动器、目录、文件、路径等。FileStream 是对文件流的具体实现，通过它可以以字节方式对流进行读写。如果要读取或写入的文件中只包含纯文本数据，可以使用 StreamReader 类和 StreamWriter 类。此外，还有两个类 BinaryReader 类和 BinaryWriter 类，用于二进制文件的读写。

习　题

1. 填空题

（1）.NET Framework 中操作驱动器、目录、文件和路径的类分别是________、________、________和________。

（2）流包括三个基本操作，分别是________、________和________。

（3）在从流读取或向流中写入数据时，通常使用__________来读取纯文本数据，使用________向磁盘写入纯文本数据。

（4）创建 FileStream 对象时，通过_________来定义文件流的创建模式，如 Append、Open 等，通过________来定义文件的读写权限，如 Read、Write 等。

2. 选择题

（1）在使用 FileStream 打开一个文件时，通过使用 FileMode 枚举类型的（　　）成员，来指定操作系统打开一个现有文件并把文件读写指针定位在文件尾部。

A. Append　　B. Create　　C. CreateNew　　D. Truncate

（2）在 C#中，将路径名“C:\Documents\”存入字符串变量 path 中的正确语句是（　　）

A. path = "C: \\Docments\\"　　B. path = "C: //Document//"

C. path = "C:\Document\"　　D. path = "C:\/Document\/"

（3）（　　）是所有流的抽象基类，其下派生出来的有 FileStream 类、BufferedStream 类等。

A. Stream　　B. MeoryStream　　C. StreamReader　　D. StreamWriter

（4）如果使用 StreamWriter 类向磁盘写入文本数据时，要求每次写入一行文字，则应该使用 StreamWriter 类的（　　）方法。

A. Write()　　B. WriteLine()　　C. ReadLine()　　D. Flush()

（5）目录管理有两个相应的类，Directory 类和 DirectoryInfo 类。现在分别使用这两个类来创建“D:\C#程序设计”目录，下列写法正确的是（　　）

A. Directory.Creat("D:\\C#程序设计")

B. DirectoryInfo.Creat("D:\\C#程序设计")

C. Directory.CreatDirectory("D:\\C#程序设计")

D. DirectoryInfo.CreatDirectory("D:\\C#程序设计")

3. 程序练习题

（1）有 5 名学生，每个学生有 3 门课的成绩，从键盘输入以上数据（包括学生号、姓名、3 门课成绩），计算出平均成绩，将原有的数据和计算出的平均分数存放在磁盘文件 student 中。

（2）创建一个学生类，包括学号、姓名、年龄等基本信息，使用 StreamReader 对象将键盘输入的 Student 对象的信息写入 E 盘根目录下的 student.txt 文件中，再使用 StreamWriter 将文件 student.txt 中的 Student 对象的信息逐行读出并输出到控制台。

上机实验

1. 实验目的

（1）熟悉文件存储管理相关的类；

（2）掌握 StreamReader 类和 StreamWriter 类读/写文本文件；

（3）BinaryReader 类和 BinaryWriter 类读/写二进制文件。

2. 实验内容

创建查询英语四级水平的控制台应用程序，程序至少包括成绩录入和成绩查询两个功能

（1）输入成绩时，支持多次输入，将学生的成绩以及学生个人信息均保存在磁盘文件下。（如 e:\english\score.dat）

（2）查询分数时，根据输入的准考证号，查询并显示该生的个人信息以及分数，若找不到，则显示“查无此人！”。

第 5 章　开发 Windows 窗体应用程序

本章导读

本章主要介绍 Windows 窗体应用程序的开发。共分为 5 个小节来介绍，内容 Windows 应用程序的概述、窗体、Windows 常用控件、菜单、工具栏和状态栏控件，以及对话框和多文档界面的设计。

本章内容要点：

- 创建 Windows 应用程序；
- 窗体属性及事件；
- C#调用 Windows 常用控件；
- C#设计菜单、工具栏和状态栏控件；
- 对话框的使用；
- 多文档界面的设计。

内容结构

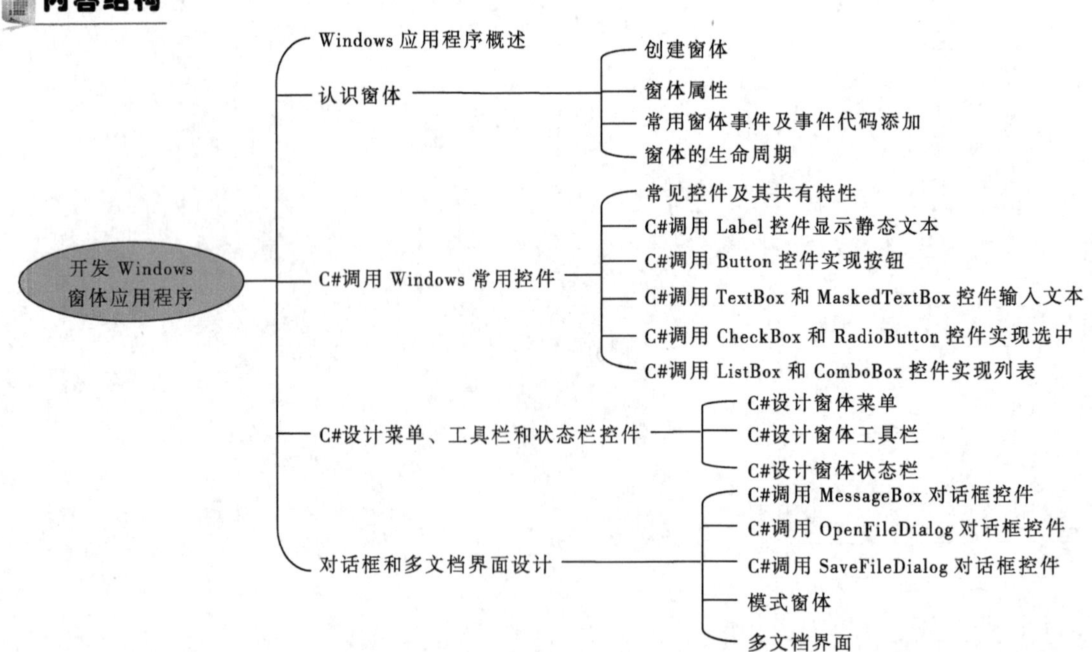

学习目标

通过本章内容的学习，学生应该能够做到：

- 了解 Windows 程序的开发流程；
- 掌握窗体的常用属性与事件；
- 了解控件的概念及功能；
- 掌握标签控件、按钮控件、文本框控件、选择控件的使用方法；
- 学会 C#如何调用菜单、工具栏和状态栏控件；
- 掌握消息框的使用；
- 学会多文档界面的设计。

5.1　Windows 应用程序概述

此前的章节所编写的程序都属于控制台应用程序，C#除了可以开发此类应用程序外，还可以开发具有用户界面的可视化应用程序，为用户提供与程序进行交互的用户界面，更好地满足了交互性的要求。

在可视化程序开发过程中，WinForm 窗体是可视化程序设计的基础界面，是向用户显示信息的可视化图面，是所有控件的容器。WinForm 窗体是基于.NET 框架的用于 Microsoft Windows 应用程序开发的新平台。此框架提供一个面向对象的、可以扩展的类集，得以开发丰富的 Windows 应用程序。

通常情况下，通过向窗体添加控件并开发对用户操作的响应，生成 Windows 应用程序。作为应用程序的基本单元，窗体实质上只是一个类似于对话框的简单框架窗口，内含一块空白面板。开发人员可通过添加控件（包括按钮、文本框、菜单等）来创建用户界面，并通过编写代码来操作数据和完成功能，从而填充这个空白面板。为此，Visual Studio 提供了一个有助于编写代码的集成开发环境，以及一个针对.NET 框架编程的丰富的控件集。通过使用代码来补充这些控件的功能，可以方便快捷地开发所需要的解决方案。

设计和实现 Windows 应用程序的步骤如下：

① 创建窗体（Form），即创建一个界面作为载体用来设计显示页面。

② 添加控件：根据应用程序需要，添加各种控件（包括按钮、文本框、菜单等）。

③ 属性设置：通过属性设置描述各个控件的外部特征；指定各个控件在窗体中的布局（Layout），使其合理地排列在窗体上。

④ 响应事件：定义图形界面的事件处理代码，不同的控件、窗体存在不同的事件，设置各个控件的不同事件的处理过程，实现对指定控件事件的响应，如单击按钮会触发什么样的事件。

5.2 认识窗体

5.2.1 创建窗体

在 C#中，窗体主要分为两种类型：

① 单文档窗体，仅支持一次打开一个窗口或文档，它又可以分为模式窗体和无模式窗体。

② 多文档窗体，项目中含有很多个窗体，多文档父窗体中可以放置多个普通子窗体。

运行 Visual Studio 创建窗体项目，选择“文件”→“新建”→“项目”命令，弹出“新建项目”对话框，在 Visual C#的 Windows 项目类型中选择“Windows 窗体应用程序”模板，项目名称命名为“stu”，单击位置文本框后面的“浏览”按钮，选择项目所要存放的位置，如图 5-1 所示。

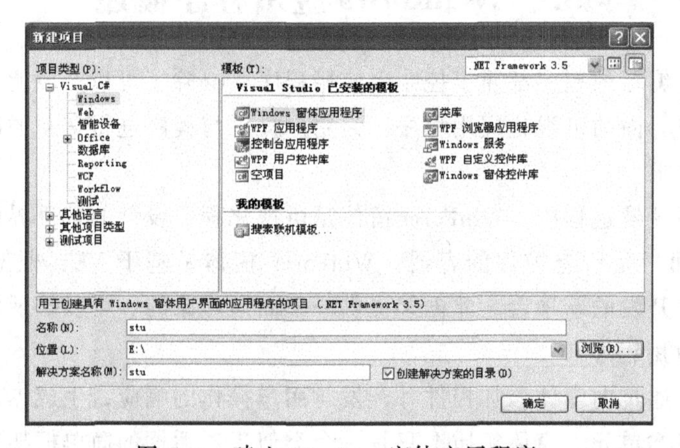

图 5-1 建立 Windows 窗体应用程序

单击“确定”按钮后，会出现图 5-2 所示的界面，出现了一个默认名为 Form1 的空白窗体。

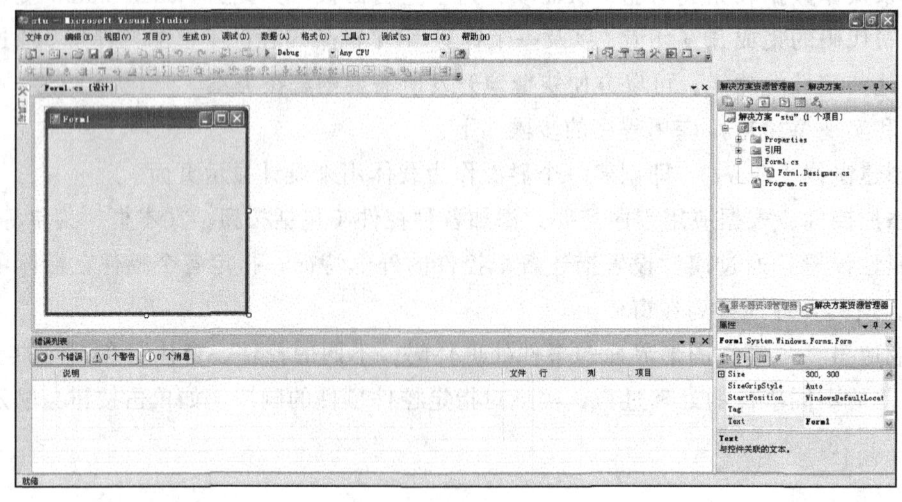

图 5-2 空白窗体

Visual Studio 会自动创建名为 stu 的项目目录，在项目目录中，自动创建的文件出现在界面右上角的解决方案资源管理器中，主要有以下几个文件：

① 项目文件——stu.sln（解决方案）。

② stucsproj（C#项目）。

③ 代码文件——Program.cs（程序入口）。

④ Form1.cs（窗体编程）。

⑤ Form1.Designer.cs（窗体设计）。

⑥ Form1.resx（资源文件）。

项目目录还自动包含存放项目的目标代码的 obj 目录和可执行程序的 bin 目录，这两个目录中都可包含 Debug 和 Realse 目录，分别存放具体的调试版和发行版的二进制程序代码。此外，项目目录还自动包含了一个存放项目属性的 Proporties 目录，该目录中包含如下文件：Settings.settings（项目设置，XML 文件）、Resources.resx（资源）、AssemblyInfo.cs（程序集代码）和 Resources.Designer.cs（资源设计代码）。随着学习的深入，在后续课程中会遇到同一个项目中存在很多个窗体的情况，在“解决方案资源管理器”中双击相应的窗体结点（比如一个 Form1.cs 文件）就可以在窗体设计器中显示该窗体。

1. Program.cs

自动生成的 Program.cs 代码为：

```
using System;
using System.Collections.Generic;
using System.Linq;
using System.Windows.Forms;
namespace FormDraw
{
    static class Program
    {
        /// <summary>
        /// 应用程序的主入口点
        /// </summary>
        [STAThread]
        static void Main()
        {
            Application.EnableVisualStyles();
            Application.SetCompatibleTextRenderingDefault(false);
            Application.Run(new Form1());
        }
    }
}
```

该文件中的代码主要是定义了 Program 类，它是包含 Main()方法的入口主程序。C#中创建的所有 Windows 应用程序都必须包含一个名为 Main()的静态方法，该方法将作为整个应用程序的入口。Main()方法是一个静态方法，可以返回 int 类型的值，也可以返回 void 类型的值。

Main()方法的声明可以有参数，也可以没有，Main()方法中最重要的语句为：

```
Application.Run(new Form1());
```

new Form1()语句用来构造了窗体对象；所以它创建了窗体 Form1 对象，并以其为程序界面（主框架窗口）来运行本窗体应用程序。Application.Run()函数在窗体对象上创建了消息循环，这样，Windows 窗体才能接收控件消息。

密封类 Application 位于 System.Windows.Forms.Form 命名空间中，直接派生于 System.Object。它的定义为

```
public sealed class Application;
```

Application 类具有用于启动和停止应用程序和线程、启用可视界面，以及处理 Windows 消息的方法，如下所示：

① Run()：在当前线程上启动应用程序消息循环，并可以选择使某窗体可见。常用的重载方法为：

```
public static void Run (Form mainForm)
```

② Exit()或 ExitThread()：停止消息循环。常用的重载方法为：

```
public static void Exit()
```

③ EnableVisualStyles()：此方法为应用程序启用可视样式。如果控件和操作系统支持视觉样式，则控件将以视觉样式进行绘制。若要使 EnableVisualStyles 生效，必须在应用程序中创建任何控件之前调用它；EnableVisualStyles 通常是 Main()函数的第一行。当调用 EnableVisualStyles 时，无须单独的清单即可启用可视化样式。语法为：

```
public static void EnableVisualStyles()
```

④ SetCompatibleTextRenderingDefault()：该方法用于设置兼容文本的默认表示方式。语法为：

```
public static void SetCompatibleTextRenderingDefault (bool
defaultValue)
```

⑤ DoEvents()：在程序处于某个循环中时处理消息。

⑥ AddMessageFilter()：向应用程序消息外添加消息筛选器来监视 Windows 消息。

⑦ ImessageFilter()：可以阻止引发某事件或在调用某事件处理程序前执行特殊操作。

2．Form1.cs

代码文件 Form1.cs 包含了窗体部分类 Form1 的一部分定义，用于程序员编写事件处理代码，也是我们今后工作的主要对象。可以在“解决方案资源管理器”中，选中“Form1.cs”项后，右击，在弹出的快捷菜单中选择“查看代码”命令，以源代码方式打开该文件。下面是该文件的初始代码：

```
using System;
using System.Collections.Generic;
using System.ComponentModel;
using System.Data;
using System.Drawing;
using System.Linq;
using System.Text;
using System.Windows.Forms;
namespace FormDraw
{
    public partial class Form1 : Form
    {
        public Form1()
```

```
        {
            InitializeComponent();
        }
    }
}
```

3．Form1.Designer.cs

代码文件 Form1.Designer.cs 包含了窗体部分类 Form1 的另一部分定义，用于存放系统自动生成的窗体设计代码。下面是该文件的初始代码：

```
namespace FormDraw
{
    partial class Form1
    {
        /// <summary>
        /// 必需的设计器变量
        /// </summary>
        private System.ComponentModel.IContainer components=null;
        /// <summary>
        /// 清理所有正在使用的资源
        /// </summary>
        protected override void Dispose(bool disposing)
        {
            if(disposing && (components!=null))
            {
                components.Dispose();
            }
            base.Dispose(disposing);
        }
        #region Windows 窗体设计器生成的代码
        /// <summary>
        /// 设计器支持所需的方法
        /// 使用代码编辑器修改此方法的内容
        /// </summary>
        private void InitializeComponent()
        {
            this.components=
                    new System.ComponentModel.Container();
            this.AutoScaleMode=
                    System.Windows.Forms.AutoScaleMode.Font;
            this.Text="Form1";
        }

        #endregion
    }
}
```

4．Form1.resx

Form1.resx 属于 Form 窗体资源文件，由 XML 组成，可以加入任何资源，包括图片、声音、二进制文件等。

5.2.2 窗体属性

窗体也是一种对象，是类的实例。与.NET 框架中的所有对象一样，可以定义其外观属性、行为方法以及与用户的交互事件。通过设置窗体的属性，编写响应其事件的代码，可自定义该对象以满足应用程序的要求。“Windows 窗体设计器”中的类是用来创建窗体的模板。该框架使用户可以从现有窗体继承、添加功能或修改现有行为。

Windows 窗体的常用属性主要有以下几个：

① Name：设置窗体的名称。该属性的值不会显示在窗体上，在代码中可以通过该值引用窗体。初始新建一个窗体时，其 Name 属性默认取值为 Form1，窗体的 Name 属性同样可以通过开发工具右下方的属性选项卡的 Text 属性来设置，现实开发过程中，通常更改窗体标题来说明窗体的内容或作用。

② ControlBox：设置窗体上是否有控制菜单。取值为布尔类型的值：true 或 false。默认取值为 true。

③ MaximizeBox：设置窗体上是否有最大化按钮。取值为布尔类型的值：true 或 false。其默认值为 true。

④ MinimizeBox：设置窗体上是否有最小化按钮。默认取值为 true。

⑤ TopMost 属性：使用 Microsoft Window 操作系统时，某些窗体始终位于指定应用程序中所有窗口的前面。例如，有时希望某些浮动工具窗口始终保持在应用程序主窗口的最前面。TopMost 属性可以控制窗体是否为最顶端的窗体。需要注意的是即使最顶端的窗体不处于活动状态，它也会浮在其他非顶端窗体之前。所以，在设计界面时要使窗体成为 Windows 应用程序中最顶端的窗体，只要在“属性”窗口中将 TopMost 属性设置为 true 即可。

⑥ FormBorderStyle 属性。Windows 窗体的外观有时会有边框。设计的窗体有几种边框样式可供选择，其边框样式的属性为 FormBorderStyle，其取值范围如表 5-1 所示。通过更改 FormBorderStyle 属性，可控制和调整窗体的大小。另外，设置 FormBorderStyle 属性还会影响标题栏及其按钮如何显示。

表 5-1 窗体的边框风格

取　值	风　格
None	无边框，不可以改变大小
Fixed3D	固定的三维边框
FixedDialog	固定的对话框样式的粗边框
FixedSingle	固定的单行边框
FixedToolWindow	可调整大小的工具窗口边框。工具窗口不会显示在任务栏中也不会显示在当用户按【Alt+Tab】组合键时出现的窗口中
Sizable	调整大小的边框
SizableToolWindow	调整大小的工具窗口边框。工具窗口不会显示在任务栏中也不会显示在当用户按【Alt+Tab】组合键时出现的窗口中

注意所有上述边框样式（除“无”设置外），都在标题栏的右侧有一个“关闭”按钮。窗口样式的图标 Icon 默认为，可以通过为单击该属性条目右端浏览按钮，载入新的图标文件（16 像素 × 16 像素和 32 像素 × 32 像素，*.ico）。也可以自己通过为项目添加新建图标

项，来创建新的图标资源，如可以通过“项目”→“添加新项”命令来完成，参见图 5-3。然后，在窗体设计界面所对应的属性窗口中，通过“窗口样式”→“Icon”右端的“浏览”按钮 来更换图标。

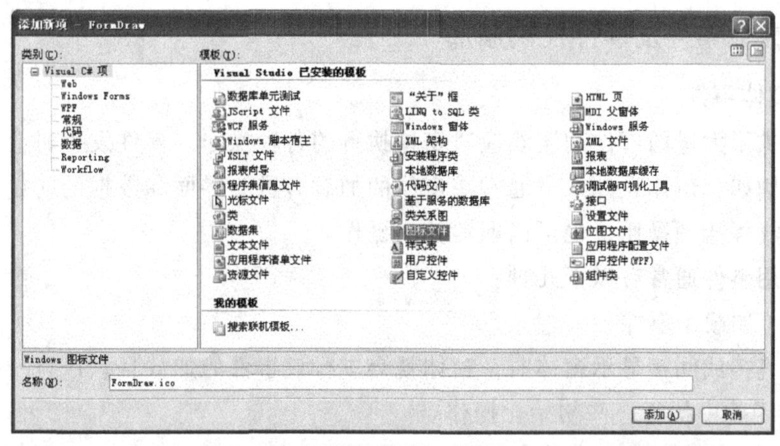

（a）“添加新项”对话框

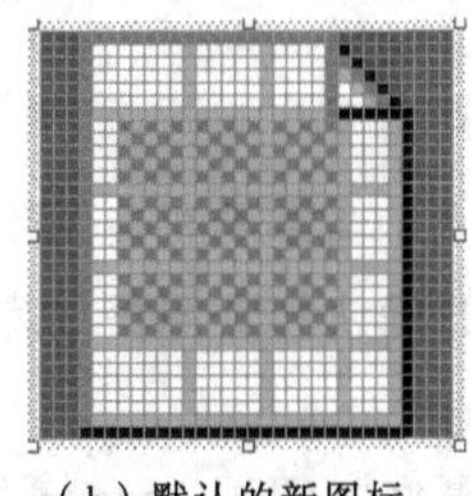

（b）默认的新图标

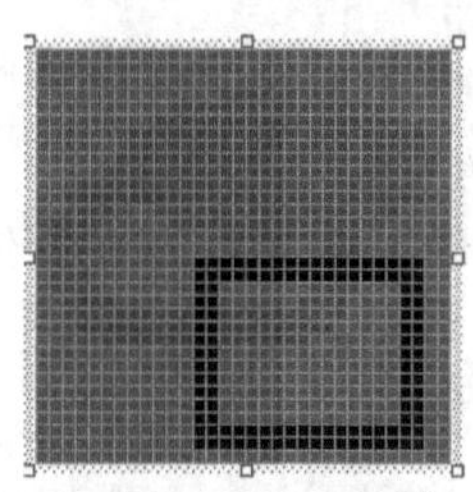

（c）自己设计的图标

图 5-3　添加新的图标

⑦ Location 属性：Location 属性值可指定窗体在计算机屏幕上的显示位置。其指定的坐标值为窗体左上角点的坐标位置。该属性指定的坐标值以像素为单位，在指定位置时还需要设置 StartPosition 属性，以指示显示区域的边界。Windows 应用程序的 StartPosition 属性的默认设置是 WindowsDefaultLocation，该值是通知操作系统在启动时根据当前硬件计算该窗体的最佳位置。有时会将 StartPosition 属性设置为 Center，然后在代码中更改窗体的位置。

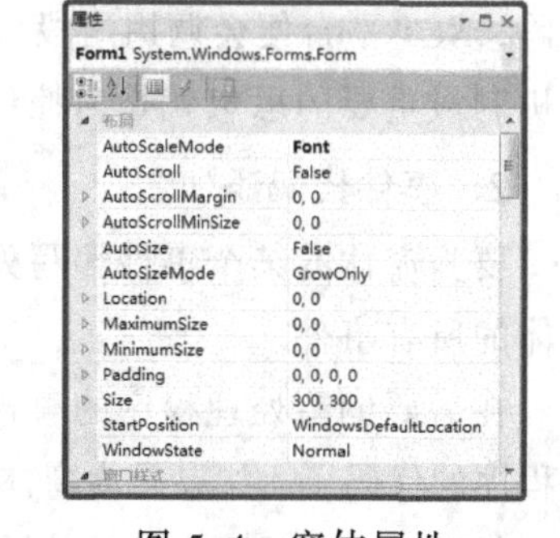

图 5-4　窗体属性

⑧ Size 属性：用来设置窗体的大小。Size 属于 System.Drawing 命名空间，存储一个有序整数对，可设置控件的宽度和高度。图 5-4 所示的属性设置为一个长和宽都为 300 像素的窗体。

⑨ BackColor 属性：用来设置窗体的背景颜色。该属性为一个 Color 对象，Color 属于 System.Drawing 命名空间。

⑩ BackgroundImage 属性：设置窗体的背景图像。

⑪ Opacity 属性：设置窗体的透明度。取值范围为 0%～100%，0%是窗体完全透明，100%

则是完全不透明，默认值为100%。

⑫ TransparencyKey 属性：指定窗体上将显示为透明的颜色，则窗体中有此颜色的区域将变为透明。利用此属性可设置不规则的窗体。

5.2.3 常用窗体事件及事件代码添加

1. 常用窗体事件

窗体类提供了大量的事件用于响应对窗体执行的各种操作。事件发生时会调用相应的事件处理函数。例如，窗体设计人员通常在窗体的加载时进行界面和数据的初始化。在关闭前进行资源的释放等清理操作，也可以取消关闭操作。

窗体的常用事件通常有以下几种：

（1）Load（加载）事件

当第一次直接或间接显示窗体时，窗体就会进行该事件的加载且只进行一次。通常，在Load事件响应函数中执行一些初始化操作。

（2）Click 和 DoubleClick 事件

分别在单击和双击窗体时发生这两个事件。

（3）FormClose（关闭）事件

Form 类的 FormClose 事件是在窗体关闭时引发的事件，直接或间接调用 Form.Close()方法都会引发事件。在 FormClose 事件中，通常进行关闭前的确认和资源释放操作。

（4）Activated 事件

窗体被激活时发生该事件。窗体第一次加载时，该事件紧随其 Load 事件发生；多窗体应用程序中，每当一个窗体成为当前窗体时便发生该事件。

（5）Resize 事件

窗体的大小发生改变时发生该事件，即在程序中重新设置窗体的大小。

事件是窗体或控件能识别的行为和动作，用户进行某一项操作时，如单击鼠标，便会引发某个事件。操作系统监视着事件的发生并通知应用程序，若应用程序为此事件编写了响应代码，.NET 平台便会调用这段代码进行相应的处理，这种编程机制称为“事件驱动编程机制”。该机制最重要的思想就是为控件编写事件处理程序（即事件发生时的响应代码）。

2. 事件代码添加

要为窗体的某个事件编写处理程序时，在属性窗口中单击⚡图标，属性窗口便会显示该窗体的所有事件。

在需要编写处理程序的事件上双击，便会切换到代码窗口，在光标闪烁的地方就可以输入程序的代码了。如果是为窗体的默认事件编写处理代码，则可以直接双击该窗体，也可以切换到代码窗口。后面为控件编写事件代码跟此处操作类似。大部分事件处理程序的格式如下：

```
private void 对象名称_事件名称(object sender,System.EventArgs e)
{
    //添加处理代码
}
```

事件处理程序的名称由对象名称、下画线和事件名称组合而成，其中具有两个参数，第一个参数 sender 代表的是引发该事件的对象；第二个参数代表的是事件的信息，可通过其属性获得相关信息。

【例 5-1】 创建一个 Windows 应用程序，实现当关闭窗体之前，弹出提示框，询问是否关闭当前窗体，单击“是”按钮，关闭窗体，代码如下：

```
private void Form1_FormClosing(object sender, FormClosingEventArgs e)
{
    DialogResult dr=MessageBox.Show("是否关闭窗体", "提示",
        MessageBoxButtons.YesNo, MessageBoxIcon.Warning);
    if(dr==DialogResult.Yes)        //使用 if 语句判定是否单击"是"按钮
    {
        e.Cancel=false;             //如果单击"是"按钮则关闭窗体
    }
     else
     {
        e.Cancel=true;              //否则，不执行操作
     }
}
```

运行结果如图 5-5 所示。

图 5-5　运行结果

5.2.4　窗体的生命周期

窗体的生命周期是指窗体从其产生到消亡的整个过程，实际上是一个 C#的 Windows 界面所对应的类的生命周期，初始化—使用—空闲—销毁—垃圾回收就是其生命周期。

在 Show()方法和 ShowDialog()方法执行之前，用户是看不见窗体的，但只要窗体被实例化了，那么这个窗体就产生并存在了。

窗体打开事件顺序如图 5-6 所示。

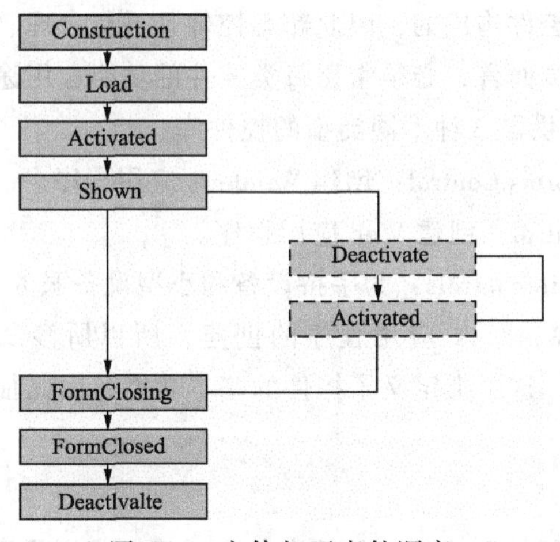

图 5-6　窗体打开事件顺序

① 构造函数（Construction）：构造函数起到初始化的作用，其中最重要的是建立控件。如下程序是建立按钮加入界面及建立文本框显示时间。

```
Button btn=new Button();
```

```
    this.controls.Add(btn);
    this.Text=DateTime.Now.ToString();
```

② Load 事件就是窗体加载事件，对窗体进行初始化的事件，需要注意的是窗体虽然被初始化了，但在调用 Show()方法或 ShowDialog()方法之前窗体不会被显示出来。

③ Activated 事件：窗体首次加载的时候触发该事件，使得窗体成为激活窗体，也就是可以接收键盘输入的前台窗体。

④ Shown 事件：该事件被激活后，窗体将被显示出来。

⑤ Deactivate 事件：当前窗体变成非活动窗体时激活该事件。

⑥ Activated 事件：当前窗体变成活动窗体时激活该事件。

⑦ FormClosing 事件：该事件在结束程序之前给用户提供一个机会来改变操作。一般情况下会弹出一个对话框来提示用户。

⑧ FormClosed 事件：该事件提供了窗体已经消失的一个通知，虽然事件触发的时候窗体仍然可见。

⑨ 在 FormClosed 事件触发之后，如果没有取消窗体的关闭操作，窗体会在消失之前最后触发 Deativated 事件。

5.3 C#调用 Windows 常用控件

5.3.1 常见控件及其共有特性

1．控件概述

控件是设计在窗体上的部件，是构成用户界面的基本元素，也是 C#可视化编程的重要工具。控件在 C#中是以对象的形式存在的，使用控件可使程序的设计简化，避免大量重复性工作，简化设计过程，有效地提高设计效率。

由于窗体是由一个个控件构成的，因此熟悉控件是进行合理、有效的程序开发的重要前提。对于一个程序开发人员而言，必须掌握每类控件的功能、用途，并掌握其常用的属性、事件和方法。.NET 平台提供了 3 种不同类型的控件库：

① System.Windows.Forms.Control：创建 Windows 应用程序。

② System.Web.UI.Control：创建 Web 应用程序。

③ System.Web.UIMobilecontrols：为手持设备和小型设备服务。

由于本书主要讲解 Windows 应用程序的创建，所以所涉及的控件都派生于 System.Windows.Forms.Control 类，这个类定义了控件的基本功能，因此很多控件都有许多相同的属性和事件。

2．常见控件

在 Visual Studio 集成开发环境的工具箱中包含了建立应用程序的各种控件。如 Windows 窗体、公共控件、容器、菜单和工具栏、数据、组件、打印、对话框等部分，常用的 Windows 窗体控件放在“Windows 窗体”选项卡下。

工具箱中有数十个常用的 Windows 窗体控件，它们以图标的方式显示在工具箱中，其名称显示于图标的右侧。表 5-2 所示为常用 Windows 窗体控件。

表 5-2　常用 Windows 窗体控件

控件名称	控件含义	控件名称	控件含义
Label	标签	ListBox	列表框
LinkLabel	链接标签	ListView	列表视图
Button	按钮	ComboBox	组合框
TextBox	文本框	StatusBar	状态栏
RadioButton	单选按钮	ToolBar	工具栏
CheckBox	复选框	GroupBox	分组框
PictureBox	图片框	Timer	定时器

3．控件的共有特性

Control 类是“可视化组件”的基类，因此它构成了图形化用户界面的基础，控件的外观和行为是由控件的属性和方法决定的，不同的控件具有不同的属性。有些属性适用于几乎所有的控件，这些属性称为共同属性，如表 5-3 所示。

表 5-3　Control 类控件的共同属性

属性名称	含义
Anchor	设置控件的哪个边缘锚定到其容器边缘
Dock	设置控件停靠到父容器的哪个边缘
BackColor	获取或设置控件的背景色
Cursor	获取或设置当鼠标指针位于控件上时显示的光标
Enabled	设置控件是否可以对用户交互做出响应
Font	设置或获取控件显示文字的字体
ForeColor	获取或设置控件的前景色
Height	获取或设置控件的高度
Left	获取或设置控件的左边界到容器左边界的距离
Name	获取或设置控件的名称
Parent	获取或设置控件的父容器
Right	获取或设置控件的右边界到容器左边界的距离
Tabindex	获取或设置在控件容器上控件的【Tab】键的顺序
TabStop	设置用户能否使用【Tab】键将焦点放到该控件上
Tag	获取或设置包括有关控件的数据对象
Text	获取或设置与此控件关联的文本
Top	获取或设置控件的顶部到其容器的顶部距离
Visible	设置是否在运行时显示该控件
Width	获取或设置控件的宽度

需要注意的是，Font 类是有关字体设置或获取的，来自于 System.Drawing 命名空间。Font 对象在建立之后不能被修改，只能创建新的 Font 对象。其常用构造函数为：

```
System.Drawing.Font (字体名称,字号[,字形]);
```

其中字体名称为所使用系统中已安装的字体；字号的单位为磅；字形是一个枚举类型，其取值范围如表 5-4 所示。

表 5-4　Font 类成员及其取值范围

成员名称	说　明	值
Bold	加粗文本	1
Italic	倾斜文本	2
Regular	普通文本	0
Strikeout	带删除线的文本	8
Underline	带下画线的文本	4

在字形设置时，可用 | 间隔，或用值代替。例如：

```
this.textBox1.Font=new System.Drawing.Font("楷体_GB2312",28, ystem.
Drawing. FontStyle.Bold|System.Drawing.FontStyle.Italic);
```

前面讲过，点击、滚动、移动鼠标、按下键盘等操作都会产生相应的事件，事件发生时会调用相应的事件处理函数。这种处理函数实际上也是 Control 类的方法，事件处理函数是在事件发生时由系统自动调用（而不是由用户代码调用）的；利用事件和处理函数之间的自动调用关系，可以方便实现一些事件触发功能。

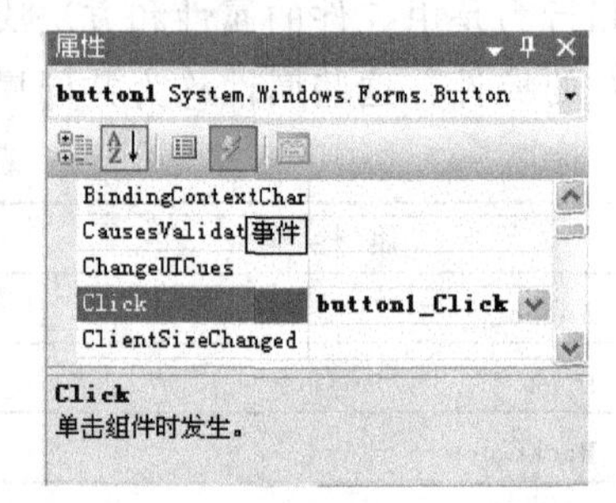

图 5-7　“属性”选项卡中的事件

Control 类定义了大量的事件，单击“属性”选项卡的“闪电”图标就可以列出所有事件，如图 5-7 所示，在各个具体事件名的右侧双击即可自动跳转到该事件处理函数的位置，用户只需在函数框架中编写相应的事件处理代码即可。Control 类常用的共用事件如表 5-5 所示。

表 5-5　Control 类常用的共用事件

事件分类	事件名称	说　明
鼠标事件	Click	在单击控件时发生
	DoubleClick	在双击控件时发生
	MouseDown	当鼠标指针位于控件上并按下鼠标键时发生
	MouseEnter	在鼠标指针进入控件时发生
	MouseHover	在鼠标指针悬停在控件上时发生
	MouseLeave	在鼠标指针离开控件时发生
	MouseMove	在鼠标指针移到控件上时发生
	MouseUp	在鼠标指针在控件上并释放鼠标键时发生
	MouseWheel	在移动鼠标轮并且控件有焦点时发生
键盘事件	KeyDown	在控件有焦点的情况下按下键时发生，优先于 KeyPress 事件
	KeyPress	在控件有焦点的情况下按下键时发生，优先于 KeyUp 事件
	KeyUp	在控件有焦点的情况下释放键时发生

续表

事件分类	事件名称	说明
其他事件	DockChanged	当 Dock 属性的值更改时发生
	Resize	在调整控件大小时发生
	GotFocus	在控件接收焦点时发生
	LostFocus	当控件失去焦点时发生
	TextChanged	Text 属性值更改时发生
	VisibleChanged	Visible 属性值更改时发生
	TextChanged	Text 属性值更改时发生
	Validated	在控件完成有效性验证时发生，必须将 CausesValidation 属性设为真
	Validating	在控件正在有效性验证时发生，必须将 CausesValidation 属性设为真，注意验证是在控件失去焦点时发生，而不是在获取焦点时发生

4．创建控件

窗体设计视图下，会出现“工具箱”窗格，供程序员进行窗体设计，如图 5-8 所示。

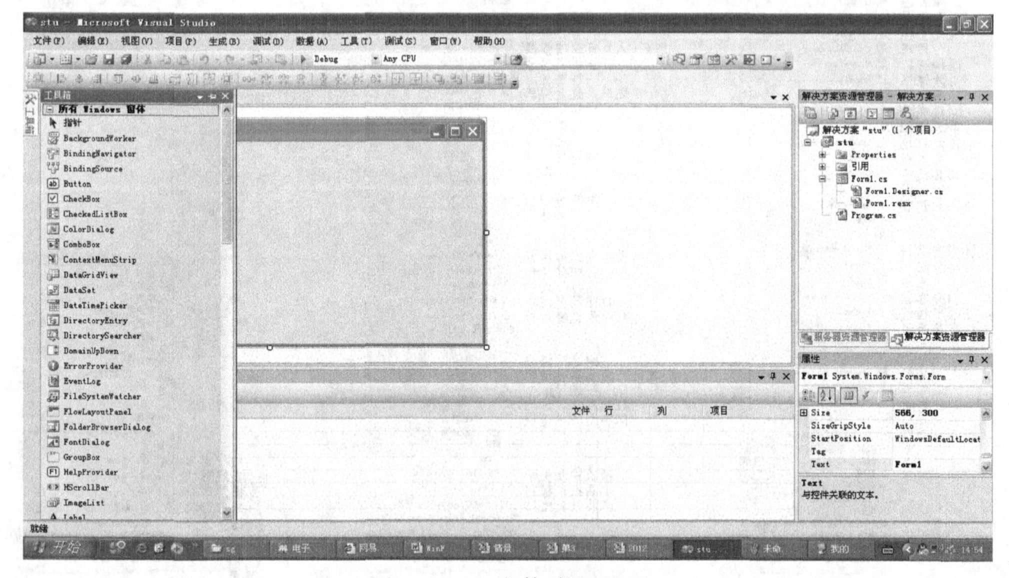

图 5-8　C#窗体编程界面

窗体设计所用的工具箱内容丰富，除了 VB 动力包（Visual Basic PowerPacks）栏（5 种）和 WPF 互操作性栏（1 种）的工具外，其余所有可用的工具位于“所有 Windows 窗体”栏中，共有 66 种。其下各栏将这些工具分门别类地列出，包括：“21 种公共控件”“6 种容器”“5 种菜单和工具栏”“4 种数据”“14 种组件”“5 种打印”“5 种对话框”“3 种报表”，只有 HScrollBar（水平滚动条）、VScrollBar（垂直滚动条）和 TrackBar（跟踪条）这 3 个工具没有包含在这些分类栏中，如图 5-9 所示。

有 3 种方法可以将“工具箱”中的控件添加到窗体中。

① 双击“工具箱”中要使用的控件，此时将会在窗体的默认位置（客户区的左上角）

添加默认大小的控件。

② 在“工具箱”中选中一个控件，鼠标指针变成与该控件对应的形状；把鼠标指针移到窗体中要摆放控件的位置，按下鼠标左键并拖动鼠标画出控件后，释放鼠标即可在窗体的指定位置绘制指定大小的控件。

③ 直接把控件从“工具箱”拖放到窗体中，使用这种方式可以在指定的位置添加默认大小的控件。

另外，可以在代码编辑页面直接使用代码向窗体添加控件。比如，要把一个按钮控件btnNew添加到窗体中可以使用语句：

```
Button btnNew=new Button();
```

其中，Button是类库中的一个代表按钮的类，可以直接使用。

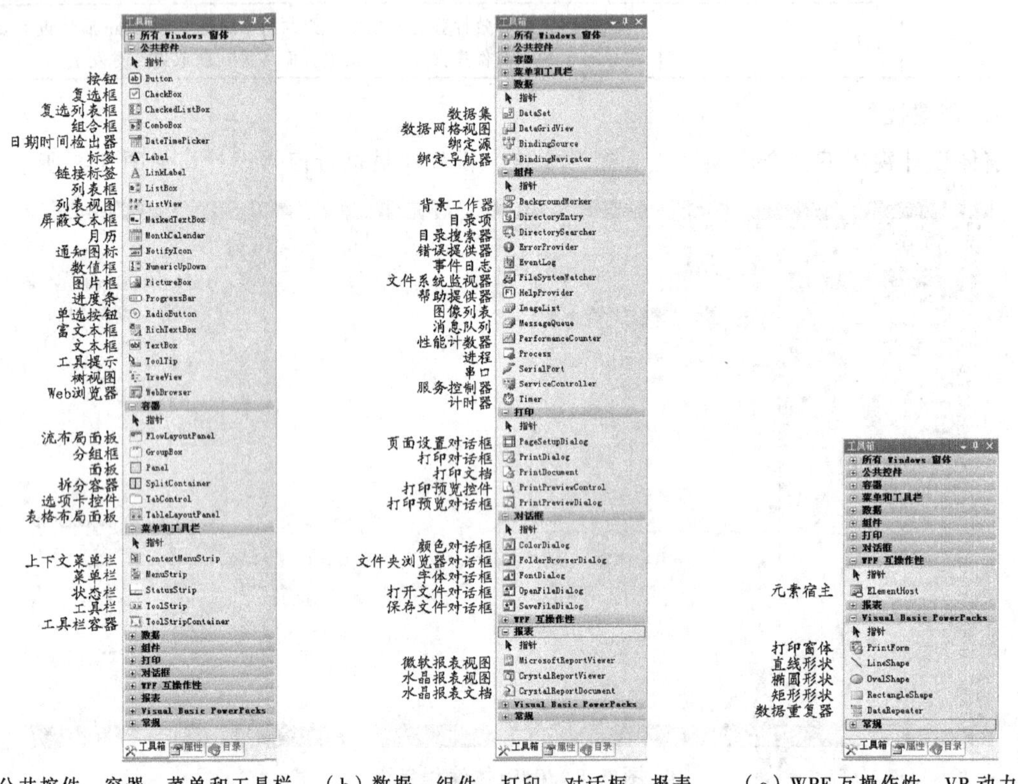

（a）公共控件、容器、菜单和工具栏　（b）数据、组件、打印、对话框、报表　（c）WPF互操作性、VB动力包

图 5-9　窗体工具箱

5.3.2　C#调用 Label 控件显示静态文本

Label控件又称标签控件，Windows窗体的Label控件用于显示用户不能编辑的文本或图像。标签中显示的标题包含在Text属性中，文本在标签内的对齐方式通过Alignment属性设置。

Windows窗体还有一种称作LinkLabel的控件，它和Label控件有许多共同之处，凡是使用Label控件的地方，都可以使用LinkLabel控件。另外，除了具有Label控件的所有属性、方法和事件以外，LinkLabel控件还有用于超链接和链接颜色的属性。LinkArea属性设置激活链接的文本区域。LinkColor、VisitedLinkColor和ActiveLinkColor属性设置链接的颜色。单击链接后，通过更改链接的颜色来指示该链接已被访问。LinkClicked事件确定选定链接文本后将要进行的操作。

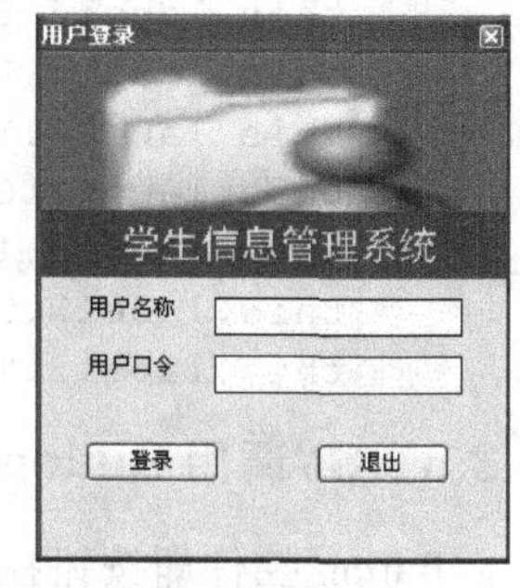

图5-10 学生信息管理系统界面

下面使用Label控件制作“学生信息管理系统”的登录界面。在项目WindowsApplication1中新建窗体，命名为Login，从工具箱中拖动3个Label控件到窗体上。分别用来显示图中的“学生信息管理系统”和“用户名称”及“用户口令”，如图5-10所示。

界面中文字的内容、大小和位置等都可以通过属性选项卡来设置。设置完后会在Form.cs代码窗口中形成如下代码：

```
//
// label1
//
this.label1.AutoSize=true;
this.label1.FlatStyle=System.Windows.Forms.FlatStyle.Flat;
this.label1.Font=new System.Drawing.Font("宋体", 9F, System.Drawing.
FontStyle.Regular,                System.Drawing.GraphicsUnit.Point,
((System.Byte)(134)));
this.label1.ForeColor=System.Drawing.SystemColors.ControlText;
this.label1.Location=new System.Drawing.Point(24, 136);
this.label1.Name="label1";
this.label1.Size=new System.Drawing.Size(54, 17);
this.label1.TabIndex=0;
this.label1.Text="用户名称";
//
// label2
//
this.label2.AutoSize=true;
this.label2.FlatStyle=System.Windows.Forms.FlatStyle.Flat;
this.label2.Font=new System.Drawing.Font("宋体", 9F, System.Drawing.
FontStyle.Regular,                System.Drawing.GraphicsUnit.Point,
((System.Byte)(134)));
this.label2.ForeColor=System.Drawing.SystemColors.ControlText;
this.label2.Location=new System.Drawing.Point(24, 168);
this.label2.Name="label2";
this.label2.Size=new System.Drawing.Size(54, 17);
this.label2.TabIndex=1;
this.label2.Text="用户口令";
//
// label3
//
this.label3.BackColor=System.Drawing.Color.DarkSlateBlue;
this.label3.FlatStyle=System.Windows.Forms.FlatStyle.Flat;
this.label3.Font=new   System.Drawing.Font("  黑  体  ",   16.2F,
System.Drawing. FontStyle.Regular, System.Drawing.GraphicsUnit.Point,
((System.Byte)(134)));
```

```
this.label3.ForeColor=System.Drawing.Color.Yellow;
this.label3.Location=new System.Drawing.Point(0, 88);
this.label3.Name="label3";
this.label3.Size=new System.Drawing.Size(267, 37);
this.label3.TabIndex=6;
this.label3.Text="学生信息管理系统";
this.label3.TextAlign=System.Drawing.ContentAlignment.MiddleCenter;
```

5.3.3 C#调用 Button 控件实现按钮

Button 控件即按钮控件，Windows 窗体的 Button 控件允许用户做单击操作。每当用户单击按钮时，即调用该按钮的 Click 事件处理程序。在设计界面时只需要双击设计视图中的按钮就可以自动生成相应的 Click 事件，程序设计者只需要往 Click 事件的方法体中添加实际处理代码就可以了。

按钮上显示的文本位于 Text 属性中。文本的外观由 Font 属性和 TextAlign 属性决定。按钮（Button）控件还可以使用 Image 和 ImageList 属性显示图像，使用之后就会变成有图像附着在按钮之上的图像按钮。

Button 控件最常用的事件是 Click，即单击按钮时触发的事件，除此之外还有 MouseDown（鼠标按下所触发的事件）和 MouseUp（鼠标抬起所触发的事件）等。另外需要说明的是，Button 控件没有双击事件，如果用户尝试双击 Button 控件，将分别以两次单击单独处理。

在任何 Windows 窗体上都可以指定某个特定的 Button 控件为“接受”按钮（也称“默认”按钮）。每当用户按【Enter】键时，即单击“默认”按钮，而不管当前窗体上其他哪个控件具有焦点。在设计器中指定“接受”按钮的方法是：选择按钮所驻留的窗体，在“属性”窗口中将窗体的 AcceptButton 属性设置为 Button 控件的名称。也可以用编程方式指定“接受”按钮，在代码中将窗体的 AcceptButton 属性设置为适当的 Button 控件。例如：

```
Private void SetDefault (Button myDefaultBtn)
{
    This.AcceptButton=myDefaultBtn;
}
```

同样，在任何 Windows 窗体上都可以指定某个 Button 控件为“取消”按钮。每当用户按【Esc】键时，即单击“取消”按钮，而不管窗体上其他哪个控件具有焦点。通常设计这样的按钮，允许用户快速退出操作而无须执行任何动作。在设计器中指定“取消”按钮的方法是：选择按钮所驻留的窗体后，在“属性”窗口中将窗体的 CancelButton 属性设置为 Button 控件的名称。也可以用编程方式指定“取消”按钮，将窗体的 CancelButton 属性设置为适当的 Button 控件。例如：

```
private void SetCancelButton(Button myCancelBtn)
{
    this.CancelButton=myCancelBtn;
}
```

例如，在对 5.3.2 节中提到的学生信息管理系统的登录界面进行设计的时候，只需要在设计页面中双击“登录”按钮就可以打开 Form.cs 代码窗口，自动形成该按钮的单击事件处理方法头并将光标焦点置于方法体中，形成如下方法体为空的代码：

```
private void button1_Click(object sender, System.EventArgs e)
{
}
```

只需要在里面填充程序即可。“退出”按钮的代码比较简单，即在“退出”按钮的事件方法中输入“this.Close();”即可关掉窗体退出，其中 this 指代当前对象。

```
private void button2_Click(object sender, System.EventArgs e)
{
    this.Close();
}
```

5.3.4 C#调用 TextBox 和 MaskedTextBox 控件输入文本

C#通过文本框控件来输入文本，Windows 窗体设计中所设计的文本框主要用于获取用户输入的文本或单纯显示文本。用 TextBox 控件可编辑文本，不过在有些界面中也可使其成为只读控件。默认情况下，最多可在一个文本框中输入 2048 个字符。文本框除了处理单行文本外，还可以处理多行文本，方法是将 MultiLine 属性设置为 true，这种情况下，它可以对文本自动换行以使其符合控件的大小，最多可输入 32 KB 的文本。

控件显示的文本包含在 Text 属性中。依照前面章节的叙述，Text 属性在设计时既可以通过“属性”窗口设置，也可以在运行时用代码设置，或者在运行时通过用户输入来设置。在运行时通过读取 Text 属性得到文本框的当前内容。

文本框控件最常用的事件是 TextChanged。当文本框的内容发生变化时触发这个事件。除此之外，文本框控件还提供了一些方法以方便用户使用，如表 5-6 所示。

表 5-6 TextBox 的其他方法

方法名称	用途	方法名称	用途
Clear()	清除文本框中的文本	Paste()	用剪贴板内容替换文本框文本
AppendText()	向文本框里添加文字	Select()	在文本框中选择指定范围的文本
Copy()	复制文本框的文本到剪贴板	SelectAll()	选择文本框中所有内容
Cut()	剪切文本框文本到剪贴板	Paste()	用剪贴板内容替换文本框文本

TextBox 控件在界面设计时的应用非常广泛，比如可以用来创建密码文本框。密码文本框是一种特殊的 Windows 窗体文本框，它在用户输入字符串时显示占位符而不是具体文字，其所显示的占位符是将 TextBox 控件的 PasswordChar 属性设置为某个特定字符，即 PasswordChar 属性指定的字符就是在文本框中显示的字符。例如，如果希望在密码框中显示星号，则在“属性”窗口中将 PasswordChar 属性指定为“*”。运行时，无论用户在文本框中输入什么字符，都显示为星号。

设置 MaxLength 属性可以指定在文本框中最多可以输入多少个字符。如果超过了最大长度，系统会发出声响，且文本框不再接受任何字符。注意，很多时候程序员不想设置此属性，因为黑客可能会利用密码的最大长度来试图猜测密码。

MaskedTextBox 类是一个增强型的 TextBox 控件，它支持用于接受或拒绝用户输入的声明性语法。通过使用 Mask 属性，无须在应用程序中编写任何自定义验证逻辑，即可指定必需的输入字符或可选的输入字符，还可以对输入字符做特殊处理，比如将小写字母字符转换为大写字母。

当 MaskedTextBox 控件在运行显示时，会将掩码表示为一系列提示字符和可选的原义字符。表示每个可编辑掩码位置都显示为单个提示字符。例如，符号“*”通常用作数字字符输入的占位符。可以使用 PromptChar 属性来指定自定义提示字符。

HidePromptOnLeave 属性决定当控件失去输入焦点时用户能否看到提示字符。当用户在有提示字符的文本框中输入内容时，有效的输入字符将按顺序替换其各自的提示字符。如果用户输入无效的字符，将不会发生替换。在这种情况下，如果 BeepOnError 属性设置为 true，将发出提示音，并引发 MaskInputRejected 事件。可以通过处理此事件来提供自己的自定义错误处理逻辑。

【例 5-2】在“学生信息管理系统”的“登录”界面中输入用户名称和用户口令，用户名称为 sa，用户口令为 123，如图 5-11 所示。

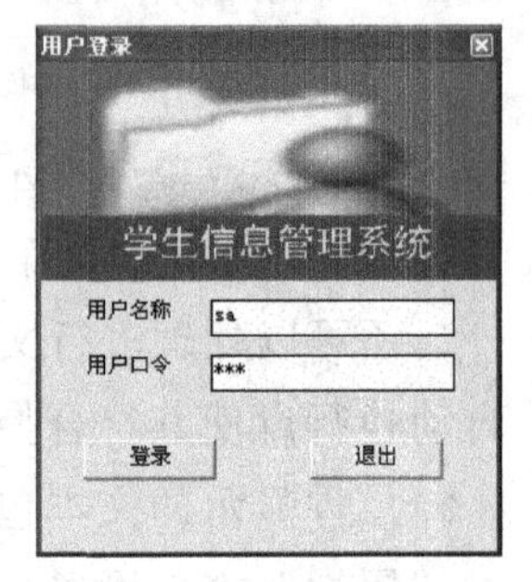

图 5-11　登录界面

可以将窗体的 AcceptButton 属性设为 button1，即登录按钮，将 CancelButton 设为 button2，即取消按钮，另外，别忘了将密码框的 passwordChar 属性设为“*”。

双击 button1 输入以下代码：

```
private void button1_Click(object sender, EventArgs e)
{
    if(textBox1.Text.Trim()==""||textBox2.Text.Trim()=="")
        MessageBox(0,"请输入用户名及密码","登录失败",0);
    if(!textBox1.Text.Equals("sa")||!textBox2.Text.Equals("123"))
    {
        MessageBox.Show("用户名或密码不正确！", "登录");
    }
    else
    {
        MessageBox.Show("登录成功！", "登录");
    }
}
```

如果将按钮和 button2 改为重填，则可以双击 button2 并输入如下代码就可以将两个文本框中的内容清空，以供用户重新填写用户名和密码。

```
private void button2_Click(object sender, EventArgs e)
{
   textBox1.Clear();
   textBox2.Clear();
}
```

需要注意的是：在实际应用中，验证登录过程需要查询数据库比对用户名和密码，而不是简单地将用户名和密码以明文字符串的形式写在程序中比对，这里我们仅作示例。

5.3.5　C#调用 CheckBox 和 RadioButton 控件实现选中

1. CheckBox 控件

CheckBox 控件又叫复选框控件或多选框控件，在复选框中，同一组中的复选按钮是可以选择任意多个的。Windows 窗体 CheckBox 控件常用于为用户提供是与否的判断及选择。用户可以从多重选项中选择一项或多项，需要注意的是同一组复选框名字应该是一样的。界面设计的操作中常常将 CheckBox 控件分组，使之独立于其他组工作。具体做法是将 Panel 控件或 GroupBox 控件从“工具箱”的“Windows 窗体”选项卡拖到窗体上，然后再将 CheckBox 控件拖到 Panel 控件或 GroupBox 控件上。

CheckBox 控件重要的属性是 Checked，Checked 属性是选项是否被选中的属性，返回值只能是 true 或 false。返回 true 表示选项被选中，返回 false 则表示选项没被选中。

每当用户单击某 Windows 窗体的 CheckBox 控件时，便发生 Click 事件。可以编写应用程序以根据复选框的状态执行某些操作。在 Click 事件处理程序中，使用 Checked 属性确定控件的状态，以执行任何必要操作。

```
private void checkBox1_Click(object sender, System.EventArgs e)
{
   //复选框控件的文本属性在每次控件被单击的时候都会改变，表明被选择或者不被选择
if(checkBox1.Checked)
{
    checkBox1.Text="Checked";
}
else
{
    checkBox1.Text="Unchecked";
}
```

在设计多选框时需要注意以下两点：

① 如果用户尝试双击 CheckBox 控件，将按两次单击处理，因 CheckBox 控件不支持双击事件。

② 如果 AutoCheck 属性为 true（默认），当单击复选框时，CheckBox 会自动被选中或取消选中。否则，当 Click 事件发生时，必须手动设置 Checked 属性。

【例 5-3】设计如图 5-12 所示的新建角色界面，其中的“权限”以复选框的方式创建，说明一个角色同时可以有几种权限。

设计过程中，可以先拖动一个 GroupBox 控件到设计窗口，然后将 6 个 CheckBox 控件拖到 GroupBox 控件上，按图 5-12 进行布局，然后将它们的 Text 属性改为相应的文字即可。

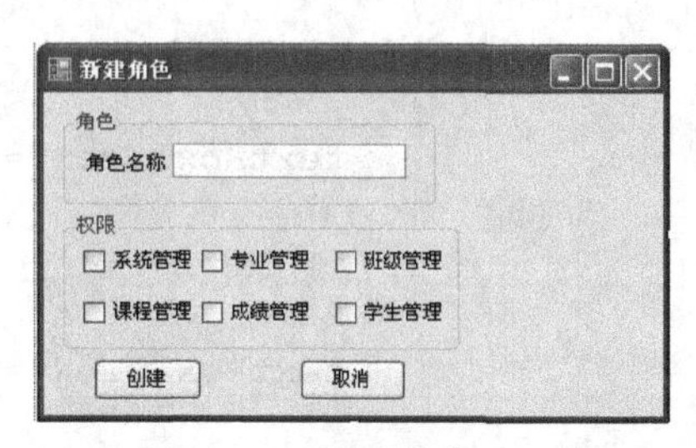

图 5-12　新建角色界面

界面设计完成之后，在代码设计窗口除了形成 6 个 CheckBox 控件代码以外，会看到在 GroupBox 控件的代码中已经把 CheckBox 控件通过 Add()方法加了进来，形成代码如下：

```
this.groupBox1.Controls.Add(this.checkBox1);
this.groupBox1.Controls.Add(this.checkBox2);
this.groupBox1.Controls.Add(this.checkBox3);
this.groupBox1.Controls.Add(this.checkBox4);
this.groupBox1.Controls.Add(this.checkBox5);
```

```
this.groupBox1.Controls.Add(this.checkBox6);
this.groupBox1.Location=new System.Drawing.Point(12,75);
this.groupBox1.Name="groupBox1";
this.groupBox1.Size=new System.Drawing.Size(242,81);
this.groupBox1.TabIndex=10;
this.groupBox1.TabStop=false;
this.groupBox1.Text="权限";
```

2. RadioButton 控件

RadioButton 控件也叫单选按钮控件，与多选框不同的是，在单选按钮中当用户选择某个单选按钮时，同一组中的其他单选按钮不能同时选定，旨在为用户提供多种选项以便选择其一，且只能选择其中一个的功能。当单击 RadioButton 控件时，其 Checked 属性会被设置为 true，并且调用 RadioButton 控件的 Click 事件处理程序。当改变单选按钮的选择时，即 Checked 属性值发生改变，将引发 CheckedChanged 事件。

多个单选按钮同样可以分组。依然可以将 RadioButton 控件拖到 Panel 控件或 GroupBox 控件上，这对于可视外观及用户界面设计很有用，因为成组控件可以在窗体设计器上一起移动。

【例 5-4】利用 RadioButton 按图 5-13 所示布局窗体进行界面设计，在“显示”按钮的 Click 事件中输入如下代码：

```
private void button1_Click(object sender, EventArgs e)
{
    //采用遍历每个 RadioButton 的方法检索选择项
    if(c1.Checked)
    {
        textBox1.Text="必修";
    }
    if(c2.Checked)
    {
        textBox1.Text="选修";
    }
    if(c3.Checked)
    {
        textBox1.Text="平台";
    }
    if(c4.Checked)
    {
        textBox1.Text="自主";
}
```

也可以采用遍历容器内控件集合的方法检索选择项，代码如下：

```
foreach(Control control in groupBox2.Controls)
{
    if((control as RadioButton).Checked)
    {
        textBox2.Text=(control as RadioButton).Text;
        break;
    }
}
```

foreach 是一个在遍历时很有用的方法，后面的例子中还要用到。程序运行结果如图 5-13 所示。

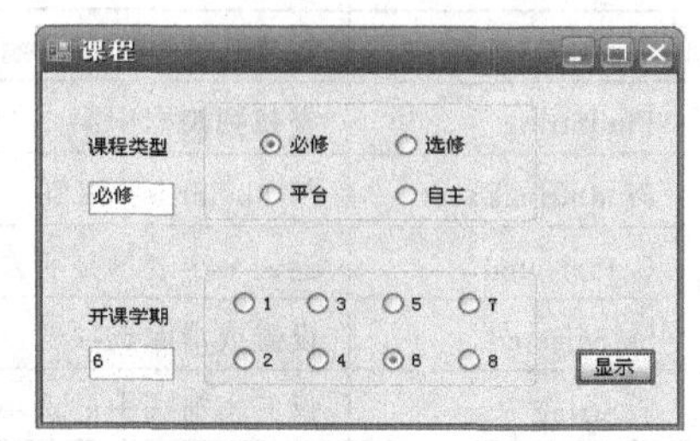

图 5-13　程序运行结果

5.3.6　C#调用 ListBox 和 ComboBox 控件实现列表

用户界面通常需要向用户提供多选项的动态列表，如果在设计期间，设计人员并不知道用户可能选择的选项个数，就应考虑使用列表框。.NET 提供了 ListBox 和 ComboBox 这两种控件来实现列表框功能，但它们又有所不同。

1. ListBox 控件

ListBox 控件用于显示列表项，ListBox 控件可以调整大小，同时显示一定数目的列表选项，通过配置它的属性，可以允许用户选择其中的一个或多个选项，如果总项数超出可以显示的项数，则 ListBox 控件会自动添加滚动条。这也是它相对于 ComboBox 控件的最大特点，也就意味着 2 个选项和 20 个选项都可以只占用相同的控件大小。当 MultiColumn 属性设置为 true 时，列表框以多列形式显示，并且会出现一个水平滚动条。否则当 MultiColumn 属性设置为 false 时，列表框以单列形式显示，并且会出现一个垂直滚动条。如果无论项数多少都想要显示滚动条的话，就可以将 ScrollAlwaysVisible 属性设置为 true。ListBox 控件的常用属性如表 5-7 所示。

表 5-7　ListBox 控件的常用属性

属　性	说　明
SelectedIndex	该属性值表示列表框中选中选项的基于 0 的索引值，如果选中了多个选项，则值为第一个选项的索引值
ColumnWidth	在包含多个列的列表框中，该属性指定列的宽度
Items	使用该属性可增加或删除列表框中的选项
MultiColumn	对于具有多个列的列表框，利用该属性可获取与设置列的个数
SelectedIndices	该属性是一个集合，包含列表框中所有选项的索引
SelectedItem	该属性包含列表框中选中的选项，但只能选择一个
SelectedItems	包含当前选中的所有选项，是一个集合
SelectionMode	设置选择模式，None 表示不能选择任何选项；One 表示一次只能选择一个选项；MulitiSimple 表示可以选择多个选项；MulitExtended 表示可以选择多个选项，但必须结合使用【Ctrl】键和【Shift】键
Sorted	设置为 true 时，可对列表框中该属性包含的选项按字母进行排序
Text	许多控件都拥有 Text 属性，但列表框控件的 Text 属性与其他控件相比有很大不同。如果设置列表框的 Text 属性，它将搜索匹配该文本的选项，并选中该选项；如果获取 Text 属性，返回值将是列表框中的第 1 个选项。如果 SelectionMode 属性设置为 None，该属性就不可用
CheckedIndicies	该属性是一个集合，包含 CheckedListBox 中状态是 checked 或 indeterminate 的所有选项（仅适用于 CheckedListBox 控件）
CheckedItems	该属性是一个集合，包含 CheckedListBox 中状态是 checked 或 indeterminate 的所有选项（仅适用于 CheckedListBox 控件）
CheckOnClick	该属性设置为 true 时，用户单击它时便改变它的状态（仅适用于 CheckedListBox 控件）
ThreeDCheckBoxes	设置这个属性，可以选择平面或正常的 CheckBoxes（仅适用于 CheckedListBox 控件）

控件设置完属性后就需要设置事件，ListBox 控件的常用事件如表 5-8 所示。

表 5-8 ListBox 控件的常用事件

事　　件	说　　明
ClearSelected	清除列表框中的所有选项
FindString	查找列表框中第 1 个以指定字符串开头的字符串
FindStringExact	与 FindString 相似，但必须匹配整个字符串
GetSelected	返回一个表示是否选择一个选项的值
SetSelected	设置或清除选项
ToString	返回当前选中的选项
GetItemChecked	返回一个表示选项是否被选中的值（仅适用于 CheckedListBox 控件）
GetIemCheckState	返回一个表示选项的选中状态的值（仅适用于 CheckedListBox 控件）
SetItemChecked	设置指定为选中状态的选项（仅适用于 CheckedListBox 控件）
SetItemCheckState	设置选项的选中状态（仅适用于 CheckedListBox 控件）

当 ListBox 控件允许多选时，要通过循环来依次判断哪些选项被选中。事件过程代码如下：

```
protected void Button1_Click(object sender, EventArgs e)
{
    Label1.Text="你选中的选项为: ";
    for (int i=0; i<ListBox1.Items.Count; i++)
    //获取列表选项总数
    {
       if(ListBox1.Items[i].Selected)            //如果本选项被选中
       {
          Label1.Text+=ListBox1.Items[i].Value+"  ";
       }
    }
}
```

【例 5-5】在面板上设计两个 ListBox 控件，控件中有学生所修的课程，通过两个 ListBox 控件中间的按钮可以将课程在两个 ListBox 控件间互相移动。

① 在窗体中拖入两个 ListBox 控件和两个按钮控件，控件摆放位置如图 5-14 所示

② 单击左边的 ListBox 控件的黑色三角符号，会出现“ListBox 任务”对话框，如图 5-15 所示，单击“编辑项”后会出现图 5-16 所示“字符串集合编辑器”对话框，在对话框中输入字符串（每行一个），输完之后再将两个按钮的方向改为箭头的方向，即形成图 5-17 所示界面。

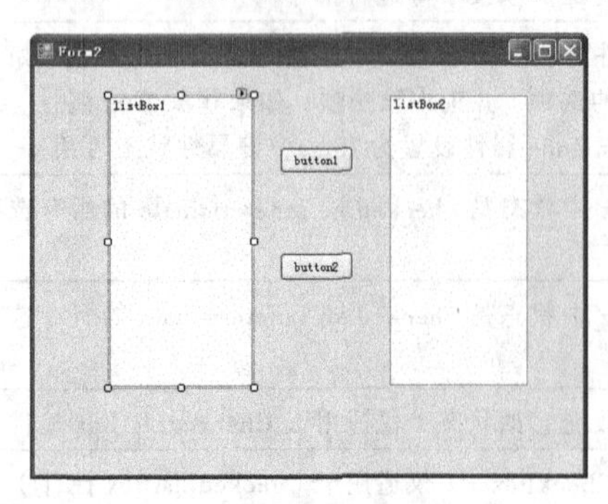

图 5-14　控件界面设计

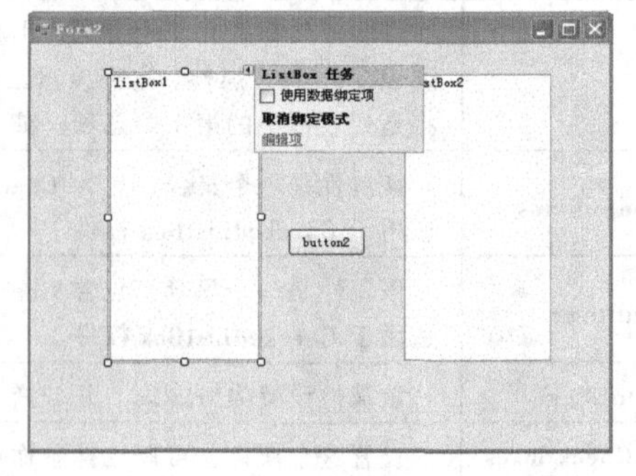

图 5-15　“ListBox 任务”对话框

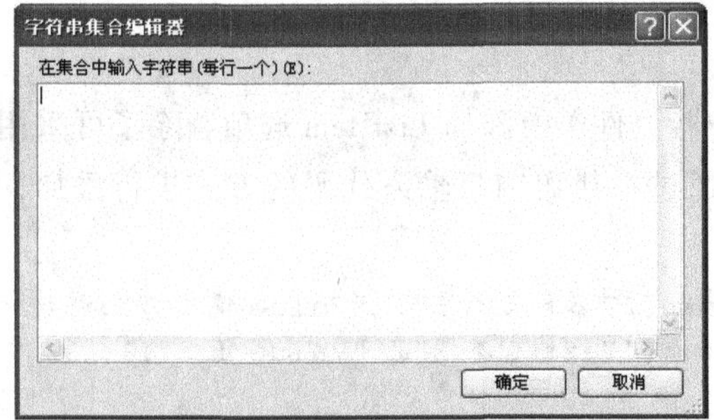
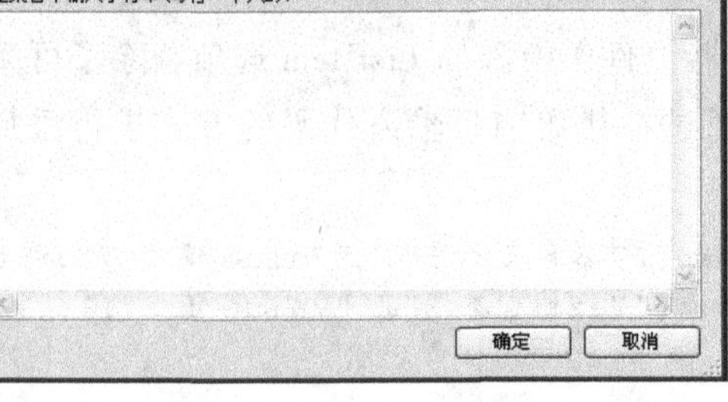

图 5-16　“字符串集合编辑器”窗口

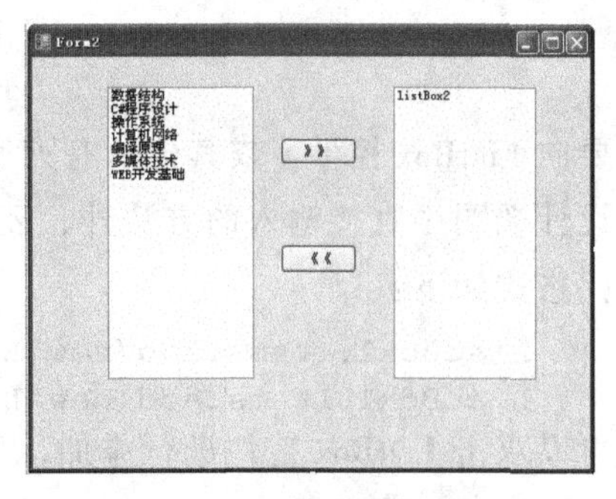

图 5-17　课程选择界面

③ 分别双击两个按钮，在程序设计窗口分别输入两个按钮的事件处理程序。

```
private void button1_Click(object sender, EventArgs e)
{
        if(ListBox1.Items.Count!=0)
        {  //如果列表项不空
            if (ListBox1.SelectedIndex>-1)
            {  //保证列表框中有被选中的项
                //把左边列表框(ListBox1)中被选中的项添加到右边列表框(ListBox2)中
                ListBox2.Items.Add(ListBox1.SelectedItem);
                //把左边列表框中已经添加到右边列表框中的项移除
                ListBox1.Items.Remove(ListBox1.SelectedItem);
                //清除右边列表框中的选中状态
                ListBox2.ClearSelection();
            }
            else
            {
                Response.Write("<script language='JavaScript'>alert('你
                没有选中左边列表框中的课程!')</script>");
            }
        }
}
```

该方法可以使课程从左边移动到右边，双击另外一个按钮将课程从右边移动到左边的代码输入代码窗口，代码如下：

```
private void button2_Click(object sender, EventArgs e)
{
    if(ListBox2.Items.Count!=0)
    {
        if(ListBox2.SelectedIndex>-1)
        {
            ListBox1.Items.Add(ListBox2.SelectedItem);
            ListBox2.Items.Remove(ListBox2.SelectedItem);
            ListBox1.ClearSelection();
        }
        else
        {
            Response.Write("<script language='JavaScript'>alert('你没
            有选中右边列表框中的课程!')</script>");
        }
```

```
        }
    }
```

要向 ListBox 控件（或其他所有列表服务器控件）中添加 ListItem 选项，除了可采用上例中在设计视图中直接输入的方法外，还可以通过在代码窗口输入代码的方式进行添加，事件的代码格式如下：

```
ListBox1.Items.Add(new ListItem("Text 文本 1", "Value 值 1"));
ListBox1.Items.Add(new ListItem("Text 文本 2", "Value 值 2"));
```

可以双击 ListBox 控件进行添加，如：

```
private void listBox1_DoubleClick(object sender, EventArgs e)
{
    listBox1.Items.Clear();                      //首先清除所有现有项
    listBox1.Items.Add("数据结构");              //用 Add()方法插入新项
    listBox1.Items.Add("C#程序设计");            //用 Add()方法插入新项
    listBox1.Items.Insert(2, "操作系统");        //用 Insert()方法插入新项
    listBox1.SelectedIndex=1;                    //使第二项选中
}
```

2. ComboBox 控件

ComboBox 控件用于在下拉组合框中显示数据，功能上与 ListBox 控件很相似，视觉效果上有所差别，ComboBox 控件最显著的特点是可以当作带有下拉按钮的 TextBox 控件来使用，这使得用户可以手动输入一个在下拉列表中没有列出的选项。默认情况下，ComboBox 控件分两部分显示：顶部是一个允许用户输入列表项的文本框；第二个部分是列表框，它显示用户可以选择的项。

DropDownStyle 属性决定 ComboBox 的样式及其行为方式，图 5-18 所示给出了三种不同的样式。

① ComboBoxStyle.DropDown——下拉式。

② ComboBoxStyle.Simple——简单样式。

③ ComboBox.Style.DropDownList——下拉列表式。

Form1
oBox1 editabl
Windows
OS/2
Unix
Linux
Macintosh
comboBox2
Windows
OS/2
Unix
Linux
Macintosh
OS/2

图 5-18　三种不同 ComboBox 控件的样式

Style 设置下拉列表的显示类型。设置为 DropDown，则文本可编辑，用户必须打开选项列表；设置为 DropDownList，则文本不可编辑；设置为 Simple，则文本可编辑，且下拉列表呈下拉状态。ComboBox 控件还有一些其他的控件属性，如表 5-9 所示。

表 5-9　ComboBox 控件的属性

属 性 名 称	作　　用
DroppedDown	指出 ComboBox 控件是否处于下拉状态
MaxDropDownItems	设置下拉列表中选项的最大数目，以及是否出现滚动条
MaxLength	设置用户在下拉列表中可以输入文本的最大长度
SelectedText	返回下拉列表中当前选中的文本
SelectionLength	返回下拉列表中选中文本的长度
Text	返回下拉列表中当前正在编辑的文本

【例 5-6】设计图 5-19 所示的界面，将列表框和组合框的信息在 Label 控件中显示出来。

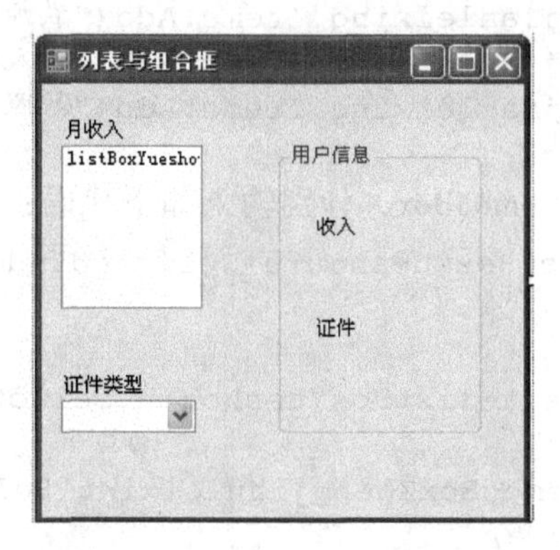

图 5-19　列表框和组合框界面

在窗体中添加 6 个控件，添加完成后如表 5-10 所示。

表 5-10　界面设计的控件列表

序号	类　型	属　性	值
1	ListBox	Name	listBoxYueshouru
2	ComboBox	Name	comboBoxZhengjianleixing
3	GroupBox	Name	groupBoxUser
		Text	用户信息
4	Label	Name	labelYueshouru
		Text	月收入
5	Label	Name	labelShouru
		Text	收入
6	Label	Name	labelZhengjian
		Text	证件

双击窗体空白处进入代码编辑窗口，输入如下代码：

```
private void Form1_Load(object sender, EventArgs e)
{
    //ListBox 初始化
    listBoxYueshouru.Items.Add("1000 以下");
    listBoxYueshouru.Items.Add("1000 - 2000");
    listBoxYueshouru.Items.Add("2001 - 3000");
    listBoxYueshouru.Items.Add("3000 - 4000");
    listBoxYueshouru.Items.Add("4000 - 5000");
    listBoxYueshouru.Items.Add("5000 - 6000");
    listBoxYueshouru.Items.Add("6000 - 7000");
    listBoxYueshouru.Items.Add("7000 - 8000");
    listBoxYueshouru.Items.Add("8000 - 9000");
    listBoxYueshouru.Items.Add("9000 - 10000");
    listBoxYueshouru.Items.Add("10000 以上");
    //ComboBox 初始化
    comboBoxZhengjianleixing.Items.Add("身份证");
```

```
        comboBoxZhengjianleixing.Items.Add("学生证");
        comboBoxZhengjianleixing.Items.Add("教师证");
        comboBoxZhengjianleixing.Items.Add("军人证");
        comboBoxZhengjianleixing.Items.Add("护照");
    }
```

然后分别双击 ListBox 和 ComboBox，分别输入如下代码：

```
    private void listBoxYueshouru_SelectedIndexChanged(object sender,
    EventArgs e)
    {
        labelShouru.Text=listBoxYueshouru.SelectedItem.ToString();
    }
    private void comboBoxZhengjianleixing_SelectedIndexChanged(object
    sender, EventArgs e)
    {
        labelZhengjian.Text=comboBoxZhengjianleixing.SelectedItem.
    ToString();
    }
```

在上面的程序中 ListBox 和 ComboBox 初始化也可以在设计视图下进行设计，设计方法与前文讲述的一样，只需要在控件右上角单击黑色三角符号就可以弹出任务对话框，单击“编辑项”，在弹出的集合编辑器中输入相应的内容即可，如图 5-20 所示。

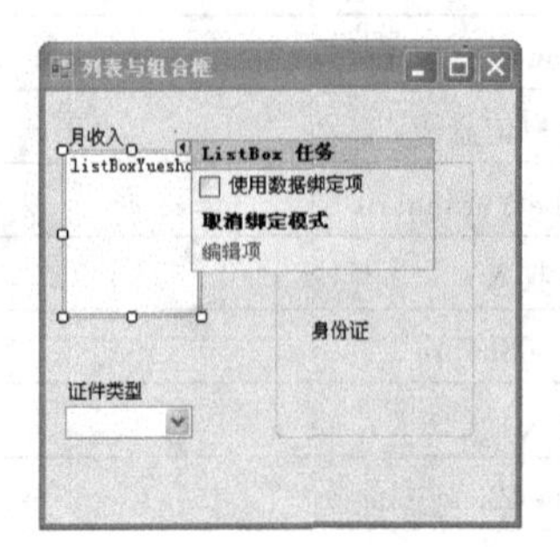

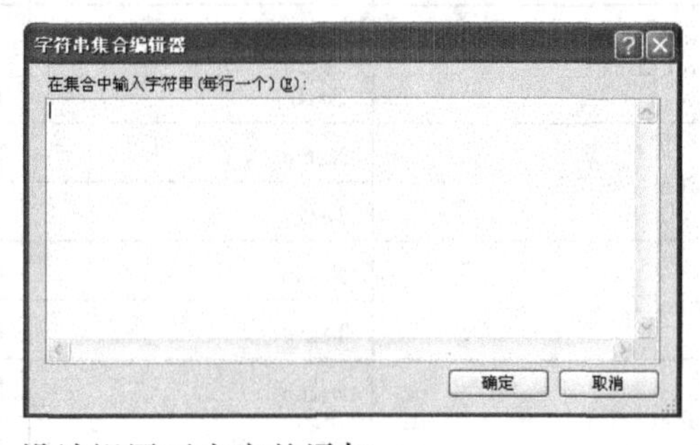

图 5-20 设计视图下内容的添加

5.4 C#设计菜单、工具栏和状态栏控件

5.4.1 C#设计窗体菜单

菜单是界面设计时非常常见的控件。在一些应用软件中具备非常重要的功能，比如在使用微软的 Office 时，菜单就有着不可替代的作用，一个菜单可能会有多个 MenuStrip 对象，每个对象向用户显示不同的菜单选项。可以通过各个菜单选项处理用户与应用程序交互时应用程序的不同状态。我们将通过以下几个方面来介绍菜单的用法。

1. 设计视图中创建菜单

在“Windows 窗体设计器”中打开需要菜单的窗体。在“工具箱”中找到 MenuStrip 控件，如图 5-21 所示。双击它，即向窗体顶部添加了一个菜单，并且 MenuStrip 组件也添加到了组件栏。

在菜单默认有一个文本框，提示程序员在此输入内容，输入的内容将作为菜单的第一个选项，例如输入“新建”，输入后则会在下面显示下拉菜单需输入的位置，在右面显示菜单第二项内容需要显示的位置，如图 5-22 所示。如果在下拉菜单中输入内容的时候，则会同时显示下方选项的占位符以及右侧级联菜单的占位符。

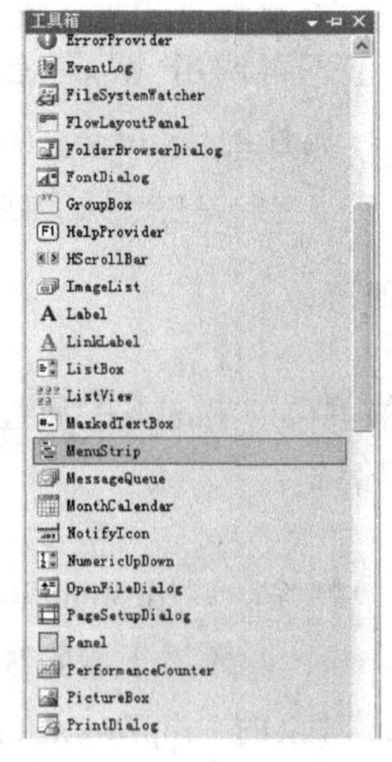

图 5-21 MenuStrip 控件

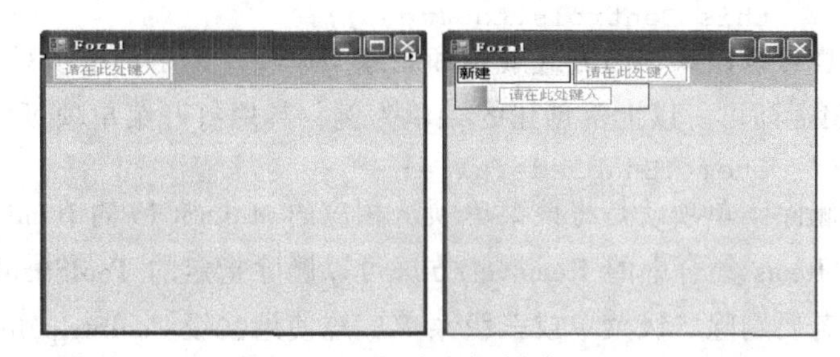

图 5-22 菜单项的创建

设计菜单时还可以单击菜单控件右上角的黑色三角按钮，弹出 MenuStrip 任务窗口，单击“插入标准项”，如图 5-23 所示，就可以生成图 5-24 所示的界面，可以看到在界面中自动创建了一些类似于微软 Office 应用软件中的选项。

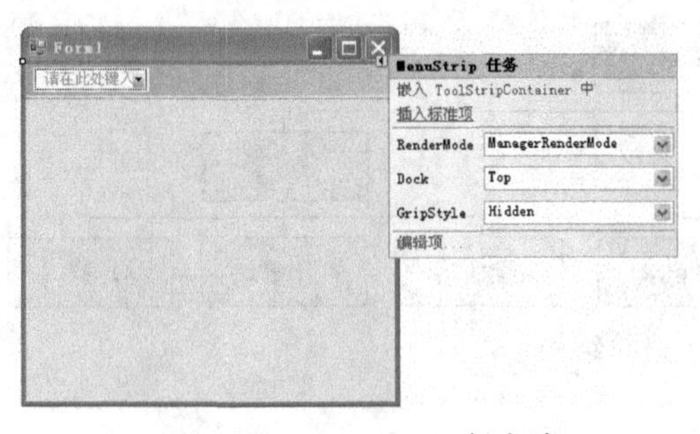

图 5-23 MenuStrip 任务窗口

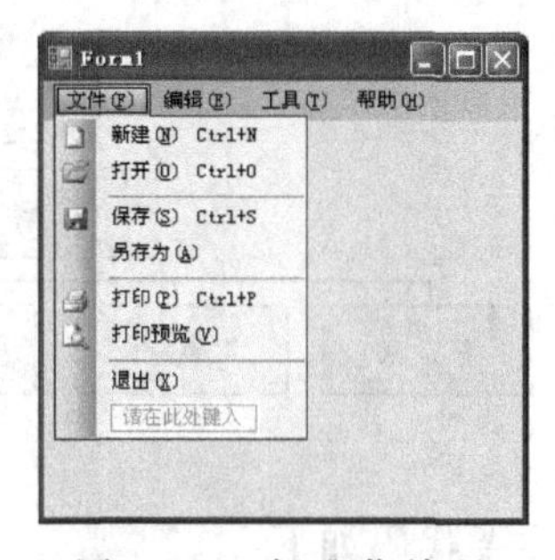

图 5-24 标准菜单项

2. 编程方式创建菜单项

除了使用设计视图创建菜单项外，还可以使用编程的方式来创建，首先创建一个 MenuStrip 对象：

```
MenuStrip menu = new MenuStrip();
```

菜单中的每一个菜单项都是一个 ToolStripMenuItem 对象，因此先确定要创建哪几个顶级菜单项，这里创建“文件”和“编辑”两个顶级菜单。

```
ToolStripMenuItem item1=new ToolStripMenuItem("&文件");
ToolStripMenuItem item2=new ToolStripMenuItem("&编辑");
```

接着使用 MenuStrip 的 Items 集合的 AddRange()方法一次性将顶级菜单加入 MenuStrip 中。此方法要求用一个 ToolStripItem 数组作为传入参数：

```
menu.Items.AddRange(new ToolStripItem[] {item1, item2});
```

继续创建 3 个 ToolStripMenuItem 对象，作为顶级菜单“文件”的下拉子菜单。

```
ToolStripMenuItem item3=new ToolStripMenuItem("&新建");
ToolStripMenuItem item4=new ToolStripMenuItem("&打开");
ToolStripMenuItem item5=new ToolStripMenuItem("&编辑");
```

将创建好的 3 个下拉菜单项添加到顶级菜单上。注意，这里不再调用 Items 属性的 AddRange()方法，添加下拉菜单需要调用顶级菜单的 DropDownItems 属性的 AddRange()方法。

```
item1.DropDownItems.AddRange(new ToolStripItem[] { item3, item4,
item5 });
```

最后一步只需将创建好的菜单对象添加到窗体的控件集合中即可。

```
this.Controls.Add(menu);
```

也可以以编程的方式禁用和删除菜单项。禁用菜单项只要将菜单项的 Enabled 属性设置为 false 即可。以上例创建的菜单为例，禁用打开菜单项可以使用语句：

```
item4.Enabled=false;
```

删除菜单项就是将该菜单项从相应的 MenuStrip 的 Items 集合中删除。调用 MenuStrip 对象的 Items 集合中的 Remove()方法可以删除指定的 ToolStripMenuItem，一般用于删除顶级菜单；若要删除二级菜单或三级菜单，应使用父级 ToolStripMenuItem 对象的 DropDownItems 集合的 Remove()方法。根据应用程序的运行需要，如果此菜单项以后要再次使用，最好是将其隐藏或暂时禁用而不是将其删除。

【例 5-7】以编程方式为信息窗体添图 5-25 所示结构的菜单项，添加完成后，删除“退出”菜单项，并暂时禁用“打印记录”菜单项。

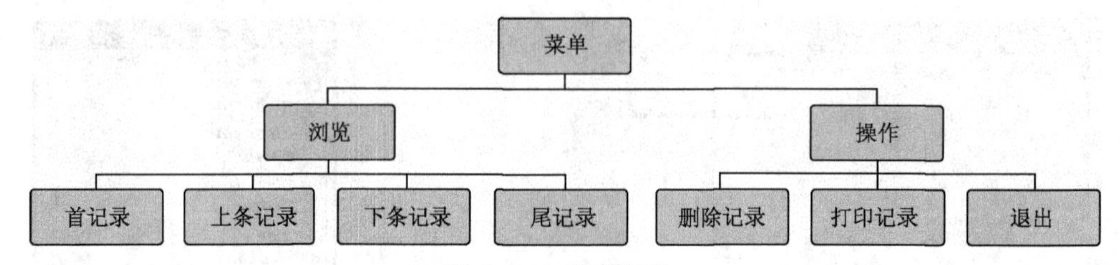

图 5-25 菜单结构

主要代码如下：

```
private void MenuOperation ()
{
    //创建菜单对象
    MenuStrip menu=new MenuStrip();
    //添加顶级菜单
    ToolStripMenuItem item1=new ToolStripMenuItem("浏览");
    ToolStripMenuItem item2=new ToolStripMenuItem("操作");
    menu.Items.AddRange(new ToolStripItem[] { item1, item2 });
    //添加浏览菜单项的下拉子菜单
    ToolStripMenuItem item3=new ToolStripMenuItem("首记录");
    ToolStripMenuItem item4=new ToolStripMenuItem("上条记录");
    ToolStripMenuItem item5=new ToolStripMenuItem("下条记录");
    ToolStripMenuItem item6=new ToolStripMenuItem("尾记录");
    item1.DropDownItems.AddRange(new    ToolStripItem[]{item3,item4,
item5,item6});
```

```
    //添加操作菜单项的下拉子菜单
    ToolStripMenuItem item7=new ToolStripMenuItem("删除记录");
    ToolStripMenuItem item8=new ToolStripMenuItem("打印记录");
    ToolStripMenuItem item9=new ToolStripMenuItem("退出");
    item2.DropDownItems.AddRange(new  ToolStripItem[]  {  item7,  item8,
item9 });
    //删除"退出"菜单项
    item2.DropDownItems.Remove(item9);
    //禁用"打印记录"菜单项
    item8.Enabled = false;
    //将菜单对象添加到当前窗体上
    this.Controls.Add(menu);
}
```

5.4.2　C#设计窗体工具栏

1. 工具栏控件简介

通过菜单可以访问应用程序中的大多数功能，把一些菜单项放在工具栏中和放在菜单中有相同的作用，但工具栏可以使用户更直观和便捷地使用菜单中的功能，工具栏提供了单击访问程序中常用功能的方式，如在 Word 中的工具栏如图 5-26 所示。

图 5-26　Word 中的工具栏

工具栏上存放图标的位置通常是一个按钮，它既可以包含图片又可以包含文本。除了按钮之外，工具栏上偶尔也会有组合框和文本框。如果把鼠标指针停留在工具栏的一个按钮上，就会显示一个工具提示，给出该按钮的用途信息，特别是只添加工具条显示图标时，这是很有帮助的。

工具栏控件即 ToolStrip 控件，也是在界面设计中非常常用的一种控件，在很多可视化的界面中都能看到。选中“Form1.cs[设计]”页，打开“工具箱”窗口，展开“菜单和工具栏”项，将“ToolStrip”项拖动到窗体中，系统则会自动为窗体添加一个停靠在菜单条下的工具栏。可以通过工具栏的“属性”窗口中“设计”栏中的名称属性“(Name)”来修改该对象的变量名称，如 ToolStrip。按【Enter】键确认后，系统也会自动修改项目中的所有相关部分的代码。

ToolStrip 与 MenuStrip 一样，也具有专业化的外观和操作方式。在用户查看工具栏时，希望能把它移动到自己想要的任意位置上。ToolStrip 是可以允许用户这么做的。第一次把 ToolStrip 添加到窗体的设计界面上时，它看起来非常类似于前面的 MenuStrip，但存在两个区别：

① ToolStrip 的最左边有 4 个垂直排列的点，这与 Visual Studio 中的菜单相同。这些点表示工具栏可以移动，也可以停靠在父应用程序窗口中。

② 在默认情况下，工具栏显示的是图像，而不是文本，所以工具栏上项的默认控件是按钮。工具栏显示的下拉菜单允许选择菜单项的类型，如图 5-27 所示。

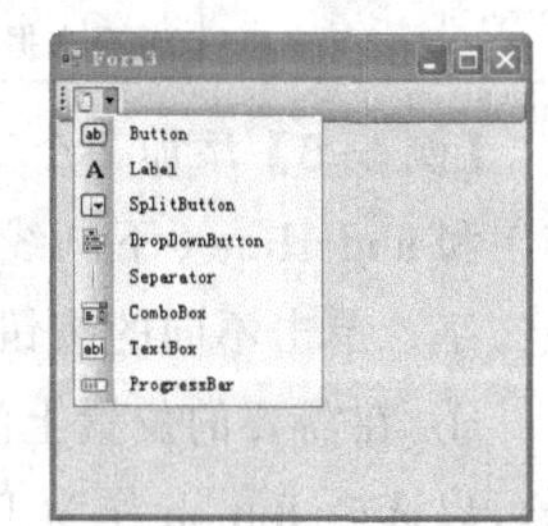

图 5-27　添加工具栏与按钮

从图 5-27 中可以看到，工具栏除了能包含按钮、组合框和文本框之外，还可以包含其他控件，包含的控件及描述如表 5-11 所示。

表 5-11 工具栏包含的控件及描述

控　件	描　述
ToolStripButton	这个控件表示一个按钮。用于带文本和不带文本的按钮
ToolStripLabel	这个控件表示一个标签。这个控件还可以显示图像，也就是说，这个控件可以用于显示一个静态图像，放在不显示其本身信息的另一个控件上面，例如文本框或组合框
ToolStripSplitButton	这个控件显示一个右端带有下拉按钮的按钮，单击该下拉按钮，就会在它的下面显示一个菜单。如果单击控件的按钮部分，该菜单不会打开
ToolStripDropDownButton	这个控件非常类似于 ToolStripSplitButton，唯一的区别是去除了下拉按钮，代之以下拉数组图像。单击控件的任一部分，都会打开其菜单部分
ToolStripComboBox	这个控件显示一个组合框
ToolStripProgressBar	这个项可以在工具栏上嵌入一个进度条
ToolStripTextBox	这个控件显示一个文本框
ToolStripSeparator	前面在菜单示例中见过这个控件，它为各个项创建水平或垂直分隔符

ToolStrip 与 MenuStrip 完全相同的一个方面是，活动窗口中包含 Insert Standard Items 链接。单击这个链接，不会得到与 MenuStrip 相同的菜单项数，而会得到 New、Open、Save、Print、Cut、Copy、Paste 和 Help 等菜单项。就像前面插入标准项生成标准菜单一样。

2. ToolStrip 控件的属性

ToolStrip 控件的属性起着管理控件的显示位置和显示方式的作用。这个控件是前面介绍的 MenuStrip 控件的基础，所以它们具有许多相同的属性。表 5-12 只列出了特定的几个属性，如果需要完整的属性列表，可参阅.NET Framework SDK 文档说明。

表 5-12 ToolStrip 控件的属性

属　性	描　述
GripStyle	这个属性控制着 4 个垂直排列的点是否显示在工具栏的最左边。隐藏栅格后，用户就不能移动工具栏了
LayoutStyle	设置这个属性，就可以控制工具栏上的项如何显示，默认为水平显示
Items	这个属性包含工具栏中所有项的集合
ShowItemToolTip	这个属性允许确定是否显示工具栏上某项的工具提示
Stretch	默认情况下，工具栏比包含在其中的项略宽或略高。如果把 Stretch 属性设置为 true，工具栏就会占据其容器的总长

【例 5-8】添加一个工具栏，该工具栏将包含 3 个按钮，分别为 bold（粗体）、italic（斜体）和 underline（下画线）。还包括一个 RichTextBoxText 控件，在 RichTextBoxText 控件中输入文字，单击不同的按钮会使得控件中的文字产生相应的效果。

① 在需要的位置上添加一个 ToolStrip 控件，在上面添加 3 个 ToolStripMenuItems 项，此处可以选择 Button 作为工具栏的 ToolStripMenuItems 项，并把它们的每个 CheckOnClick 属性都改为 true，如图 5-28 所示。

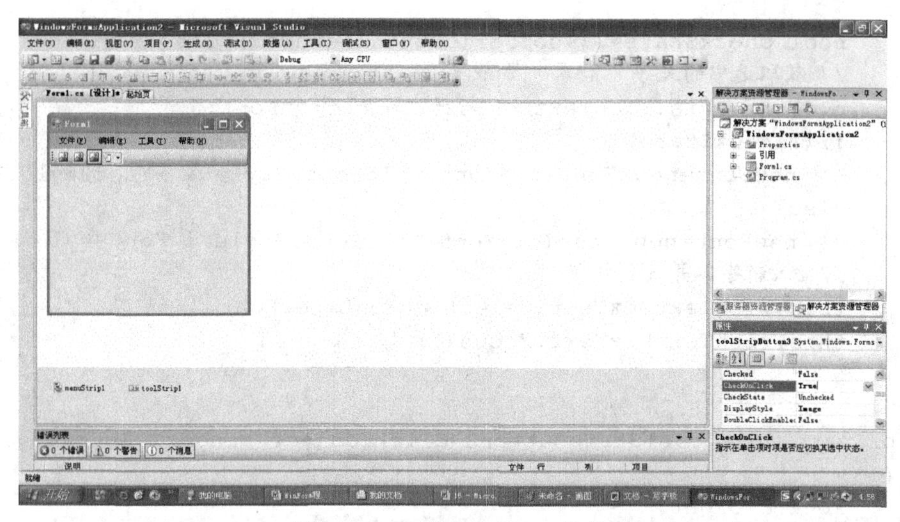

图 5-28　添加 ToolStrip 控件

② 把 3 个 Button 控件分别命名为 Bold、Italic 和 Underline，即分别是加粗、斜体和下画线按钮。

③ 选择 Bold 按钮，如图 5-29 所示，单击 Image 属性中的省略号按钮“…”，会弹出“选择资源对话框”，选择“本地资源”并单击“导入”按钮，在“打开”对话框中选择相应的图片文件使其附着在按钮之上，分别选择 B.gif、I.gif、U.gif，效果如图 5-30 所示。

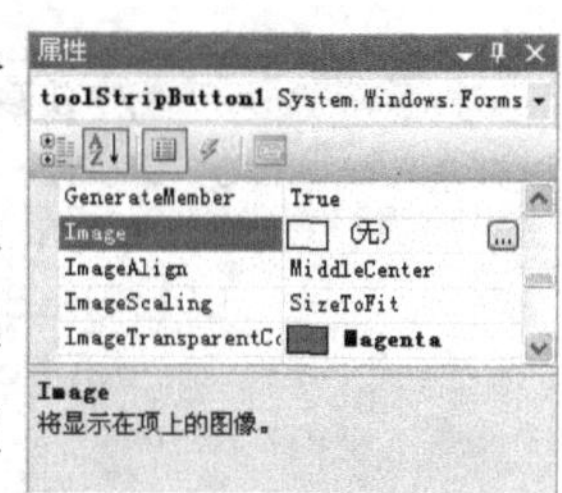

图 5-29　选择图片

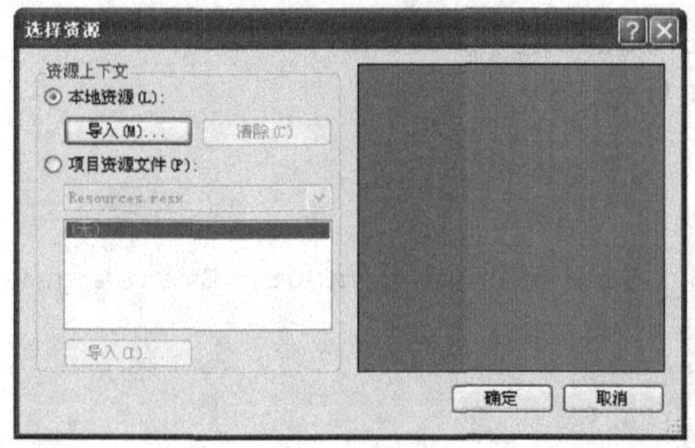

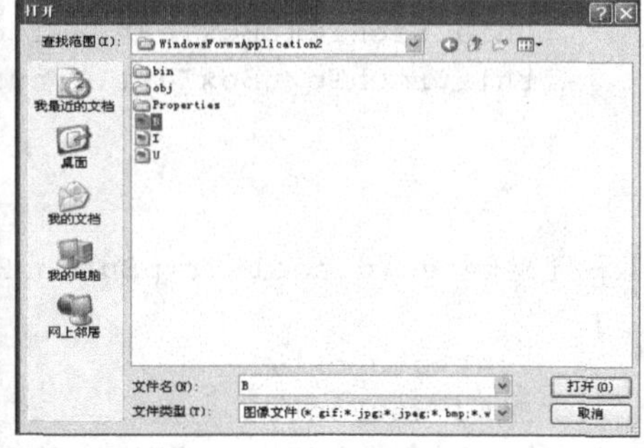

图 5-30　选择附加资源

④ 添加一个 RichTextBoxText 控件到按钮下方的空白区域，以用来输入文字并获取输入效果，如图 5-31 所示。

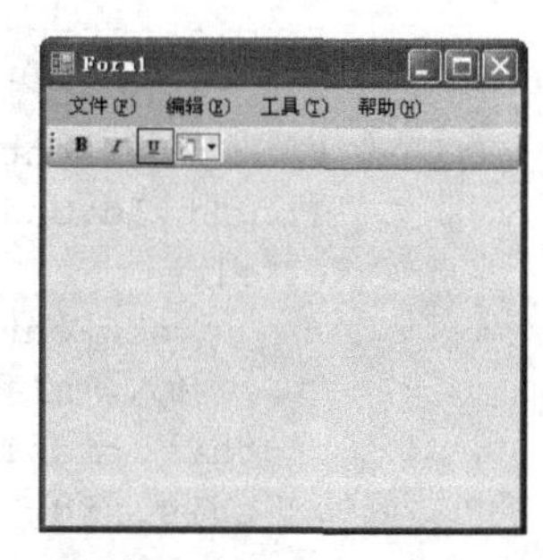

图 5-31　添加 RichTextBoxText 控件

⑤ 需要为工具栏上的选项添加事件处理程序，需要分别为 Bold、Italic 和 Underline 按钮添加处理程序。分别双击这 3 个按钮并添加如下代码：

```
private  void  toolStripButton1_Click(object
sender, EventArgs e)
{
    Font oldFont;
    Font newFont;
```

```
        bool checkState=((ToolStripButton)sender).Checked;
        // 获取选中的文字
        oldFont=this.richTextBoxText.SelectionFont;
        if(!checkState)
            newFont=new Font(oldFont, oldFont.Style & ~FontStyle.Bold);
        else
            newFont=new Font(oldFont, oldFont.Style | FontStyle.Bold);
        //插入新字体并设置焦点
        this.richTextBoxText.SelectionFont=newFont;
        this.richTextBoxText.Focus();
    }

    private void toolStripButton2_Click(object sender, EventArgs e)
    {
        Font oldFont;
        Font newFont;

            //获取选中的文字
        oldFont=this.richTextBoxText.SelectionFont;
        bool checkState=((ToolStripButton)sender).Checked;
        if(!checkState)
            newFont=new Font(oldFont, oldFont.Style & ~FontStyle.Italic);
        else
            newFont=new Font(oldFont, oldFont.Style | FontStyle.Italic);
        //插入新的字体
        this.richTextBoxText.SelectionFont=newFont;
        this.richTextBoxText.Focus();

    }

    private void toolStripButton3_Click(object sender, EventArgs e)
    {
        Font oldFont;
        Font newFont;
        bool checkState=((ToolStripButton)sender).Checked;
        //得到要使用的字体
        oldFont=this.richTextBoxText.SelectionFont;
        if(!checkState)
            newFont=new    Font(oldFont,    oldFont.            Style    &
    ~FontStyle.Underline);
        else
            newFont=new Font(oldFont, oldFont. Style | FontStyle.Underline);
        //插入新的字体
        this.richTextBoxText.SelectionFont=newFont;
        this.richTextBoxText.Focus();
    }
```

事件处理程序简单地把正确的样式设置为 RichTextBox 中使用的字体，如图 5-32 所示。

5.4.3　C#设计窗体状态栏

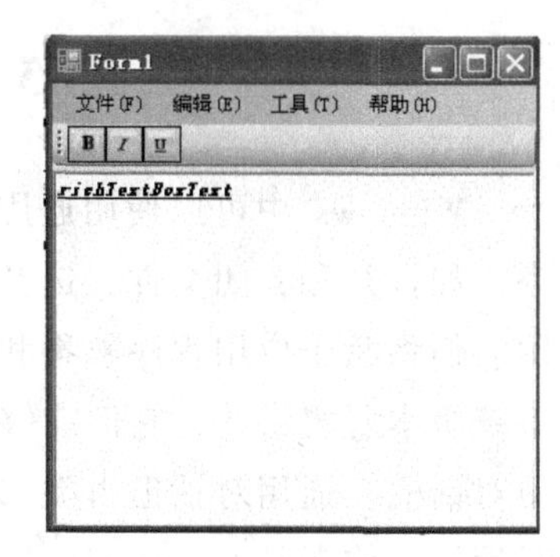

图 5-32　运行结果

窗体设计中的状态栏是由 StatusStrip 控件来完成的。Windows 窗体的状态栏通常显示在窗口的底部，应用程序可通过 StatusStrip 控件在该区域显示各种状态信息。StatusStrip 控件上可以有状态栏面板,用于显示指示状态的文本或图标，或一系列指示进程正在执行的动画图标（如 Microsoft Word 指示正在保存文档）。例如，在鼠标放在超链接上时，Internet Explorer 浏览器会使用状态栏指示某个页面的地址。Microsoft Word 使用状态栏提供有关页位置、节位置和编辑模式（如改写和修订跟踪）的信息。StatusStrip 控件内的可编程区域包含在其 Item 属性集合中，在设计时通过项集合编辑器添加新项。

【例 5-9】 在设计窗口中添加状态栏。

向窗体添加 StatusStrip 控件。在“属性”窗口中，单击 item 属性右边的“...”按钮，打开“项集合编辑器”对话框，如图 5-33 所示。

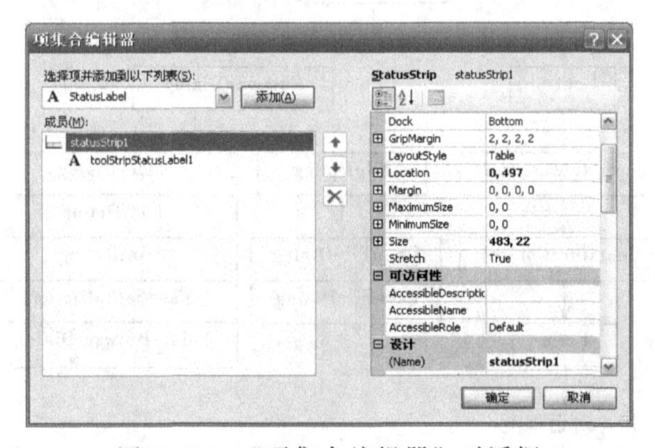

图 5-33　“项集合编辑器”对话框

使用“添加”和“删除”按钮分别向 StatusStrip 控件添加和移除项。另外，要注意几个重要的 StatusStrip 伴生类，即 StatusStrip 中的项，如表 5-13 所示。

表 5-13　几个重要的 StatusStrip 伴生类

类	描　述
ToolStripStatusLabel	表示 StatusStrip 控件中的一个面板
ToolStripDropDownButton	显示用户可以从中选择单个项的关联 ToolStripDropDown
ToolStripSplitButton	表示作为标准按钮和下拉菜单的一个分隔控件
ToolStripProgressBar	显示进程的完成状态

例如，使用表中的最后一个类 ToolStripProgressBar，就会在状态栏形成▇▇▇▇　　图标。在很多情况下，可以用向 StatusStrip 添加一个 ToolStripProgressBar 形成进度条来显示操作完成的进度或用户浏览的进度等。

5.5 对话框和多文档界面设计

Windows 中可以使用通用对话框（Common Dialog）。这些对话框允许用户执行常用的任务，如打开和关闭文件、选择字体和颜色等。这些对话框提供执行相应任务的标准方法，使用它们将赋予应用程序熟悉和公认的界面。并且这些对话框的屏幕显示是由代码运行的操作系统版本所提供的，它们能够适应未来的 Windows 版本。因此，建议使用系统提供的这些通用对话框。通用对话框由类 CommonDialog 表示，.NET 的窗体编程中，有通用对话框和用户对话框，前者是 CommonDialog 类的派生类，后者则是 Form 类的派生类，整个类的继承关系如图 5-34 所示。

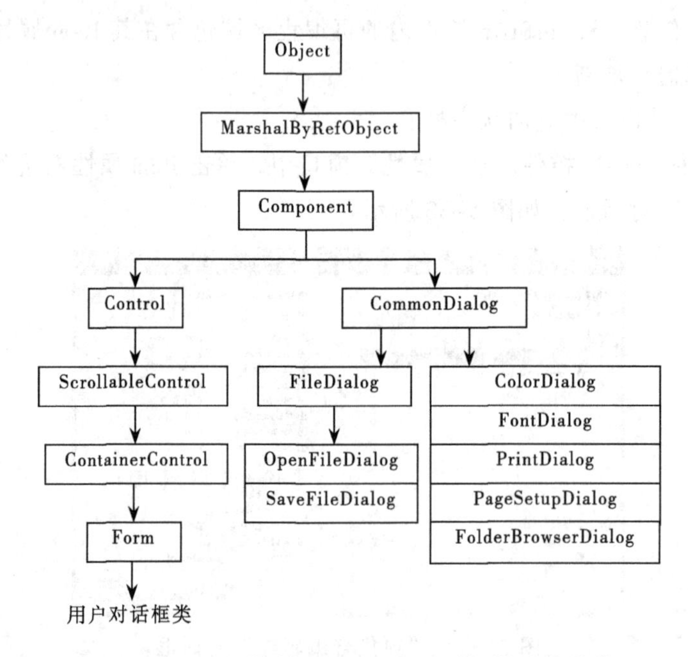

图 5-34 通用对话框类和用户对话框类及其基类

5.5.1 C#调用 MessageBox 对话框控件

MessageBox 对话框是开发人员最常用的对话框之一。这个对话框可以显示自定义的消息，并接受用户进行选择时输入的内容。还可以选择要显示的按钮，进而定制这个对话框，同时可以对消息显示各种不同的图标。

在平时的计算机操作中，我们已经看到过一些消息框，当构建 Windows 应用程序时，有时需要通过信息或警告来提示用户，以表明有些事情没有发生，或者发生了一些意料之外的事情。例如，假定应用程序的用户修改了一些数据，并且没有保存数据就试图关闭该应用程序。此时就可以显示一个消息框，其中包含一个信息或警告图标和适当的消息，提示将丢失未保存的数据。也可以提供“是”“否”“取消”按钮，让用户继续或取消这次操作，如图 5-35 所示。

显示自定义消息、选择图标以及选择按钮时，要快速构建自定义对话框，以提示用户作出决定，这项功能也允许显示一个消息框通知用户出现了有效性验证错误，或者显示通过错误处理所捕获的格式化系统错误。

图 5-35　Word 的 MessageBox 对话框

所有以上功能的实现都需要一个称为 MessageBox 的类。调用该类的 Show()方法就可以显示 MessageBox 对话框。所显示的标题、消息、图标和按钮由传递给该方法的参数确定。MessageBox 类是 System.Object 类的直接派生类，位于 System.Windows.Forms 命名空间中。其中最为重要的就是图标、按钮和 Show()方法。

1. MessageBox 类中的图标

例如，图 5-35 中的⚠即为 MessageBox 类中的可用图标的一种。可以在消息框中显示 4 种标准图标，而实际显示的图形是操作系统常量的一个函数。4 种独特的符号被赋予了多个成员名，如表 5-14 所示。

表 5-14　MessageBox 中的可用图标

成员名	说明
Asterisk	指定消息框显示信息图标
Information	指定消息框显示信息图标
Error	指定消息框显示错误图标
Hand	指定消息框显示错误图标
Stop	指定消息框显示错误图标
Exclamation	指定消息框显示感叹号图标
Warning	指定消息框显示感叹号图标
Question	指定消息框显示问号图标
None	指定消息框不显示任何图标

读者可以自行测试各种图标的显示样式。

2. MessageBox 中的可用按钮

在消息框中还可以显示一些按钮，比如图 5-35 中的“是”“否”“取消”按钮。各种可用按钮的说明如表 5-15 所示。

表 5-15　MessageBox 中的可用按钮

成员名	说明
YesNoCancel	指定消息框中显示 Yes、No 和 Cancel 按钮
OK	指定消息框中显示 OK 按钮
OKCancel	指定消息框中显示 OK 和 Cancel 按钮
RetryCancel	指定消息框中显示 Retry 和 Cancel 按钮
YesNo	指定消息框中显示 Yes 和 No 按钮
AbortRetryIgnore	指定消息框中显示 Abort、Retry 和 Ignore 按钮

其中 Yes、No 和 Cancel 按钮分别代表“是”“否”“取消”按钮，OK 代表“确定”按钮，Abort 是退出、Retry 是重试、Ignore 是忽略。

3. Show()方法

Show()方法可以用多种方式指定，比较常用的方式有：

```
MessageBox.Show(message text)
MessageBox.Show(message text, caption)
MessageBox.Show(message text, caption, buttons)
MessageBox.Show(message text, caption, buttons, icon)
MessageBox.Show(message text, caption, buttons, icon, default button)
```

在上面的示例中，message text 代表要在消息框中显示的消息。该文本可以是静态文本（字面量类型的字符串值），也可以用字符串变量的形式提供的文本，这个参数是必需的。下面的其他参数是可选的：

caption 代表静态文本或字符串变量，该变量用于在消息框的标题栏中显示文本。如果省略了该参数，标题栏中就不会显示任何文本。

buttons 代表 MessageBoxButtons 枚举中的值。可以取到表 5-15 中所列举的值，该参数可用来指定显示在 MessageBox 对话框中的可用按钮。如果缺少该参数，对话框中将仅显示一个 OK 按钮。

icon 代表 MessageBoxIcon 枚举中的值。可以取到表 5-14 中所列举的值，该参数可用来指定显示在 MessageBox 对话框中的可用图标。如果缺少该参数，对话框中就不会显示任何图标。

default button 代表 MessageBoxDefaultButton 枚举中的值。该参数可用来指定在 MessageBox 中设置为默认按钮的按钮。如果缺少该参数，对话框中显示的第 1 个按钮就变成了默认按钮。

MessageBox 的几个典型的 Show()重载方法的输出如图 5-36 所示：

```
MessageBox.Show("创建新文档！");
MessageBox.Show("创建新文档！", "提示信息");
MessageBox.Show("创建新文档？", "请选择", MessageBoxButtons.YesNo);
```

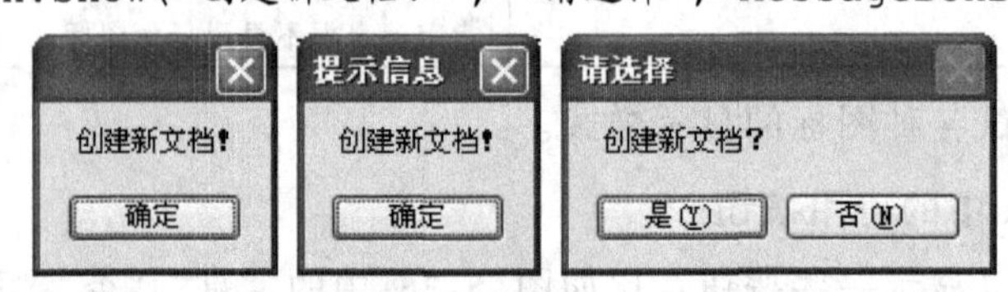

图 5-36 MessageBox 的不同 Show()重载方法的输出

5.5.2 C#调用 OpenFileDialog 对话框控件

1. OpenFileDialog 对话框控件的属性和方法

大多数 Windows 应用程序在处理文件中数据的时候都需要一个接口来打开并保存文件。.NET Framework 提供了 OpenFileDialog 和 SaveFileDialog 类来分别完成打开和保存任务。本节介绍 OpenFileDialog 控件，下一节介绍 SaveFileDialog 控件。

使用如 Word 等编辑工具的 Windows 应用程序时，可以看到相同标准的 Open 对话框，如图 5-37 所示。不同应用程序中出现几乎完全相同的打开界面是因为每个开发人员都使用了相同的 API 标准集，以提供这种类型的标准接口。不过，对于初学者而言，使用 API 比较麻烦，而且较难。幸运的是，这个功能的大部分已经内置到.NET Framework 中，所以在使用 Visual Studio 开发程序时可以很轻松地使用它。

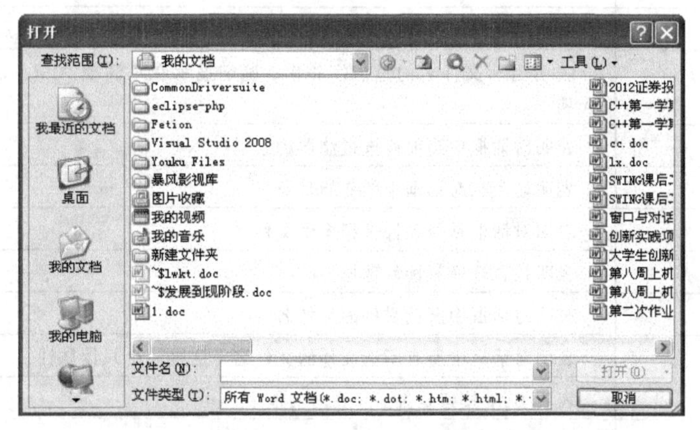

图 5-37 “打开”对话框

可以把 OpenFileDialog 用作一个.NET 类：在代码中声明该类的一个变量，并修改其属性。也可以把它用作一个控件，在设计时把它的一个实例拖放到窗体上。无论采用哪种方式，得到的对象都拥有相同的方法、属性和事件。

OpenFileDialog 控件位于工具箱的 Dialogs 类别下，可以将它从工具箱拖放到窗体中。然后，设置其属性并执行适当的方法。如果要把 OpenFileDialog 用作一个类并用代码实现时，应声明一个该类型的对象，以使用对话框。之后就可以控制对话框并使用它，使用完后调用相应的方法销毁它并释放资源。

打开文件对话框类 OpenFileDialog 是从文件对话框类 FileDialog 派生，位于 System.Windows.Forms 命名空间，用于提示用户打开文件。该类的定义为：

```
public sealed class OpenFileDialog : FileDialog
```

与其余的控件一样，OpenFileDialog 依然有一些可用属性与可用方法。表 5-16 列出了 OpenFileDialog 控件的可用属性，表 5-17 列出了 OpenFileDialog 控件的常用方法。

表 5-16　OpenFileDialog 控件的可用属性

属　　性	说　　明
AddExtension	如果用户省略了扩展名，该属性指定是否自动给文件名添加扩展名。该属性主要用在 SaveFileDialog 控件中
AutoUpgradeEnabl- ed	表明在 Windows 的不同版本上运行时，该对话框是否自动更新其外观和行为。该属性为 false 时，显示为 Windows XP 样式
CheckFileExists	如果用户指定一个不存在的文件名，该属性指定对话框是否显示警告
CheckPathExists	如果用户指定一个不存在的路径，该属性指定对话框是否显示警告
DefaultExt	表明默认的文件扩展名
DereferenceLinks	和快捷方式一起使用，表明对话框是否返回快捷方式所引用的文件位置，或者是否返回快捷方式自身的位置

续表

属　　性	说　　明
FileName	表明对话框中所选文件的路径和文件名
FileNames	表明对话框中所有所选文件的路径和文件名，这是一个只读属性
Filter	表明当前文件名的过滤字符串，确定显示在对话框"Files of type:"组合框中的选项
FilterIndex	表明对话框中当前所选过滤器的索引
InitialDirectory	表明显示在对话框中的初始目录
MultiSelect	表明对话框是否允许选择多个文件
ReadOnlyChecked	表明是否选择只读复选框
SafeFileName	表明对话框中所选文件的文件名
SafeFileNames	表明对话框中所有所选文件的文件名，这是一个只读属性
ShowHelp	表明 Help 按钮是否显示在对话框中
ShowReadOnly	表明对话框是否包含了只读复选框
SupportMultiDottedExtensions	表明对话框是否支持显示和保存有多个文件扩展名的文件
Title	表明是否在对话框的标题栏中显示标题
ValidateNames	表明对话框是否仅接受有效的 WIN32 文件名

其中最常用的成员是公用读写属性 FileName 和 Filter,它们都可以在属性窗口中直接设置。

OpenFileDialog 控件有许多可用的方法。OpenFileDialog 控件中一些常用的方法如表 5-17 所示。

表 5-17　OpenFileDialog 控件的常用成员

种　　类	名　　称	说　　明
公共构造函数	public OpenFileDialog ()	初始化 OpenFileDialog 类的新实例
公共方法	OpenFile()	打开用户选定的具有只读权限的文件。该文件由 FileName 属性指定
	public DialogResult ShowDialog ()	已重载。运行通用对话框（从 CommonDialog 继承）
公共事件	FileOk	当用户单击文件对话框中的"打开"或"保存"按钮时发生
	HelpRequest	当用户单击通用对话框中的"帮助"按钮时发生（从 CommonDialog 继承）

其中最常用的方法成员是公用方法 ShowDialog()（注意，不再是 MFC 中的 DoModal）。ShowDialog()方法返回的是 DialogResult 枚举值，该枚举类型的定义为：

```
[ComVisibleAttribute(true)] public enum DialogResult
```

DialogResult 枚举的成员如表 5-18 所示。

比如，在程序中有一句程序为 OpenFileDialog1.ShowDialog()，若 OpenFileDialog 控件返回的 DialogResult 是 OK 或 Cancel，OK 对应于对话框中的 Open 按钮。允许用户定位和指定由应用程序打开的文件的名称与位置。在用户单击 Open 按钮以确定要打开的文件后，需要查询控件所设置的 OpenFileDialog 属性。

表 5-18　DialogResult 枚举的成员

成　员	说　明
Abort	对话框的返回值是 Abort（通常从标签为“中止”的按钮发送）
Cancel	对话框的返回值是 Cancel（通常从标签为“取消”的按钮发送）
Ignore	对话框的返回值是 Ignore（通常从标签为“忽略”的按钮发送）
No	对话框的返回值是 No（通常从标签为“否”的按钮发送）
None	从对话框返回了 Nothing。这表明有模式对话框继续运行
OK	对话框的返回值是 OK（通常从标签为“确定”的按钮发送）
Retry	对话框的返回值是 Retry（通常从标签为“重试”的按钮发送）
Yes	对话框的返回值是 Yes（通常从标签为“是”的按钮发送）

2. 使用打开文件公用对话框

选中“Form1.cs[设计]”页，打开“工具箱”窗口，展开“对话框”项，将“OpenFileDialog”控件拖进窗体，如图 5-38 所示。

图 5-38　工具箱中的 OpenFileDialog 控件

系统会自动为窗体类添加对应的实例对象，默认的名称为 openFileDialog1：

```
private System.Windows.Forms.OpenFileDialog
openFileDialog1;
```

可以从设计窗口下部的对象列表或属性窗口顶部的下拉列表中选择 openFileDialog1 项，在属性页中修改“设计”栏的“(Name)”属性的值，达到修改该对象名的目的，如将其改成 openFileDlg。

可以在“属性”窗口“行为”栏的“Filter”属性中输入文件过滤器，其格式类似于 MFC 中的格式，例如，“C# 代码文件|*.cs|所有文件|*.*”，在“数据”栏的“FileName”属性中输入“*.cs”。还可以修改其他各种属性，其中很多对应于 OpenFileDialog 类的公共属性。例如：

```
if(openFileDlg.ShowDialog()==DialogResult.OK)
{
  string fn=openFileDlg.FileName;
  MessageBox.Show(string.Format("你选择的文件名为: {0}", fn), "文件名");
}
```

输出结果如图 5-39 和图 5-40 所示。

除了使用设计视图直接设计外，也可以以类的形式在代码窗口中通过代码实现打开文件对话框的功能，可以在初始界面窗体中直接拖入一个按钮，如图 5-41 所示，将按钮上的文字改为“打开”，双击按钮添加下述程序。

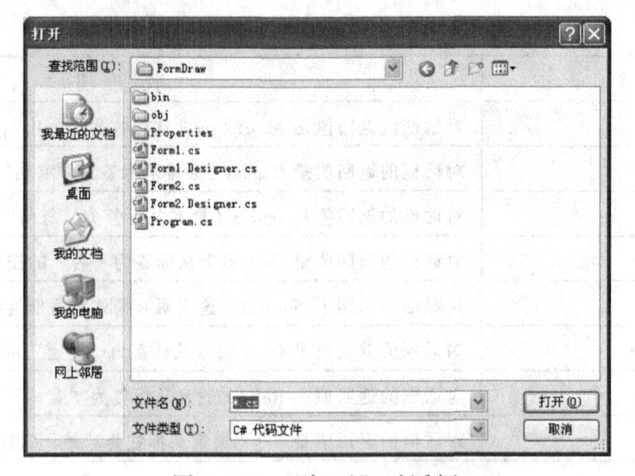

图 5-39 “打开”对话框

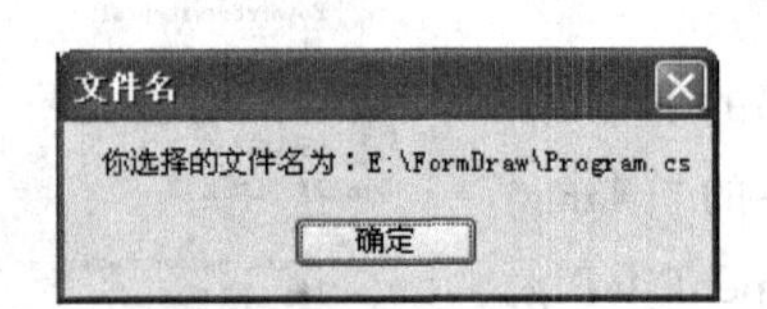

图 5-40 “文件名”对话框

图 5-41 OpenFileDialog 初始界面

```
private void button1_Click(object sender, EventArgs e)
{
    OpenFileDialog openFileDialog1=new OpenFileDialog();
    openFileDialog1.InitialDirectory="c:\\" ;
    openFileDialog1.Filter="txt   files   (*.txt)|*.txt|All   files
(*.*)|*.*" ;
    openFileDialog1.FilterIndex=2 ;
    openFileDialog1.RestoreDirectory=true ;
    if(openFileDialog1.ShowDialog()==DialogResult.OK)
    {
        if(openFileDialog1.FileName!= "")
        {
            MessageBox.Show("你选择了"+openFileDialog1.FileName);
        }
    }
}
```

在程序中先新建 OpenFileDialog 类的一个对象 openFileDialog1，使用 InitialDirectory 属性指定打开文件的默认路径，使用 Filter 属性指定可以打开的文件类型，通过 openFileDialog1.ShowDialog() == DialogResult.OK 使得对话框的返回值是 OK，即对应于对话框中的“打开”按钮。程序运行结果如图 5-42 所示。

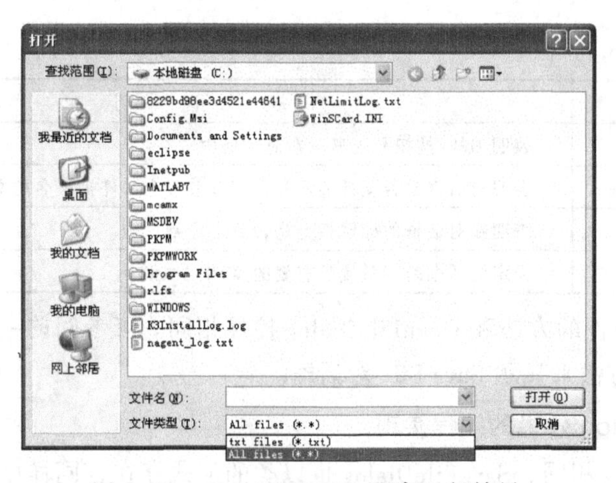

图 5-42　OpenFileDialog 程序运行结果

5.5.3　C#调用 SaveFileDialog 对话框控件

打开一个文件后，有时需要对它进行一些修改并保存修改后的文件。这就需要使用 SaveFileDialog 控件。SaveFileDialog 控件提供的功能和 OpenFileDialog 相似，但操作顺序相反。在保存文件时，该控件允许选择文件保存的位置和文件名。重点需要注意的是 SaveFileDialog 控件实际上不会保存文件，它只是提供一个对话框，让用户指定文件的保存位置和文件名。

1. SaveFileDialog 的属性和方法

SaveFileDialog 控件（或类）包含了很多可用于定制对话框行为的属性。表 5-19 列出了 SaveFileDialog 控件的常用属性。

表 5-19　SaveFileDialog 控件的常用属性

属　　性	说　　明
AddExtension	如果省略了扩展名，该属性指定是否自动将扩展名添加到文件名之后
AutoUpgradeEnabled	表明在 Windows 的不同版本上运行时，该对话框是否自动升级其外观和行为。该属性为 false 时，对话框显示为 Windows XP 样式
CheckFileExists	如果指定了一个不存在的文件名，该属性指定对话框是否显示警告。这在用户以现有的名称保存文件时是很有用的
CheckPathExists	如果指定了一个不存在的路径，该属性指定对话框是否显示警告
CreatePrompt	如果指定了一个不存在的文件，该属性指定对话框是否允许用户创建文件
DefaultExt	表明默认的文件扩展名
DereferenceLinks	表明对话框是返回快捷方式引用的文件位置，还是返回快捷方式自身的位置
FileName	表明对话框中所选文件的名称，这是一个只读属性
FileNames	表明对话框中所有所选文件的名称，这是一个只读属性，返回一个字符串数组
Filter	表明当前文件名过滤器字符串，确定出现在对话框 Files of type:组合框中的选项
FilterIndex	表明对话框中当前所选过滤器的索引
InitialDirectory	表明对话框中显示的初始目录
OverwritePrompt	如果指定了一个已经存在的文件名，该属性指定对话框是否显示警告

续表

属　性	说　明
ShowHelp	表明 Help 按钮是否显示在对话框中
SupportMultiDottedExtensions	表明对话框是否支持显示和保存有着多个文件扩展名的文件
Title	表明在对话框的标题栏上是否显示标题
ValidateNames	指定对话框是否只接受有效的 WIN32 文件名

SaveFileDialog 控件的方法和 OpenFileDialog 控件相同。可参阅前一节。本书所有的示例都使用 ShowDialog()方法来显示 Save File 对话框。

2. SaveFileDialog 效果的编程实现

与 OpenFileDialog 相同，SaveFileDialog 也以类的形式存在，同样可以通过代码设计窗口来实现保存文件对话框的功能。在初始界面窗体中直接拖入一个按钮，如图 5-43 所示，将按钮上的文字改为“保存”，双击按钮添加下述程序。

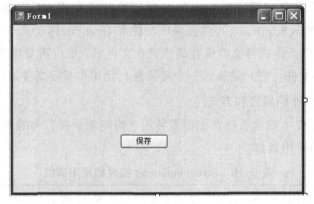

图 5-43　SaveFileDialog 初始界面

```
private void button1_Click(object sender, EventArgs e)
{
   SaveFileDialog saveFileDialog1=new SaveFileDialog();
   saveFileDialog1.Filter="txt   files   (*.txt)|*.txt|All   files
(*.*)|*.*";
   saveFileDialog1.FilterIndex=2;
   saveFileDialog1.RestoreDirectory=true;
   saveFileDialog1.ShowDialog() ;
}
```

在程序中先新建 SaveFileDialog 类的一个对象 SaveFileDialog1，使用 Filter 属性指定可以保存的文件类型，通过 ShowDialog()方法显示对话框，程序也可以像在设计 OpenFileDialog 程序时一样使用 InitialDirectory 属性以指定打开文件的默认路径，如果像本程序一样不指定 InitialDirectory 属性，则默认保存于当前项目的 Debug 文件夹下，程序运行结果如图 5-44 所示。

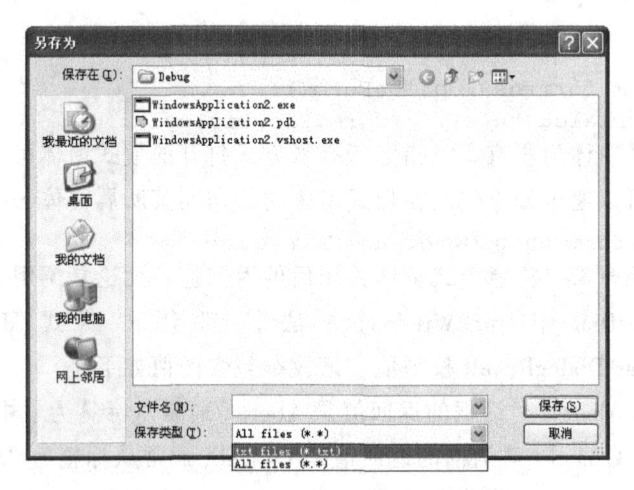

图 5-44　SaveFileDialog 的程序运行结果

5.5.4　模式窗体

1. 模式窗体概念

模式窗体可以简单地理解为窗体对话框，用户必须在完成该窗体上的操作或关闭窗体后才能返回打开此窗体的窗体。模式窗体（比如 Visual Studio 中的“选项”对话框）中一般会有两个基本按钮：一个“确定”按钮用来完成提交功能，一个“取消”按钮用来完成撤销提交的功能。有时候会增加一个“应用”按钮，不过像“帮助”菜单中的“关于”模式窗体可能就只有一个“确定”按钮。Windows 窗体为用户操作友好性提供了比较好的支持。可以在 Form 设计界面的属性设置中找到 AcceptButton 和 CancelButton 两个属性，默认值为空即显示“无”。可以通过选择窗体上的按钮并通过其属性选项卡中的属性来设置值。

实际操作中既可以在界面中直接设计，也可以通过在代码窗口中输入代码来完成相应功能。可以先定义两个 Button：

```
private System.Windows.Forms.Button buttonOK;
private System.Windows.Forms.Button buttonCancel;
```

再定义窗体的“接受”按钮。如果设置了此接受按钮，则用户每次按【Enter】键都相当于“单击”了该按钮。例如：

```
this.AcceptButton = this.buttonOK;
```

则用户每次按【Enter】键和单击“确定”按钮所完成的功能是相同的，反之如果设置代码是

```
this.CancelButton = this.buttonCancel;
```

则用户每次按【Esc】键都相当于“单击”了窗体的“取消”按钮。由此可见可以通过快捷键来方便地访问特定按钮，但这个有一些例外，比如窗体焦点刚好在 buttonCancel 上，当按【Enter】键时实际上操作的键会是 buttonCancel 而不是 buttonOK。

2. 模式窗体的打开与关闭

模式窗体的打开一般通过 Form.ShowDialog()方法或它的一个重载方法 Form.ShowDialog（IWin32Window）来实现，其中后一个方法将窗体显示为具有指定所有者的模式对话框。如

下面的代码所示：

```
OptionForm form=new OptionForm();
form.ShowDialog(this); //form.ShowDialog();
```

指定其当前所属窗体为所有者，指定所有者方式打开的模式窗体可以在模式窗体内部获取主窗体的引用，可以通过如下代码在模式窗体内部访问其所属窗体：

```
MainForm form=this.Owner as MainForm;
```

模式窗体在关闭时需要注意模式窗体关闭后的返回值。无论是调用 Form.ShowDialog ()方法还是 Form.ShowDialog(IWin32Window) 方法，都会在模式窗体关闭时返回 System.Windows.Forms.DialogResult 枚举值。该枚举包含的值如下，

① DialogResult.Abort，对话框的返回值是 Abort（通常从标签为“中止”的按钮发送）。

② DialogResult.Cancel，对话框的返回值是 Cancel（通常从标签为“取消”的按钮发送）。

③ DialogResult.Ignore，对话框的返回值是 Ignore（通常从标签为“忽略”的按钮发送）。

④ DialogResult.No，对话框的返回值是 No（通常从标签为“否”的按钮发送）。

⑤ DialogResult.None，从对话框返回了 Nothing。这表明有模式对话框继续运行。

⑥ DialogResult.OK，对话框的返回值是 OK（通常从标签为“确定”的按钮发送）。

⑦ DialogResult.Retry，对话框的返回值是 Retry（通常从标签为“重试”的按钮发送）。

⑧ DialogResult.Yes，对话框的返回值是 Yes（通常从标签为“是”的按钮发送）。

在用户实际操作中由于某些原因导致选项数据无法保存或输入的设置数据有问题时，需要单击“确定”按钮阻止窗体的关闭以对输入的设置进行调整。可以用以下代码来描述实现，注意其中用到了三个事件。

```
//注册窗体关闭事件
this.FormClosing+=new
System.Windows.Forms.FormClosingEventHandler(this.
OptionForm_FormClosing);
//注册确定按钮事件
this.buttonOK.Click+=new System.EventHandler(this.buttonOK_Click);
//注册取消按钮事件
this.buttonCancel.Click+=new
System.EventHandler(this.buttonCancel_Click);
```

三个事件对应的事件处理程序如下：

```
//确定按钮处理程序
private void buttonOK_Click(object sender, EventArgs e)
{
    //假设 textBoxPath 用来记录目录路径，如果不存在，要求用户重新设置
    if(this.textBoxPath.Text.Trim().Length==0)
    {
        MessageBox.Show("输入路径信息不对！");
        this.textBoxPath.Focus();
    }
    else
    {
        this.DialogResult=DialogResult.OK;
    }
```

```
}
//取消按钮处理程序
private void buttonCancel_Click(object sender, EventArgs e)
{
    this.DialogResult=DialogResult.Cancel;
}
//窗体关闭处理程序，在关闭窗体时发生
private    void    OptionForm_FormClosing(object    sender,
FormClosingEventArgs e)
{
   if (this.DialogResult!=DialogResult.Cancel&&this.DialogResult!=
DialogResult.OK)
    e.Cancel=true;
}
```

以上的代码事件写得太多，可以对其进行修改，去掉“取消”按钮事件和窗体关闭事件以及相关的事件处理程序。首先需要在窗体构造函数中通过设置按钮的 DialogResult 属性来实现返回特定的 DialogResult。

```
this.buttonOK.DialogResult=System.Windows.Forms.DialogResult.OK;
this.buttonCancel.DialogResult=System.Windows.Forms.DialogResult.Ca
ncel;
//注册确定按钮事件
this.buttonOK.Click+=new System.EventHandler(this.buttonOK_Click);
//确定按钮处理程序
private void buttonOK_Click(object sender, EventArgs e)
{
    if(this.textBoxPath.Text.Trim().Length==0)
    {
        MessageBox.Show("输入的路径信息不对！");
        this.textBoxPath.Focus();
        //设置文本框焦点
        this.DialogResult=DialogResult.None;
    }
}
```

由以上示例可见，新的实现方式代码减少了近一半。

5.5.5 多文档界面

1. 多文档界面概述

单文档界面（Single Document Interface，SDI）是应用程序仅支持一次打开一个窗口或文档。而多文档界面（Multiple Document Interface，MDI）则是应用程序同时显示多个文档，每个文档显示在各自的窗口中。

当应用程序可以显示同一类型窗体的多个实例，或以某种方式包含多个不同的窗体时，就应使用 MDI 类型的应用程序。例如，Windows 操作系统以及可以同时显示多个编辑窗口的文本编辑器，可以同时打开多个窗口。这些窗口都不会超出主应用程序的边界。多文档界面应用程序由一个应用程序（MDI 父窗体）中包含多个文档（MDI 子窗体）组成，父窗体作为子窗体的容器，子窗体显示各自文档，它们具有不同的功能。处于活动状态的子窗体的最大数目是一，子窗体本身不能成为父窗体，而且不能将其移动到父窗体的区域之外。

多文档界面应用程序有如下特性：

① 所有子窗体均显示在 MDI 窗体的工作区内，用户可改变、移动子窗体的大小，但被限制在 MDI 窗体中。

② 当最小化子窗体时，它的图标将显示在 MDI 窗体上而不是在任务栏中。

③ 当最大化子窗体时，它的标题与 MDI 窗体的标题一起显示在 MDI 窗体的标题栏上。

实际操作中，项目中的窗体 MdiParent 就是 MDI 父窗体。把 IsMdiContainer 设置为 true，就会把该窗体设置为 MDI 父窗体。如果在设计器中创建窗体，注意其背景会变成暗灰色，说明这是一个 MDI 父窗体。父窗体仍然可以添加控件。

为了使一个窗体成为 MDI 子窗体，首先需要知道该子窗体的父窗体是哪个窗体。确定后就可以把该窗体的 MdiParent 属性设置为父窗体。子窗体可以用 ShowMdiChild()方法创建，它的参数是要显示的子窗体的引用。把 MdiParent 属性设置为 this（表示引用 MdiParent 窗体）后，就显示该窗体。下面是 ShowMdiParent()方法的代码：

```
private void ShowMdiChild(Form childForm)
{
    childForm.MdiParent=this;
    childForm.Show();
}
```

2. 创建 MDI 父窗体

在多文档界面（MDI）应用程序中，MDI 父窗体是包含 MDI 子窗口的窗体，在“Windows 窗体设计器”中创建 MDI 父窗体很容易。打开一个窗体，在其“属性”窗口中，将 IsMDIContainer 属性设置为 true，将该窗体指定为子窗口的 MDI 容器，即 MDI 父窗体。

一个 MDI 应用程序可以有多个子窗体的实例，通过 ActiveMDIChild 属性，可以得到当前具有焦点的子窗体或返回最近活动的子窗体。当窗体上有多个控件时，通过 ActiveMDIChild 属性，可以得到当前活动子窗体上有焦点的控件。

还可以指定子窗体的排列方式，应用程序通常可以对打开的 MDI 子窗体进行“平铺”“层叠”和“垂直”等方式的排列。可以使用 LayoutMdi()方法和 MdiLayout 枚举来排列 MDI 父窗体中的子窗体。

LayoutMdi()方法可使用 4 个不同 MdiLayout 枚举值中的一个，这些枚举值将子窗体显示为层叠、水平平铺或垂直平铺，或者在 MDI 窗体下部显示排列的子窗体图标。这些方法常用于菜单项 Click 事件处理程序。这样，选择菜单项可在 MDI 子窗口上产生所需的效果。

MdiLayout 枚举值的取值如表 5-20 所示。

表 5-20 MdiLayout 枚举值的取值

成员名称	说明
ArrangeIcons	所有 MDI 子图标均排列在 MDI 父窗体的工作区内
Cascade	所有 MDI 子图标均层叠在 MDI 父窗体的工作区内
TileHorizontal	所有 MDI 子图标均水平平铺在 MDI 父窗体的工作区内
TileVertical	所有 MDI 子图标均垂直平铺在 MDI 父窗体的工作区内

【例 5-10】新建一个含有多文档的父窗体，再新建几个子窗体，通过菜单栏上的选项使得窗体可以按层叠、垂直和水平三种方式排列。

首先需要在项目中新建一个父窗体，方法是新建一个窗体并把 IsMdiContainer 设置为 true，再添加一个 MenuStrip 控件，建立的菜单结构为“文件”（其下拉菜单为“新建”和“关闭”）、“排列”（其下拉菜单为“层叠”“垂直”和“水平”），效果如图 5-45 所示。

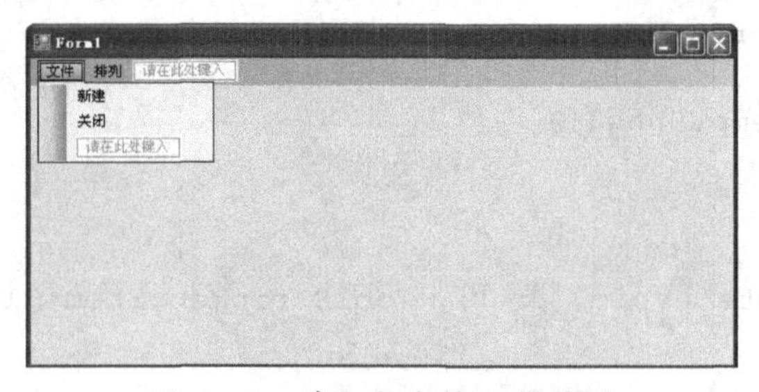

图 5-45　建立父窗体及菜单项

双击各菜单项，添加对应代码，完整代码如下：

```
using System;
using System.Collections.Generic;
using System.ComponentModel;
using System.Data;
using System.Drawing;
using System.Linq;
using System.Text;
using System.Windows.Forms;

namespace WindowsFormsApplication3
{
    public partial class Form1 : Form
    {
        private static int FormCount=0;
        //设置一个私有整型变量，记录新建窗口编号
        public Form1()
        {
            InitializeComponent();
        }
        private void toolStripMenuItem1_Click(object sender, EventArgs
e)
        {

        }

        private void Form1_Load(object sender, EventArgs e)
        {

        }

        private void 新建 ToolStripMenuItem_Click(object sender,
EventArgs e)
```

```
        {
            Form temp=new Form();

            temp.MdiParent = this;

            temp.Text="窗口#" + FormCount.ToString();

            FormCount++;

            temp.Show();

        }

        private  void  关 闭  ToolStripMenuItem_Click(object  sender,
EventArgs e)
        {
            this.Close();
        }

        private  void  水 平  ToolStripMenuItem_Click(object  sender,
EventArgs e)
        {
            this.LayoutMdi(MdiLayout.TileVertical);
        }

        private  void  垂 直  ToolStripMenuItem_Click(object  sender,
EventArgs e)
        {
            this.LayoutMdi(MdiLayout.TileHorizontal);
        }

        private  void  层 叠  ToolStripMenuItem_Click(object  sender,
EventArgs e)
        {
            this.LayoutMdi(MdiLayout.Cascade);
        }
    }
}
```

此处利用系统提供的 LayoutMdi()方法及 MdiLayout 枚举值的取值来排列窗口，切记将父窗体的 IsMdiContainer 属性设置为 true，否则编译时会报错，将不能新建子窗体。运行效果如图 5-46 所示。

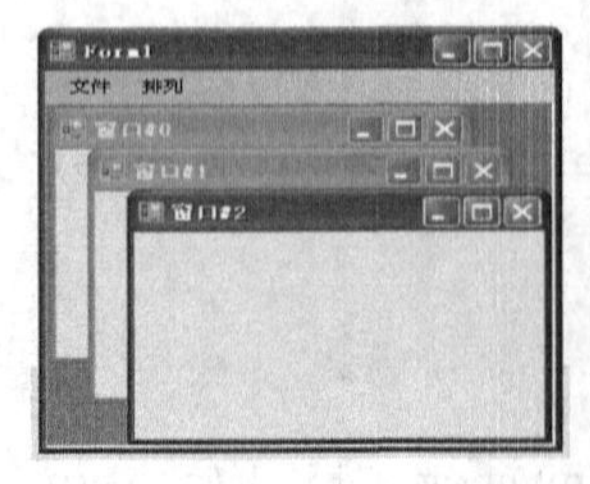
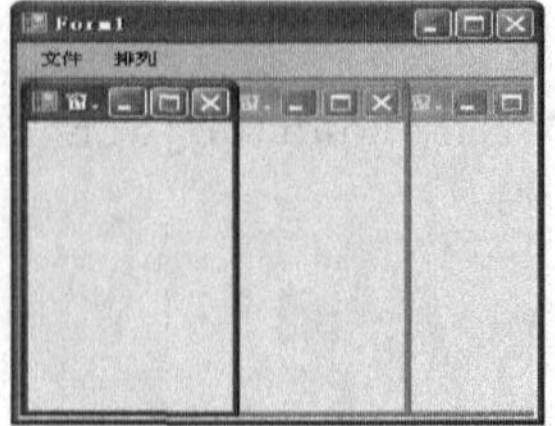

图 5-46　子窗口的三种排列方式

本章小结

本章的内容是Windows窗体应用程序的开发。首先介绍了窗体的概念及创建方法；然后介绍了C#如何调用Windows常用的控件，包括：标签控件、按钮控件、文本框控件、选择控件；接下来介绍的是C#如何调用菜单、工具栏和状态栏控件；最后介绍了对话框和多文档界面设计。

习 题

1. 选择题

（1）已知在某Windows Form应用程序中，主窗口类为Form1，程序入口为静态方法From1.Main()。代码如下所示：

```
public class Form1 : System.Windows.Forms.Form
{
    //其他代码
    static void Main()
    {
      //在此添加合适代码
    }
}
```

则在Main()方法中打开主窗口的正确代码是（ ）。

A. Application.Run(new Form1()); B. Application.Open(new Form1());

C. (new Form1()).Open(); D. (new Form1()).Run();

（2）如果将窗体的FormBoderStyle设置为None，则（ ）。

A. 窗体没有边框且不能调整大小 B. 窗体没有边框但能调整大小。

C. 窗体有边框但不能调整大小 D. 窗体是透明的

（3）如果要将窗体设置为透明的，则（ ）。

A. 要将FormBoderStyle属性设置为None

B. 要将Opacity属性设置为小于100%的值

C. 要将Locked属性设置为true

D. 要将Enabled属性设置为true

（4）在开发C# .NET Windows应用程序中，若要更改应用程序窗口的背景颜色，可使用（ ）窗口进行操作。

A. 解决方案资源管理器 B. 属性

C. 服务器资源管理器 D. 工具箱

（5）加载窗体时触发的事件是（ ）。

A. Click B. GotFocus C. Load D. DoubleClick

（6）Windows Form 应用程序中，要求下压按钮控件 Button1 有以下特性：正常情况下，该按钮是扁平的，当鼠标指针移动到它上面时，按钮升高。那么，在程序中，属性 Button1. FlatStyle 的值应设定为（　　）

A. System.Windows.Forms.FlatStyle.Flat

B. System.Windows.Forms.FlatStyle.Popup

C. System.Windows.Forms.FlatStyle.Standard

D. System.Windows.Forms.FlatStyle.System

（7）在 ComboBox 控件的 SelectedChangeConmited 事件处理方法中，应使用 ConboBox 对象的（　　）属性获取用户新选项的值。

A. SelectedIndex　B. Newvalue　C. SelectedItem　D. Text

（8）在 Windows Forms 程序中，某 CheckBox 对象初始化为三态（即其 ThreeState 属性值为 true），则应使用（　　）属性来检查此 CheckBox 的状态。

A. IsSecected　B. CheckState　C. Checked　D. State

（9）在 Windows Form 程序中，对某 ComboBox 对象有以下要求：控件的列表框部分总是可见的，且用户可以编辑文本框控件的文本，则该 ComboBox 对象的 DropDownStyle 属性应设置为 ComboBoxStyle 枚举类型中的（　　）值。

A. DropDown　B. DropDownList　C. Simple　D. Bold

（10）文本框、组合框、复选框、单选按钮等是从（　　）添加到窗体。

A. 帮助菜单　B. 菜单栏　C. 工具栏　D. 工具箱

（11）（　　）控件被用来选择或不选择，并且若干个同样的控件放在一个小组中被用来选择其中的某一个。

A. 标签　B. 单选按钮　C. 文本框　D. 复选框

（12）（　　）属性用来设置某个控件为三维或平面的。

A. Dimension　B. Flat　C. BorderStyle　D. Fixed

（13）（　　）对象的 AcceptButton 属性被使用响应选定的某个特殊按钮的单击事件。

A. 按钮　B. 窗体　C. 键盘　D. 鼠标

（14）（　　）属性确定焦点移动到当前控件。

A. TabKey　B. TabOrder　C. TabKeyOrder　D. TabIndex

（15）选定或是取消选定 RadioButton 时，都会引发（　　）事件。

A. CheckedChanged　B. Changed

C. SelectedChanged　D. 以上都不是

（16）右击一个控件时出现的菜单一般称为（　　）。

A. 主菜单　B. 菜单项　C. 快捷菜单　D. 子菜单

（17）创建菜单时，在菜单项名称的前面输入（　　）可以创建该项的访问键。

A. &　B. !　C. $　D. #

（18）在 C# .NET 中，用来创建主菜单的对象是（　　）。

A. Menu　　B. MenuItem　　C. MenuStrip　　D. Item

（19）Winform 中，关于工具栏控件的属性和事件的描述不正确的是（　　）。

A. Buttons 属性表示工具栏控件的所有工具栏按钮

B. ButtonSize 属性表示工具栏控件上的工具栏按钮的大小，如高度和宽度

C. DropDownArrows 属性表明工具栏按钮（该按钮有一列值需要以下拉方式显示）旁边是否显示下箭头键

D. ButtonClick 事件在用户单击工具栏任何地方时都会触发

（20）以下有关状态栏的描述中，不正确的是（　　）。

A. 状态栏上既可以显示文本，也可以显示图像

B. 状态栏上的各个面板可以有不同的边框样式

C. 状态栏只用于显示信息，因此它不响应任何事件

D. 通过设置 ToolStripStatusLable 控件的 Text 属性，可以改变状态栏上显示的内容

（21）要创建多文档应用程序，需要将窗体的（　　）属性设为 true。

A. DrawGrid　　B. ShowInTaskbar　　C. Enabled　　D. IsMdiContainer

（22）下面所列举的应用程序中，不是多文档应用程序的是（　　）。

A. Word　　B. Excel　　C. PowerPoint　　D. 记事本

（23）openFileDialog1 引用一个 OpenFileDialog 对象，为检查用户在退出对话框时是否单击了“打开”按钮，应检查 openFileDialog1.ShowDialog()的返回值是否等于（　　）。

A. DialogResult.OK　　B. DialogResult.Yes

C. DialogResult.No　　D. DialogResult.Cancel

（24）程序中，为使变量 myForm 引用的窗体对象显示为对话框，必须（　　）。

A. 使用 myForm.ShowDailog()方法显示对话框

B. 将 myForm 对象的 isDialog 属性设为 true

C. 将 myForm 对象的 FormBorderStyle 枚举属性设置为 FixedDialog

D. 将变量 myForm 改为引用 System.Windows.Dialog 类的对象

（25）在 C# Windows 表单应用程序中，以下（　　）可以将一个对话框对象 myDialog 显示为模态对话框。

A. 调用 myDialog.Show();

B. 调用 myDialog.ShowDialog ();

C. 调用 System.Forms.Dialog.Show(myDialog);

D. 调用 System.Forms.Dialog.Show Dialog (myDialog);

2. 简答题

（1）简述设计和实现 Windows 应用程序的步骤。

（2）窗体的常用事件有哪些？

（3）简述 WinForm 窗体的生命周期。

3. 程序练习题

（1）在窗体上建立一个标签、一个文本框、一个命令按钮，标签的 text 属性设置为“C#程序设计”，设计一个程序，单击命令按钮，将标签上的信息显示在文本框中。

（2）用户在文本框 1、2 中输入两个数，单击“累计”按钮，在文本框 3 中显示从文本框 1 中的数字到文本框 2 中数字之间的累加和，如图 5-47 所示。如果 1 或者 2 为错误的数据格式或文本框 1 中的数字比文本框 2 中数字大，则提示错误。

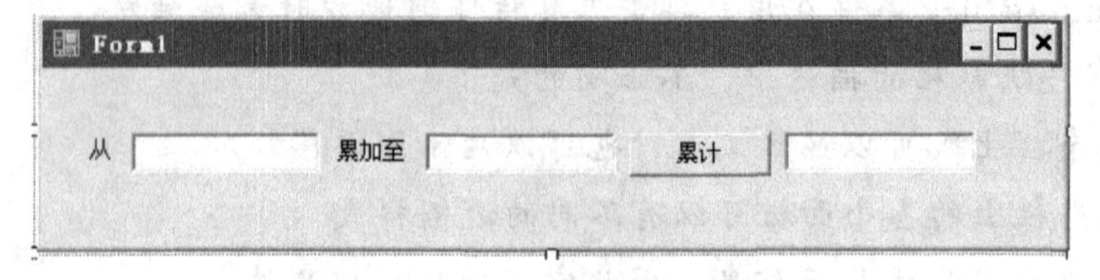

图 5-47　累加窗口

（3）在文本框控件中随机输入一个整数，单击按钮判断它是否为素数。

（4）设计图 5-48 所示登录界面。登录错误三次退出程序，假设用户名、密码是 sa、123，不区分大小写。退出程序用 this.Close()或者 Application.Exit()。

（5）设计图 5-49 所示修改密码界面。界面上有原密码、新密码、再输一次，假设旧密码为 888888，两次输入的新密码必须和旧密码不一样，并且两次输入的新密码必须一致。

图 5-48　登录界面

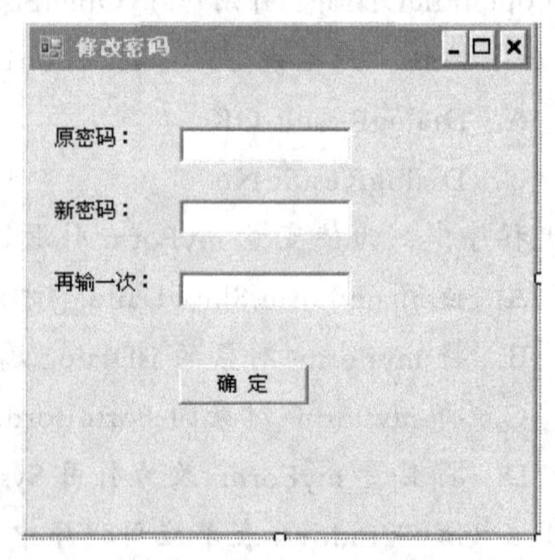

图 5-49　修改密码界面

（6）设计图 5-50 所示的完成四则运算的界面，第一个文本框内输入第一个操作数，下拉列表内可以选择“加减乘除”的符号，第二个文本框内输入第二个操作数，最后一个文本框内显示运算结果。

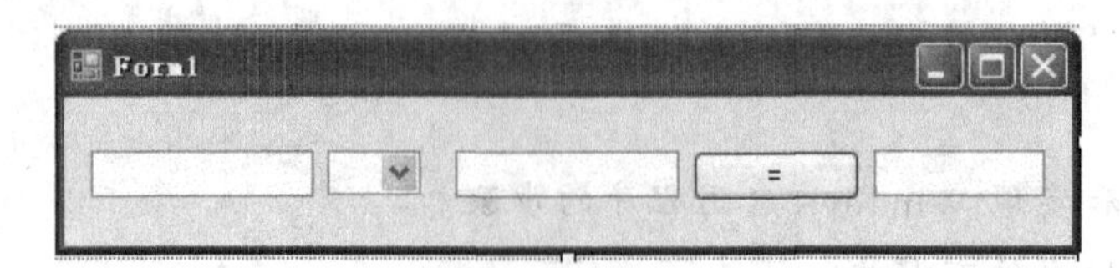

图 5-50　运算界面

（7）利用状态栏来显示鼠标指针的位置。

（8）设计一个多文档界面的 Windows 应用程序，能够实现图 5-51 所示对文档的简单处理，包括：打开、关闭、保存文件，复制、剪切、粘贴、撤销等文本处理功能。

图 5-51　多文档界面

上机实验

1. 实验目的

（1）掌握 Windows 下的事件编程；

（2）掌握 Windows 中常用控件（标签、按钮、文本框、下拉框）的属性、方法及事件；

（3）掌握菜单、工具栏及状态栏的简单制作。

2. 实验内容

（1）实验一

实现一个模拟上机考试系统（单选和多选题）。

① 输入考生的相关信息，预定义的登录名和密码分别为 admin 和 123，账号正确，允许进入试题页面，开始答题。

② 每一次答题结束，单击“下一步”按钮，进入下一题页面，最后答题完毕，单击“提交”按钮。

③ 提交后，会跳转到汇总页面，显示标准正确答案、考生所选择的答案，统计考证的正确率。

（2）实验二

在上一次实验基础上，进一步完善模拟上机考试系统。要求如下：

① 给窗体增加合理的列表框和组合文本框。

② 给窗体增加菜单和工具栏。

③ 利用图形列表控件（PictureBox）美化窗体。

④ 为每个答题页面，使用 time 定时器实现倒计时功能。

第 6 章　ADO.NET

本章导读

本章主要介绍 C#的数据库连接。一共分为 6 小节来介绍，内容包括 ADO.NET 简介，在 C#中通过 ADO.NET 访问数据库的流程，如何建立数据库的连接，如何使用 Command、DataReader、DataAdapter、DataSet 对象操作数据。

本章内容要点

- ADO.NET 简介；
- ADO.NET 数据库的访问流程；
- 建立数据库连接；
- 使用 Command 对象操作表数据；
- 使用 DataReader 对象读取数据；
- 使用 DataAdapter 和 DataSet 和 DataGridView 对象操作表数据。

内容结构

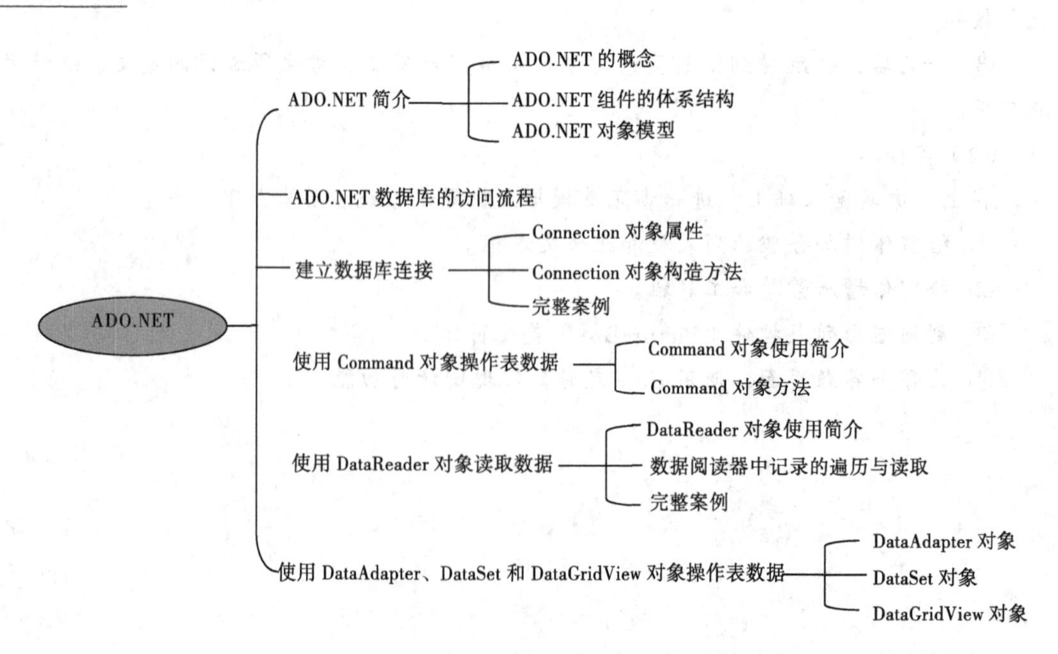

学习目标

通过本章内容的学习，学生应该能够做到：

- 了解 ADO.NET 基本概念及组成；
- 了解连接式数据访问方式和非连接式数据访问方式；
- 掌握通过 ADO.NET 访问数据库的流程；
- 掌握 Connection 对象与 Command 对象的用法；
- 学会使用 DataReader、DataAdapter、DataSet 操作表数据；
- 学会将数据库连接的基本知识用于系统开发的过程中。

6.1 ADO.NET 简介

6.1.1 ADO.NET 的概念

ADO.NET（ActiveX Data Object .NET）是 Microsoft 公司开发的关于数据库连接的一整套组件模型，是 ADO 的升级版本，是比 ADO 更灵活的数据访问机制。其主要功能是在.NET Framework 平台存取数据。由于 ADO.NET 组件模型非常好地融入了.NET Framework，所以拥有.NET Framework 的平台无关、高效等特性。程序员可以使用 ADO.NET 组件模型方便高效地连接和访问数据库。

ADO.NET 提供的对象模型可以方便地存取和编辑各种数据源的数据，即对这些数据源提供一致的数据处理方式。本质上 ADO.NET 是涉及数据库访问操作有关的对象模型的集合，它基于 Microsoft 的.NET Framework，基本上封装了数据库访问和数据操作的各种动作。

ADO.NET 与 ADO 访问数据库的组件相比有了重要的改进，主要体现在以下两个方面：

① ADO.NET 引入了离线数据结果集（Disconnected DataSet）的概念，程序员可以通过使用离线数据结果集在数据库断开的情况下访问数据库。

② ADO.NET 支持 XML 格式的文档，所以通过 ADO.NET 组件可以在异构环境的项目间方便地读取和交换数据。

6.1.2 ADO.NET 组件的体系结构

ADO.NET 组件的表现形式是.NET 的类库，它拥有两个核心组件：.NET Data Provider（数据提供者）和 DataSet（数据结果集）对象。

.NET Data Provider 是专门为数据处理以及快速地只进、只读访问数据而设计的组件，包括 Connection、Command、DataReader 和 DataAdapter 四大类对象，其主要功能是：

① 在应用程序里连接数据源，连接 SQL Server 数据库服务器。

② 通过 SQL 语句的形式执行数据库操作，并能以多种形式把查询到的结果集填充到 DataSet 里。

③ DataSet 对象是支持 ADO.NET 的断开式、分布式数据方案的核心对象。DataSet 是数

据的内存驻留表示形式，无论数据源是什么，它都会提供一致的关系编程模型。它是专门为独立于任何数据源的数据访问而设计的。DataSet 对象的主要功能是用其中的 DataTable 和 DataRelations 对象来容纳.NET Data Provider 对象传递过来的数据库访问结果集，以便应用程序访问，把应用代码里的业务执行结果更新到数据库中。此外，DataSet 对象能在离线的情况下管理存储数据，这在海量数据访问控制的场合是非常有利的。

图 6-1 描述了 ADO.NET 组件的体系结构。

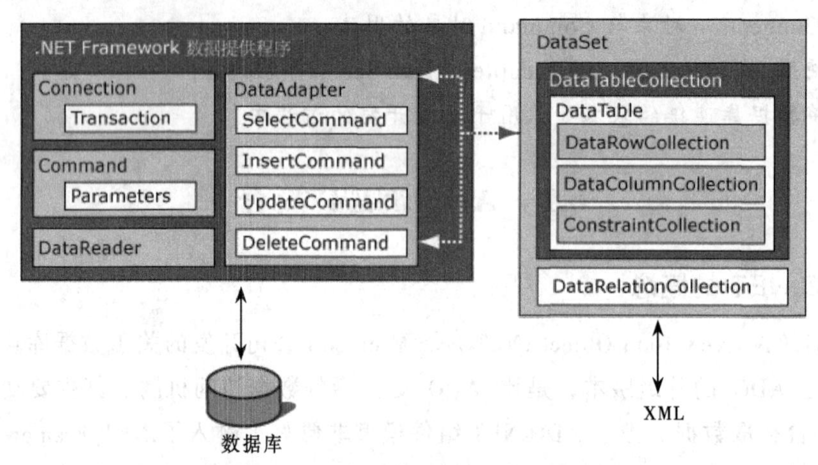

图 6-1 ADO.NET 组件的体系结构。

6.1.3 ADO.NET 对象模型

ADO.NET 对象模型中有 5 个主要的数据库访问和操作对象，分别是 Connection、Command、DataReader、DataAdapter 和 DataSet 对象。

其中，Connection 对象主要负责连接数据库，Command 对象主要负责生成并执行 SQL 语句，DataReader 对象主要负责读取数据库中的数据，DataAdapter 对象主要负责在 Command 对象执行完 SQL 语句后生成并填充 DataSet 和 DataTable，DataSet 对象主要负责存取和更新数据。

ADO.NET 主要提供了两种数据提供者（Data Provider），分别是 SQL Server.NET Provider 和 OLE DB.NET Provider。

SQL Server.NET Framework 数据提供程序使用它自身的协议与 SQL Server 数据库服务器通信，而 OLEDB.NET Framework 则通过 OLE DB 服务组件（提供连接池和事务服务）和数据源的 OLE DB 提供程序与 OLE DB 数据源进行通信。

它们两者内部均有 Connection、Command、DataReader 和 DataAdapter 4 种对象。对于不同的数据提供者，上述 4 种对象的类名不同，而它们连接访问数据库的过程却大同小异。

这是因为它们以接口的形式，封装了不同数据库的连接访问动作。正是由于这两种数据提供者使用数据库访问驱动程序屏蔽了底层数据库的差异，所以从用户的角度来看，它们的差别仅仅体现在命名上。表 6-1 描述了这两类数据提供者下的对象命名。

表 6-1　ADO.NET 对象描述

对　象　名	OLE DB 数据提供者的类名	SQL Server 数据提供者类名
Connection 对象	OleDbConnection	SqlConnection
Command 对象	OleDbCommand	SqlCommand
DataReader 对象	OleDbDataReader	SqlDataReader
DataAdapter 对象	OleDbDataAdapter	SqlDataAdapter

6.2　ADO.NET 数据库的访问流程

对数据库的操作主要有插入数据、删除数据、修改数据和检索数据几种操作。在 C#下对据库的操作主要有以下两种模式：

① 使用 Connection、Command 与 DataReader 对象对数据库进行操作，称为连接式数据访问方式。

② 使用 Connection、Command、DataAdaper 和 DataSet 对象对数据库进行操作，称为非连接式数据访问方式。

两种方式如图 6-2 所示。

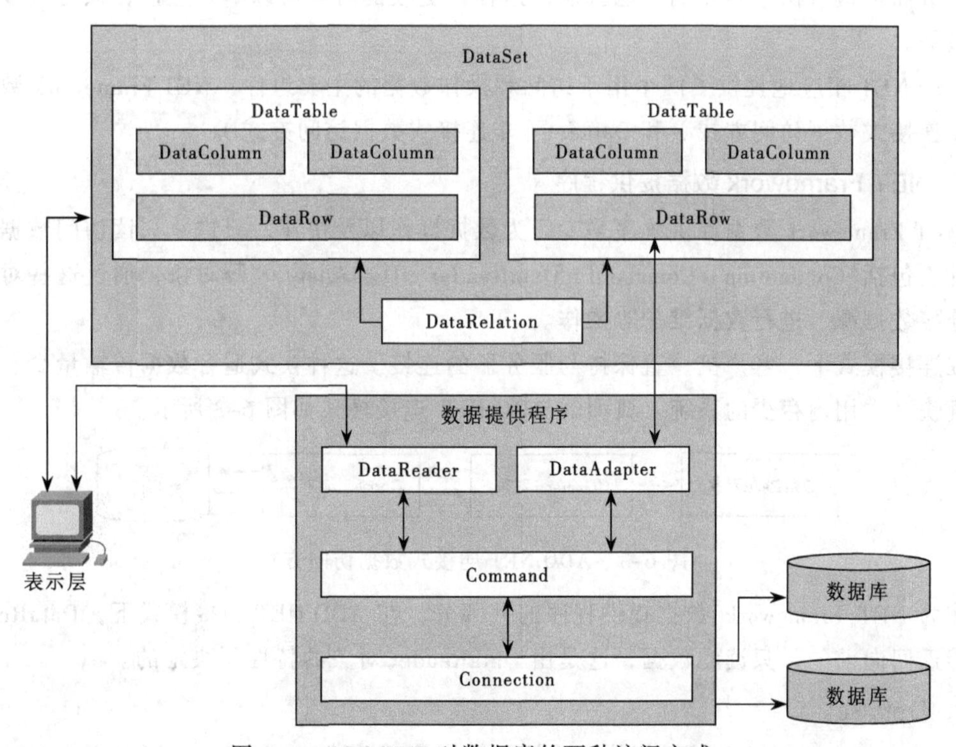

图 6-2　ADO.NET 对数据库的两种访问方式

连接式数据访问方式是指用户在这种环境下始终保持与数据源的连接；持续连接的数据有实时性，在有些情况必须使用连接环境，如股票交易所、机场大厅显示屏、需要掌握实时信息的工厂控制系统等；但是连接环境必须保持与数据源的连接，占用网络与数据库资源；

只有在填充数据集以及在数据操作完毕或将数据集中的数据更新到数据源后，才可以与数据源断开连接。其优点是不仅易于实施安全控制还易于对同步问题进行控制，另外因为时刻与数据库进行连接，所以其数据实时性优于其他环境。同时它具有的缺点也非常明显，其一是必须保持持续的网络连接，这样会一直占用网络与数据库资源，特别是移动设备应用的开发，无论从场景还是开发角度都很难做到。其二是扩展性差，比如要将 Windows 程序变成 Web 程序，连接肯定会增大，连接数目有时还不一定，对于底层数据源来说，这种情况有时是致命的。

如果要实时保持数据连接，实时访问，客户端的连接数目就有限制，就不适用于在互联网上公开的 Web 应用程序，通常这种连接环境主要使用在客户端固定的 Windows 应用程序，或者在 Web 开发中只有数据的显示，而没有数据更改的情况。

非连接式数据访问方式减少对网络资源与数据库资源的占用，离线数据结果集的主要原因是 ADO.NET 支持非连接式数据访问方式。其优点在于只在必要的时候才连接到数据源，进行操作；不独占连接；提高了应用的性能与扩展性。其缺点在于数据不是实时的，而且有时必须解决数据的并发性与同步问题。

非连接式数据访问方式的典型应用就是移动设备，可以把数据临时存储在移动设备的内存中，进而把这数据序列化到本地机器，这样在更改的时候可以断开连接，只更改设备中保存的数据。

ADO.NET 相应地提供了两个用于访问和操作数据的主要组件：.NET Framework 数据提供程序（连接式数据访问方式）和 DataSet（非连接式数据访问方式）。

1. NET Framework 数据提供程序

.NET Framework 数据提供程序是专门为数据操作以及快速、只进、只读访问数据而设计的组件，包括 Connection、Command、DataReader、DataAdapter 等对象，通过这些对象可以实现连接数据源、进行数据维护等操作。

在连接模式下，客户机一直保持与服务器的连接。这种模式适合数据传输量少、要求相应速度快、占用内存少的系统。典型的 ADO.NET 连接模式如图 6-3 所示。

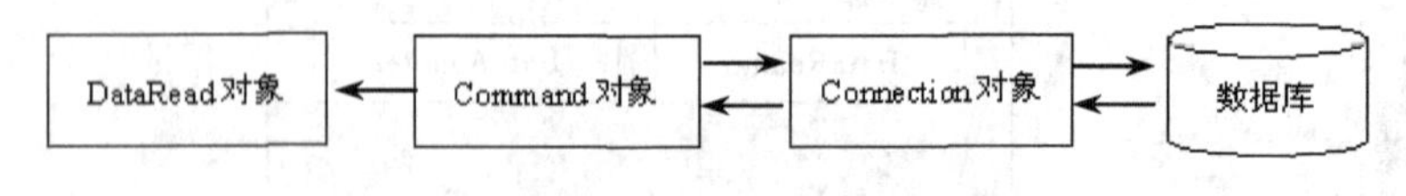

图 6-3　ADO.NET 连接式数据访问方式

作为.NET Framework 数据提供程序的一部分，在 ADO.NET 连接模式下，DataReader 对象只能返回向前的、只读的数据，这是由 DataReader 对象的特性所决定的。

2. DataSet

DataSet 是专门为独立于任何数据源的数据访问而设计的，因此，它可以用于多种不同的数据源。它包含了一个或多个 DataTable 对象的集合这些对象由数据行和数据列以及有关 DataTable 对象中数据的主键、外键、约束和关系信息组成。

非连接式数据访问方式适合网络数据量大、系统结点多、网络结构复杂，尤其是在局域网和广域网的数据应用。典型的 ADO.NET 非连接式数据访问方式应用如图 6-4 所示。

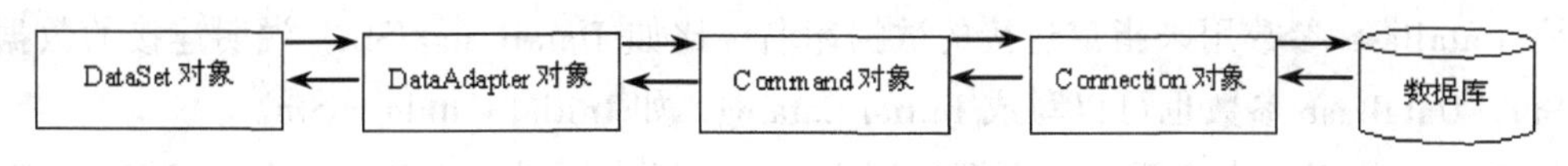

图 6-4 ADO.NET 非连接式数据访问方式

由于非连接式数据访问方式下服务器不需要维持与客户机之间的连接，只有当客户机需要将更新的数据传回到服务器时再重新连接，这样服务器的资源消耗较少，可以同时支持更多并发的客户机。

在决定应用程序应使用 DataReader 还是应使用 DataSet 时，应考虑应用程序所需的功能类型。DataSet 用于执行以下功能：

① 在应用程序中将数据缓存在本地，以便可以对数据进行处理。如果只需要读取查询结果，DataReader 是更好的选择。

② 在层间或从 XML Web 服务对数据进行远程处理。

③ 与数据进行动态交互，例如绑定到 Windows 窗体控件或组合并关联来自多个源的数据。

④ 对数据执行大量的处理，而不需要与数据源保持打开的连接，从而将该连接释放给其他客户端使用。

如果不需要 DataSet 所提供的功能，则可以使用 DataReader 以只读方式返回数据，从而提高应用程序的性能。虽然 DataAdapter 使用 DataReader 来填充 DataSet 的内容，但可以使用 DataReader 来提高性能，因为这样可以节省 DataSet 所使用的内存，并将省去创建 DataSet 并填充其内容所需的处理。

6.3 建立数据库连接

6.3.1 Connection 对象属性

Connection 对象负责管理与数据源的连接，它的常用的属性如下：

（1）ConnectionString 属性

该属性用来设置或获取用于打开数据库的字符串， 在 ConnectionString 连接字符串里，一般需要指定将要连接数据源的种类、数据库服务器的名称、数据库名称、登录用户名、密码、等待连接时间、安全验证设置等参数信息，这些参数之间用分号隔开。例如：

```
server=( localhost);Initial Catalog= Stu;user Id=sa; password= 123456;
Data    Source=(localhost);Initial    Catalog=    Stu;user    Id=sa;
password=123456 ;
```

① Server 参数用来指定需要连接的数据库服务器（或数据域）。比如 Server=(localhost)，指定连接的数据库服务器是在本地。经常在有些书上说到的 Server=.也是指服务器就是当前的计算机；如果本地的数据库还定义了实例名，Server 参数可以写成“Server=(localhost)\实例名”。另外，可以使用计算机名作为服务器的值。如果连接的是远端的数据库服务器，Server 参数可以写成 Server=IP 或“Server=远程计算机名”的形式。Server 参数也可以写成 Data Source，

比如 Data Source=IP。

② DataBase 参数用来指定连接的数据库名。比如 DataBase= Stu，说明连接的数据库名称是 Stu，DataBase 参数也可以写成 Initial Catalog，如 Initial Catalog= Stu。

③ Uid 参数用来指定登录数据源的用户名，也可以写成 UserID。比如 Uid(User ID)=sa，说明登录用户名是 sa。

④ Pwd 参数用来指定连接数据源的密码，也可以写成 Password。比如 Pwd(Password)= 123456，说明登录密码是 123456。

除了以上的几个参数，连接字符串还可能涉及的参数如下：

⑤ Provider 参数用来指定要连接数据源的种类。如果使用的是 SQL Server，则不需要指定 Provider 参数，因为 SQL Server DataProvider 已经指定了所要连接的数据源是 SQL Server 服务器。如果使用的是 OleDB Data Provider 或其他连接数据库，则必须指定 Provider 参数。

表 6-2 说明了 Provider 参数值和连接数据源类型之间的关系。

表 6-2 Provider 值描述

Provider 值	对应连接的数据源
SQL OLE DB	Microsoft OLEDB Provider for SQL Server
MSDASQL	Microsoft OLEDB Provider for ODBC
Microsoft. Jet. OLEDB.4.0	Microsoft OLEDB Provider for Access
MSDAORA	Microsoft OLEDB Provider for Oracle

⑥ Connect Timeout 参数用于指定打开数据库时的最大等待时间，单位是秒。如果不设置此参数，默认是 15s。如果设置成-1，表示无限期等待，一般不推荐使用。

⑦ Integrated Security 参数用来说明登录到数据源时是否使用 SQL Server 的集成安全验证。如果该参数的取值是 true（或 SSPI，或 yes），表示登录到 SQL Server 时使用 Windows 验证模式，即不需要通过 Uid 和 Pwd 这样的方式登录。如果取值是 false（或 no），表示登录 SQL Server 时使用 Uid 和 Pwd 方式登录。

⑧ Pooling 参数用来说明在连接到数据源时，是否使用连接池，默认是 true。当该值为 true 时，系统将从适当的池中提取 SqlConnection 对象，或在需要时创建该对象并将其添加到适当的池中。当取值为 false 时，不使用连接池。

⑨ Max Pool Size 和 Min Pool Size 这两个参数分别表示连接池中最大和最小连接数量，默认分别是 100 和 0。根据实际应用适当地取值将提高数据库的连接效率。

（2）ConnectionTimeout 属性

该属性用来获取在尝试建立连接时终止尝试，并生成错误之前所等待的时间。

（3）DataBase 属性

该属性用来获取当前数据库或连接打开后要使用的数据库的名称。

（4）DataSource 属性

该属性用来设置要连接的数据源实例名称，例如 SQLServer 的 Local 服务实例。

（5）State 属性

该属性是一个枚举类型的值，用来表示同当前数据库的连接状态。

6.3.2 Connection 对象构造方法

Connection 类型的对象用来连接数据源。在不同的数据提供者的内部，Connection 对象的名称是不同的，在 SQL Server Data Provider 里称为 SqlConnection，而在 OLE DB Data Provider 里叫 OleDbConnection。Connection 对象构造函数作用是用来构造 Connection 类型的对象。对于 SqlConnection 类，其构造函数有两种格式：

（1）SqlConnection()

这是不带参数的构造函数，用来创建 SqlConnection 对象，进行数据库连接时的程序可以这样写：

```
String ConnectionString = “server=(local); Initial Catalog = Stu;  ”;
SqlConnection conn=new SqlConnection();
conn.ConnectionString=ConnectionString;
conn.Open();    //Open()方法：使用 ConnectionString 所指定的属性设置
                //打开数据库连接程序中的 ConnectionString
```

（2）SqlConnection（string connectionstring）

这是以连接字符串作为参数的构造函数，用来根据连接字符串，创建 SqlConnection 对象，进行数据库连接时的程序可以这样写：

```
String cnn= “server=(local); Initial Catalog = Stu;”;
SqlConnection conn=new SqlConnection(cnn);
conn.Open();
```

显然使用第二种方法输入的代码要少一点，两种方法执行的效率并没有什么不同，值得说明的是如果需要重复使用 Connection 对象以不同的身份连接不同的数据库时，使用第一种方法则更有效，例如：

```
SqlConnection conn=new SqlConnection();
conn.ConnectionString=connectionString1;
conn.Open();
//此处是 connectionString1 连接字符串连接数据库的数据库操作部分代码。
conn.Close();//Close()方法：关闭与数据库的连接，这是关闭任何打开连接的首选
             //方法
conn.ConnectionString=connectionString2;
conn.Open();
//此处是 connectionString2 连接字符串连接数据库的数据库操作部分代码
conn.Close();
```

请注意只有当一个连接关闭以后才能把另一个不同的连接字符串赋值给同一个 Connection 对象。如果不知道某个时候 Connection 对象是打开还是关闭时，可以检查 Connection 对象的 State 属性。如果它的值是 Open，则说明数据库是打开的；如果是 Closed，则说明当前该对象是关闭的。

其余数据提供者的构造函数基本上和 SqlConnection 类的构造函数类似，如 OleDbConnection 类的两个构造函数分别为 OleDbConnection()和 OleDbConnection(string connectionstring)。

6.3.3 完整案例

【例 6-1】利用 SQL Server 2008 建立一个数据库 Stu，写出数据库连接的代码段。

```
using System;
using System.Collections.Generic;
```

```
using System.Data;
using System.Data.SqlClient;
//简单的连接数据库
namespace DataBase
{   class Program
    {  static void Main(string[] args)
       {
            SqlConnection Con=new SqlConnection();
            "server=(local);user      id=sa;      Initial      Catalog=
Stu;pwd=123456;";
            //SQL Server 和 Windows 混合模式
            conn.ConnectionString  =  "server=(local);Initial  Catalog=
Stu;
                                    Integrated Security=SSPI;";
            //仅 Windows 身份验证模式
            Con.Open();
            if(Con.State==System.Data.ConnectionState.Open)
              Console.WriteLine("数据库连接打开");
       }
    }
}
```

其中在 conn.ConnectionString="Server=(local);User Id=sa; Initial Catalog= Stu;Pwd= 123456;"语句中，即 SQL Server 和 Windows 混合模式时，Server=(local)也可以写成 Server=.;，都代表当前机器作为数据库服务器，但如果所安装的数据库服务器是 express 版本，则需要将其改为 Server=.\express;。

6.4 使用 Command 对象操作表数据

6.4.1 Command 对象使用简介

连接上数据库之后，就可以对数据进行访问和操作了。一般对数据库的操作被概括为增、删、改、查 4 个字。ADO.NET 中由 Command 类来执行这些操作，与 Connection 对象类似，Command 类在不同的数据提供者的内部名称也是不同的，如 SqlCommand 和 OleDbCommand，而且它们非常类似。

Command 对象主要用来执行 SQL 语句。利用 Command 对象，可以对数据进行增、删、改、查。Command 对象由 Connection 对象创建，其连接的数据源也将由 Connection 来管理。创建对象与执行语句的例子如下：

```
String cnstr="Sever=(local); database= Stu; Integrated Security=true";
SqlConnection conn=new SqlConnection(cnstr);
conn.Open();
SqlCommand cmd=new SqlCommand("select * from StuInfo ", conn);
```

其中 StuInfo 是数据库 Stu 中的一张表。

6.4.2 Command 对象方法

与 Connection 对象类似，Command 对象中依然存在着不止一个构造函数用来执行 SQL 语句，上例中 "SqlCommand cmd=new SqlCommand("select * from student", conn);" 就是根据数据源和 SQL 语句创建的 SqlCommand 对象 cmd。以 SqlCommand 为例，其构造函数说明如表 6-3 所示。

表 6-3　SqlCommand 类构造函数说明

函数定义	参数说明	函数说明
SqlCommand()	不带参数	创建 SqlCommand 对象
SqlCommand(string cmdText)	cmdText: SQL 语句字符串	根据 SQL 语句字符串，创建 SqlCommand 对象
SqlCommand(string cmdText, SqlConnection connection)	cmdText: SQL 语句字符串 connection: 连接到的数据源	根据数据源和 SQL 语句，创建 SqlCommand 对象
SqlCommand(string cmdText, SqlConnection connection, SqlTransaction transaction)	cmdText: SQL 语句字符串 connection: 连接到的数据源 transaction: 事务对象	根据数据源和 SQL 语句和事务对象，创建 SqlCommand 对象

除了用以上构造函数创建对象外，Connection 对象提供了一个 CreateCommand()方法，它可以实例化一个 Command 对象，并将其连接属性赋给创建当前 Command 对象的 Connection 对象。

而对于 OleDbCommand 类型的对象，其构造函数如表 6-4 所示。可以看出，它们和 SqlCommand 类的构造函数非常相似。

表 6-4　OleDbCommand 类构造函数说明

函数定义	参数说明	函数说明
OleDbCommand()	不带参数	创建 OleDbCommand 对象
OleDbCommand(string cmdText)	cmdText：SQL 语句字符串	根据 SQL 语句字符串，创建 OleDbCommand 对象
OleDbCommand(string cmdText, OleDbConnection connection)	cmdText：SQL 语句字符串 connection：连接到的数据源	根据数据源和 SQL 语句，创建 OleDbCommand 对象
OleDbCommand(stringcmdText, OleDbConnection connection , OleDbTransaction transaction)	cmdText：SQL 语句字符串 connection：连接到的数据源 transaction：事务对象	根据数据源和 SQL 语句和事务对象，创建 OleDbCommand 对象

通过构造函数完成创建 Command 对象之后，就可以执行对数据库操作的命令了。Command 对象提供了很多种用于执行命令的方法，具体使用哪个方法取决于执行命令后结果返回什么样的数据。

SqlCommand 提供了 4 个执行方法：ExecuteNonQuery()、ExecuteScalar()、ExecuteReader()、ExecuteXmlReader()。详细见表 6-5。

表 6-5　命令对象提供的用于执行命令的方法及其含义

方法名称	含　义
ExecuteNonQuery()	对连接执行 SQL 语句并返回受影响的行数
ExecuteReader()	执行查询，将查询结果返回到数据读取器（DataReader）中
ExecuteScalar()	执行查询，并返回查询所返回的结果集中第一行的第一列。忽略额外的列或行
ExecuteXmlReader()	执行查询，将查询结果返回到一个 XmlReader 对象中

从表 6-5 可以看到 ExecuteReader()方法是上述方法中使用最广泛的方法。ExecuteReader()方法用于执行命令，并使用结果集填充 DataReader 对象。

ExecuteReader()方法执行查询操作，会返回一个 DataReader 对象，通过该对象，应用程序能够获得执行 SQL 查询语句后的结果集，读取查询所得的数据。该方法的两种定义为：

① ExecuteReader()，不带参数，直接返回一个 DataReader 结果集。

② ExecuteReader(CommandBehavior behavior)，根据 behavior 的取值类型，决定 DataReader 的类型。

如果 behavior 取值是 CommandBehavior.SingleRow，则说明返回的 ExecuteReader 只获得结果集中的第一条数据。如果取值是 CommandBehavior.SingleResult，则说明只返回在查询结果中多个结果集里的第一个。

一般来说，应用代码可以随机访问返回的 ExecuteReader 列，但如果 behavior 取值为 CommandBehavior.SequentialAccess，则说明对于返回的 ExecuteReader 对象只能顺序读取它包含的列。也就是说，一旦读过该对象中的列，就再也不能返回去阅读了。这种操作是以方便性为代价换取读数据时的高效率，需谨慎使用。

Command 对象由 Connection 对象创建，其连接的数据源也将由 Connection 来管理。而使用 Command 对象的 SQL 属性获得的数据对象，将由 DataReader 和 DataAdapter 对象填充到 DataSet 里，从而完成对数据库数据操作的工作，这将会在后面的内容中进行叙述。

6.5 使用 DataReader 对象读取数据

6.5.1 DataReader 对象使用简介

当执行完命令返回结果集时，需要一个方法从结果集中提取数据。连接式数据访问方式使用数据阅读器对象（DataReader），非连接式数据访问方式需要同时使用数据适配器对象（Data Adapter）和 ADO.NET 数据集对象（DataSet）。

DataReader 对象用于从数据源中读取向前的、只读的数据流，是一个简易的数据集，使用它读取记录时通常比从 DataSet 中读取更快。DataReader 对象是在 Command 对象的 ExecuteReader()方法从数据源中检索数据时创建的。

要想获得 DataReader 对象中的数据，必须组合使用 DataReader 对象的 Read()方法和 Get()方法。Read()方法用于移动记录指针到下一行数据，Get()方法可以获得当前行的每一列信息，例如 GetDateTime、GetDouble、GetGuid、GetInt32 等。这些方法要求使用列的名称或索引值，以确定获得哪一列的信息。

与前面几个对象一样，根据所使用.NET Framework 数据提供程序的不同，有不同的 DataReader 对象与之对应。例如，SqlDataReader、OleDbDataReader、OdbcDataReader 和 OracleDataReader 对象。可以根据访问数据源的不同来选择相应的 DataReader()对象。

注意：不能用 DataReader 修改数据库中的记录，它是采用向前的，只读的方式读取数据库。

因为 DataReader 类没有构造函数，所以不能直接实例化它，需要从 Command 对象中返回一个 DataReader 实例，具体做法是通过调用它们的 ExecuteReader 方法。

【例 6-2】从表 student 中读取数据，并将数据列学号和姓名的所有数据输出到控制台。

```
String cnstr="server=(local); database=Stu; Integrated Security=true";
SqlConnection cn=new SqlConnection(cnstr);
cn.Open();
string sqlstr="select * from student";
SqlCommand cmd=new  SqlCommand(sqlstr, cn);
SqlDataReader dr=cmd.ExecuteReader();
while(dr.Read())
{
    String  id=dr["学号"].ToString();
    String  name=dr["姓名"].ToString();
    Console.WriteLine("学号:{0}   姓名:{1}", id, name);
}
dr.Close();
cn.Close();
```

DataReader 类最常见的用法就是检索 SQL 查询或存储过程返回记录。另外，DataReader 是一个连接的、只向前的和只读的结果集。也就是说，当使用数据阅读器时，必须保持连接处于打开状态。除此之外，可以从头到尾遍历记录集，而且也只能以这样的次序遍历，即只能沿着一个方向向前的方式遍历所有的记录，并且在此过程中数据库连接要一直保持打开状态，否则将不能通过 DataReader 读取数据。这就意味着，不能在某条记录处停下来向回移动。记录是只读的，因此数据阅读器类不提供任何修改数据库记录的方法。

注意：数据阅读器使用底层的连接，连接是它专有的。当数据阅读器打开时，不能使用对应的连接对象执行其他任何任务，例如执行另外的命令等。当阅读完数据阅读器的记录或不再需要数据阅读器时，应该立刻关闭数据阅读器。

6.5.2 数据阅读器中记录的遍历与读取

当 ExecuteReader()方法返回 DataReader 对象时，当前光标的位置在第一条记录的前面。必须调用阅读器的 Read()方法把光标移动到第一条记录，然后，第一条记录将变成当前记录。如果数据阅读器所包含的记录不止一条，Read()方法就返回一个 Boolean 值 true。想要移到下一条记录，需要再次调用 Read()方法。重复上述过程，直到最后一条记录时 Read()方法将返回 false。经常使用 while 循环来遍历记录：

```
while(reader.Read())
{
    //读取数据
}
```

只要 Read()方法返回的值为 true，就可以访问当前记录中包含的字段。

ADO.NET 提供了两种方法访问记录中的字段。第一种是 Item 属性，此属性返回由字段索引或字段名指定的字段值。第二种方法是 Get()方法，此方法返回由字段索引指定字段的值。DataReader 类有一个索引符，可以使用常见的数组语法访问任何字段。使用这种方法，既可以通过指定数据列的名称、也可以通过指定数据列的编号来访问特定列的值。第一列的编号是 0，第二列编号是 1，依此类推。例如：

```
Object value1=myDataReader["学号"];
Object value1=myDataReader[0];
```

除了通过索引访问数据外，DataReader 类还有一组类型安全的访问方法可以用于读取指定列的值。这些方法是以 Get 开头的，并且它们的名称具有自我解释性。例如，GetInt32()、GetString()等。这些方法都带有一个整数型参数，用于指定要读取列的编号。

每一个 DataReader 类都定义了一组 Get()方法，那些方法将返回适当类型的值。例如，GetInt32()方法把返回的字段值作为 32 位整数。每一个 Get()方法都接受字段的索引，例如在上面的例子中，使用以下的代码可以检索 ID 字段和 cName 字段的值：

```
int ID=reader.Getint32 (0);
string cName=reader.GetString(1);
```

6.5.3 完整案例

【例 6-3】读取数据表 StuInfo 中的所有学生信息，并将其通过消息框显示出来。操作步骤如下：

① 启动 Visual Studio，新建一个名为 DataReaderTest 的 WindowsApplication 项目。

② 在 Forml.cs 的空白处双击，进入 Page-Load 事件。Page_Load 事件在页面加载时执行。

③ 在 Forml.cs 中添加 SqlClient 的命名空间：

```
using System. Data. SqlClient;
```

④ 添加代码如下：

```
using System.Drawing;
using System.Text;
using System.Windows.Forms;
using System.Data.SqlClient;
namespace DataReaderTest
{
    public partial class Form1 : Form
    {
        public Form1()
        {
            InitializeComponent();
        }
        private void Form1_Load(object sender, EventArgs e)
        {
            //定义输出消息
            string message="";
            //新建连接对象
            SqlConnection conn=new SqlConnection();
            conn.ConnectionString="Data          Source=(local);Initial
Catalog= Stu;Integrated Security=SSPI";
            //拼接命令字符串
            string selectQuery="select ID, sName,zy,bj from StuInfo";
            //新建命令对象
            SqlCommand  cmd=new SqlCommand(selectQuery, conn);
```

```
            conn.Open( );
            //关闭阅读器时将自动关闭数据库连接
            SqlDataReader  reader=cmd. ExecuteReader(CommandBehavior.
   CloseConnection);
            //循环读取信息
            while (reader.Read())
            {
                message+="学号:"+reader[0].ToString()+" ";
                message+="姓名:"+reader["sName"].ToString()+" ";
                message+="专业:"+reader.GetString(2)+ " ";
                message+="班级:"+reader.GetString(3)+" ";
                message+="\n";
            }
            //关闭数据阅读器
            //无须关闭连接，它将自动被关闭
            reader.Close();
            //测试数据连接是否已经关闭
            if(conn.State==ConnectionState.Closed)
            {
                message+="数据连接已经关闭\n";
            }
            MessageBox.Show(message);
        }
    }
}
```

代码讲解：

① 首先引入 System.Data.SqlClient 表示使用 SQL Server.NET 数据提供程序，然后建立连接和命令对象，并调用命令对象的 ExecuteReader()方法来返回 DataReader 对象：

```
SqlDataReader
reader=cmd.ExecuteReader(CommandBehavior.CloseConnection);
```

其中，参数 CommandBehavior.CloseConnection 表明关闭数据阅读器时将同时关闭数据连接。

② 接着用 while 循环读取字段并显示出来，读取字段共用到了前面介绍的 3 种方式：

```
//循环读取信息
while (reader.Read())
{
    message+="学号:"+reader[0].ToString()+" ";
    message+="姓名:"+reader["sName"].ToString()+" ";
    message+="专业:"+reader.GetString(2)+ " ";
    message+="班级:"+reader.GetString(3)+" ";
    message+="\n";

}
```

③ 关闭阅读器：

```
reader.Close();
```

④ 此时数据连接已经关闭了，如下的代码测试了数据连接是否已经关闭，如果确实关闭了，则将在屏幕上输出提示信息：

```
//测试数据连接是否关闭
if(conn.State==ConnectionState.Closed)
{
```

```
    message+="数据连接已经关闭\n";
}
```

需要说明的是，在实际的 Windows Application 项目中直接访问 DataReader 中字段的机会不是很多，一般都是直接通过数据绑定来实现的，关于数据绑定技术将在后面章节介绍。

6.6 使用 DataAdapter、DataSet 和 DataGridView 对象操作表数据

6.6.1 DataAdapter 对象

1. DataAdapter 对象用法

DataAdapter 对象主要用来连接 Connection 和 DataSet 对象。DataSet 对象只关心访问操作数据，而不关心自身包含的数据信息来自哪个 Connection 连接到的数据源，而 Connection 对象只负责数据库连接而不关心结果集的表示。所以，在 ASP.NET 的架构中使用 DataAdapter 对象来连接 Connection 和 DataSet 对象。另外，DataAdapter 对象能根据数据库里的表的字段结构，动态地塑造 DataSet 对象的数据结构。

DataAdapter 对象的工作一般有两种：一种是通过 Command 对象执行 SQL 语句，将获得的结果集填充到 DataSet 对象中；另一种是将 DataSet 里更新数据的结果返回数据库中。

DataAdapter 对象的常用属性形式为×××Command，用于描述和设置操作数据库。使用 DataAdapter 对象，可以读取、添加、更新和删除数据源中的记录。对于每种操作的执行方式，适配器支持以下 4 个属性，类型都是 Command，分别用来管理数据操作的增、删、改、查动作。

- SelectCommand 属性：该属性用来从数据库中检索数据。
- InsertCommand 属性：该属性用来向数据库中插入数据。
- DeleteCommand 属性：该属性用来删除数据库里的数据。
- UpdateCommand 属性：该属性用来更新数据库里的数据。

例如，以下代码能给 DataAdapter 对象的 SelectCommand 属性赋值。

```
//连接字符串
SqlConnection conn;
//创建连接对象 conn 语句
conn=new Sqlconnection(str)
//创建 DataAdapter 对象
SqlDataAdapter da=new SqlDataAdapter;
//给 DataAdapter 对象 SelectCommand 属性赋值
da.SelectCommand=new SqlCommand("select*from student", conn);
…
//后继代码
```

同样，可以使用上述方式给其他的 InsertCommand、DeleteCommand 和 UpdateCommand 属性赋值。

当在代码里使用 DataAdapter 对象的 SelectCommand 属性获得数据表的连接数据时，如果表中数据有主键，就可以使用 CommandBuilder 对象来自动为这个 DataAdapter 对象隐式地生

成其他 3 个 InsertCommand、DeleteCommand 和 UpdateCommand 属性。这样，在修改数据后，就可以直接调用 Update()方法将修改后的数据更新到数据库中，而不必再使用 InsertCommand、DeleteCommand 和 UpdateCommand 这 3 个属性来执行更新操作。

2. DataAdapter 对象的常用方法

DataAdapter 对象主要用来把数据源的数据填充到 DataSet 中，以及把 DataSet 里的数据更新到数据库，同样有 SqlDataAdapter 和 OleDbAdapter 两种对象。它的常用方法有构造方法、填充或刷新 DataSet 的方法、将 DataSet 中的数据更新到数据库里的方法和释放资源的方法。

（1）构造方法

不同类型的 Provider 使用不同的构造函数来完成 DataAdapter 对象的构造。对于 SqlDataAdapter 类，其构造方法说明如表 6-6 所示。

表 6-6 SqlDataAdapter 类构造方法说明

函数定义	参数说明	函数说明
SqlDataAdapter()	不带参数	创建 SqlDataAdapter 对象
SqlDataAdapter(SqlCommand selectCommand)	selectCommand：指定新创建对象的 SelectCommand 属性	创建 SqlDataAdapter 对象。用参数 selectCommand 设置其 Select Command 属性
SqlDataAdapter(string selectCommandText, SqlConnection selectConnection)	selectCommandText：指定新创建对象的 SelectCommand 属性值 selectConnection：指定连接对象	创建 SqlDataAdapter 对象。用参数 selectCommandText 设置其 Select Command 属性值，并设置其连接对象是 selectConnection
SqlDataAdapter(string selectCommandText,String selectConnectionString)	selectCommandText：指定新创建对象的 SelectCommand 属性值 selectConnectionString：指定新创建对象的连接字符串	创建 SqlDataAdapter 对象。将参数 selectCommandText 设置为 Select Command 属性值，其连接字符串是 selectConnectionString

OleDbDataAdapter 的构造函数类似 SqlDataAdapter 的构造函数，如表 6-7 所示。

表 6-7 OleDbDataAdaDter 类构造函数说明

函数定义	参数说明	函数说明
OleDbDataAdapter()	不带参数	创建 OleDbDataAdapter 对象
OleDbDataAdapter(OleDbCommand selectCommand)	selectCommand:指定新创建对象的 SelectCommand 属性	创建 OleDbDataAdapter 对象。用参数 selectCommand 设置其 SelectCommand 属性
OleDbDataAdapter(string selectCommandText, OleDbConnection selectConnection)	selectCommandText: 指定新创建对象的 SelectCommand 属性值 selectConnection：指定连接对象	创建 SqlDataAdapter 对象。用参数 selectCommandText 设置其 SelectCommand 属性值，并设置其连接对象是 selectConnection
OleDbDataAdapter(string selectCommandText,Stnng selectConnectionString)	selectCommandText：指定新创建对象的 SelectCommand 属性值 selectConnectionString：指定新创建对象的连接字符串	创建 OleDbDataAdapter 对象。将参数 selectCommandText 设置为 SelectCommand 属性值，其连接字符串是 selectConnectionString

当调用 Fill()方法时，它将向数据存储区传输一条 SQL SELECT 语句。该方法主要用来填充或刷新 DataSet，返回值是影响 DataSet 的行数。该方法的常用定义如表 6-8 所示。

表 6-8 DataAdapter 类的 Fill()方法说明

函数定义	参数说明	函数说明
int Fill(DataSet dataset)	dataset：需要更新的 DataSet	根据匹配的数据源,添加或更新参数所指定的 DataSet，返回值是影响的行数
int Fill(DataSet dataset, string srcTable)	dataset：需要更新的 DataSet srcTable：填充 DataSet 的 dataTable 名	根据 dataTable 名填充 DataSet

（3）int Update(DaraSetdataSet)方法

当程序调用 Update()方法时，DataAdapter 将检查参数 DataSet 每一行的 RowState 属性，根据 RowState 属性来检查 DataSet 里的每行是否改变，并依次执行所需的 INSERT、UPDATE 或 DELETE 语句，将改变提交到数据库中。这个方法返回影响 DataSet 的行数。更准确地说，Update()方法会将更改解析回数据源，但自上次填充 DataSet 后，其他客户端可能已修改了数据源中的数据。若要使用当前数据刷新 DataSet，应使用 DataAdapter()和 Fill()方法。新行将添加到该表中，更新的信息将并入现有行。Fill()方法通过检查 DataSet 中行的主键值及 SelectCommand 返回的行来确定是要添加一个新行还是更新现有行。如果 Fill()方法发现 DataSet 中某行的主键值与 SelectCommand 返回结果中某行的主键值相匹配，则它将用 SelectCommand 返回的行中的信息更新现有行，并将现有行的 RowState 设置为 Unchanged。如果 SelectCommand 返回的行所具有的主键值与 DataSet 中行的任何主键值都不匹配，则 Fill()方法将添加 RowState 为 Unchanged 的新行。

6.6.2 DataSet 对象

1. DataSet 对象概述

DataSet 即数据集。DataSet 为数据提供了一种与数据无关的内存驻留表示形式。这些数据通过合适的 DataAdapter 来显示和更新后台数据库。DataSet 类也可以从 XML 文件和 Stream 对象中读取。

通过在数据集中插入、修改、删除 DataTable、DataColumns 和 DataRows，可以编程实现构建和操作数据集。也可以用这样的数据集更新后台数据库，只要使用数据集中的 Update()方法即可。

DataSet 对象可以用来存储从数据库查询到的数据结果，由于它在获得数据或更新数据后立即与数据库断开，所以程序员能基于此高效地访问和操作数据库。并且，由于 DataSet 对象具有离线访问数据库的特性，所以它更能用来接收海量的数据信息。

DataSet 是 ADO.NET 中用来访问数据库的对象。由于其在访问数据库前不知道数据库里表的结构，所以在它内部用动态 XML 的格式来存放数据。这种设计使 DataSet 能访问不同数据源的数据。

DataSet 对象本身不同数据库发生关系，而是通过 DataAdapter 对象从数据库里获取数据

DataSet 对象本身不同数据库发生关系，而是通过 DataAdapter 对象从数据库里获取数据并把修改后的数据更新到数据库。在 DataAdapter 的讲述里，就已经可以看出，在与数据库建立连接后，程序员可以通过 DataApater 对象来填充（Fill）或更新（Update）DataSet 对象。

.NET 的这种设计，很好地符合了面向对象思想里的低耦合及对象功能唯一的优势。如果让 DataSet 对象能直接连到数据库，那么 DataSet 对象的设计势必只能是针对特定数据库，通用性非常差，这样对 DataSet 的动态扩展非常不利。

由于 DataSet 独立于数据源，DataSet 既可以包含应用程序本地的数据，也可以包含来自多个数据源的数据。它与现有数据源的交互通过 DataAdapter 来控制。

2．DataSet 对象模型

从前面的讲述中可以看出，DataSet 对象主要用来存储从数据库得到的数据结果集。为了更好地对应数据库中表和表之间的联系，DataSet 对象包含了 DataTable 和 DataRelation 类型的对象。

DataTable 用来存储一张表里的数据，其中的 DataRows 对象就用来表示表的字段结构以及表里的一条数据。另外，DataTable 中的 DataView 对象用来产生和对应数据视图。而 DataRelation 类型的对象则用来存储 DataTable 之间的约束关系。DataTable 和 DataRelation 对象都可以用对象的集合（Collection）对象类管理。

由此可以看出，DataSet 中的方法和对象与关系数据库模型中的方法和对象一致，DataSet 对象可以看作数据库在应用代码里的映射，通过对 DataSet 对象的访问，可以完成对实际数据库的操作。DataSet 的对象模型如图 6-5 所示。

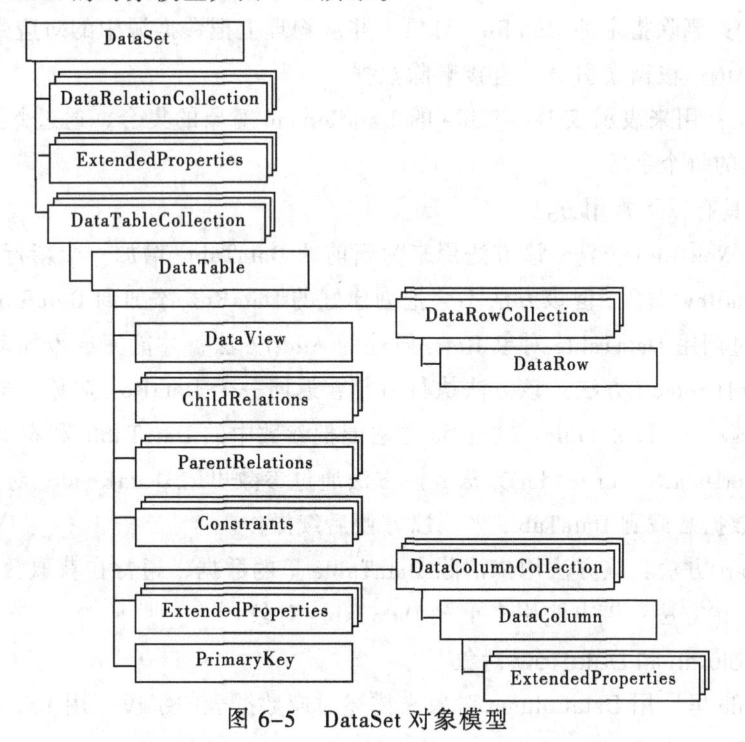

图 6-5 DataSet 对象模型

DataSet 对象模型中的各重要组件说明如下：

（1）DataRelationCollection 和 DataRelation

DataRelation 对象用来描述 DataSet 里各表之间的关系，诸如主键和外键的关系等，它使一个 DataTable 中的行与另一个 DataTable 中的行相关联，也可以标识 DataSet 中两个表的匹配列。

DataRelationCollection 是 DataRelation 对象的集合，用于描述整个 DataSet 对象里数据表之间的关系。

（2）ExtendedProperties

DataSet、DataTable 和 DataColumn 全部具有 ExtendedProperties 属性。可以在其中加入自定义信息，例如用于生成结果集的 SQL 语句。

（3）DataTableCollection 和 DataTable

在 DataSet 里，用 DataTable 对象来映射数据库里的表，而 DataTableCollection 用来管理 DataSet 下的所有 DatabTable。

DataTable 具有以下常用属性。

① TableName：用来获取或设置 DataTable 的名称。

② DataSet：用来表示该 DataTable 从属于哪个 DataSet。

③ Rows：用来表示该 DataTable 的 DataRow 对象的集合，也就是对应着相应数据表里的记录。程序员能通过此属性，依次访问 DataTable 里的每条记录。该属性有如下方法：

- Add()：把 DataTable 的 AddRow()方法创建的行追加到末尾。
- InsertAt()：把 DataTable 的 AddRow()方法创建的行追加到索引号指定的位置。
- Remove()：删除指定的 DataRow 对象，并从物理上把数据源中的对应数据删除。
- RemoveAt()：根据索引号，直接删除数据。

④ Columns：用来表示该 DataTable 的 DataColumn 对象的集合，通过此属性，能依次访问 DataTable 里的每个字段。

DataTable 具有以下常用方法。

- DataRow NewRow()方法：该方法用来为当前的 DataTable 增加一个新行，返回表示行记录的 DataRow 对象，但该方法不会把创建好的 DataRow 添加到 DataRows 集合中，而是需要通过调用 DataTable 对象 Rows 属性的 Add()方法，才能完成添加动作。
- DataRow [] Select()方法：该方法执行后，会返回一个 DataRow 对象组成的数组。
- void Merge(DataTabletable)方法：该方法能把参数中的 DataTable 和本 DataTable 合并。
- void Load(DataReader reader)方法：该方法通过参数里的 D ataReader 对象，把对应数据源里的数据装载到 DataTable 里，以方便后续操作。
- void Clear()方法：该方法用来清除 DataTable 里的数据，通常在获取数据前调用。
- void Reset()方法：该方法用来重置 DataTable 对象。

3. DataColumn 和 DataRow 对象

在 DataTable 里，用 DataColumn 对象来描述对应数据表的字段，用 DataRow 对象来描述对应数据库的记录。

值得注意的是，DataTable 对象一般不对表的结构进行修改，所以一般只通过 Column 对象读列。例如，通过 DataTable.Table["TableName"].Column[columnName]来获取列名。

DataColumn 对象的常用属性如下：

① Caption 属性：用来获取和设置列的标题。

② ColumnName 属性：用来描述该 DataColumn 在 DataColumnCollection 中的名字。

③ DataType 属性：用来描述存储在该列中数据的类型。

在 DataTable 里，用 DataRow 对象来描述对应数据库的记录。DataRow 对象和 DataTable 里的 Rows 属性相似，都用来描述 DataTable 里的记录。同 ADO 版本中的同类对象不同的是，ADO.NET 下的 DataRow 有"原始数据"和"已经更新的数据"之分，并且，DataRow 中的修改后的数据是不能即时体现到数据库中的，只有调用 DataSet 的 Update()方法，才能更新数据。

DataRow 对象的重要属性有 RowState 属性，用来表示该 DataRow 是否被修改以及修改方式。RowState 属性可以取的值有 Added、Deleted、Modified 或 Unchanged。

DataRow 对象有以下重要方法：

- void AcceptChanges()方法：该方法用来向数据库提交上次执行 AcceptChanges()方法后对该行的所有修改。
- void Delete()方法：该方法用来删除当前的 DataRow 对象。
- 设置当前 DataRow 对象的 RowState 属性的方法，此类方法有 void SetAdded()和 void SetModified()。这两个方法分别用来把 DataRow 对象设置成 Added 和 Modified。
- void AcceptChanges()方法：该方法用来向数据库提交上次执行 AcceptChanges()方法后对该行的修改。
- void BeginEdit()方法：该方法用来对 DataRow 对象开始编辑操作。
- void cancelEdit()方法：该方法用来取消对当前 DataRow 对象的编辑操作。
- void EndEdit()方法：该方法用来终止对当前 DataRow 对象的编辑操作。

下面的代码讲述了如何综合地使用 DataTable、DataColumn 和 DataRow 对象进行数据库操作。

```
private  void DemonstrateRowBeginEdit( )
{
    //创建 DataTable 对象
    DataTable table=new DataTable("table1");
    //创建 DataColumn 对象，并设置其属性为 Int32 类型
    DataColumn     column=new     DataColumn("col1",     Type.GetType("
System.Int32" ));
    //添加 Column 到 dataTable 中
    table.Columns.Add(column);
    //使用 for 循环，创建 5 个 DataRow 对象并添加到 DataTable 中
    DataRow newRow;
    for(int i=0; i<5; i++)
    {
```

```
            newRow=table.NewRow();
            newRow[0]=i;
            table.Rows.Add(newRow);
        }
        //使用 dataTable 的 AcceptChanges()方法，将更改提交到数据库中
        table.AcceptChanges();
        //开始操作 DataRow 中的每个对象
        foreach(DataRow row  in  table.Rows)
        {
            //使用 BeginEdit()方法开始操作
            row.BeginEdit();
            row[0]=(int) row[0]+10;
        }
        table.Rows[0].BeginEdit();
        table.Rows[1].BeginEdit();
        table.Rows[0][0]=100;
        table.Rows[1][0]=100;
         //终止对 DataRow 对象进行操作
         table.Rows[0].EndEdit();
         table.Rows[1].EndEdit();
    }
```

上述代码的主要业务逻辑如下：

① 创建 DataTable 和 DataColumn 类型的对象，并把 DataColumn 对象的数据类型设置成 System.Int32。也就是说，使用该 DataColumn 对象可以对应地接收 int 类型的字段数据。

② 把 DataColumn 对象添加到 DataTable 中。

③ 依次创建 5 个 DaaRow 对象，同时通过 for 循环给其赋值。完成赋值后，将这 5 个 DataRow 对象添加到 DataTable 中。

④ 使用 AcceptChanges()方法，实现 DataColumn 和 DataRow 对象的更新。

⑤ 使用 BeginEdit()方法，开始编辑 DataRow 对象，使用 EndEdit()方法来表示编辑结束。

使用 DataTable、DataColumn 和 DmaRow 对象访问数据的一般方式有以下几种：

① 使用 Table 名和 Table 索引来访问 DataTable。为了提高代码的可读性，推荐使用 Table 名的方式来访问 Table。代码如下：

```
DataSet ds=new DataSet();
DataTable dt=new DataTble("myTableName");
//向 DataSet 的 Table 里添加一个 dataTable
ds.Tables.Add(dt);
//访问 dataTable
//1 通过表名访问，推荐使用
ds.Tables["myTableName"].NewRow();
//2 通过索引访问，索引值从 0 开始，不推荐使用
ds.Tables[0].NewRow();
```

② 使用 Rows 属性访问数据记录，例如：

```
foreach(DataRow  row  in  table.Rows)
{
```

```
    Row[0]=(int) row[0]+10;
}
```

③ 使用 Rows 属性，访问指定行的指定字段，例如：

```
//首先为 DataTable 对象创建一个数据列
DataTable table=new DataTable("table1");
DataColumn  column=new  DataColumn("col1",  Type.GetType("System.
Int32"));
table.Columns.Add(column);
// 其次为 DataTable 添加行数据
newRow=table.NewRow();
newRow[0]=10;
table.Rows.Add(newRow);
//设置索引行是 0，列名是 col1 的数据
table.Rows[0]["col1"]=100;
//设置索引行是 0，索引列是 0 的数据，这种做法不推荐
//table.Rows[0][0]=100;
```

④ 综合使用 DataRow 和 DataColumn 对象访问 DataTable 内的数据。从以下代码可以看出，DataTable 对象中的 Rows 属性对应于它的 DataRow 对象，而 Columns 属性对应于 DataColumn。

```
foreach(DataRow  dr  in  dt.Rows )
{
     foreach(DataColumn  dc  in  dt.Columns )
     {
          //用数组访问数据
          Dr[dc]=100;
     }
}
```

4. 使用 DataSet 对象访问数据库

当对 DataSet 对象进行操作时，DataSet 对象会产生副本，所以对 DataSet 里的数据进行编辑操作不会直接对数据库产生影响，而是将 DataRow 的状态设置为 added、deleted 或 changed，最终的更新数据源动作将通过 DataAdapter 对象的 Update()方法来完成。

DataSet 对象的常用方法如下：

① void AcceptChanges()：该方法用来提交 DataSet 里的数据变化。

② void Clear()：该方法用来清空 DataSet 里的内容。

③ DataSet Copy()：该方法把 DataSet 的内容复制到其他 DataSet 中。

④ DataSet GetChanges()：该方法用来获得在 DataSet 里已经被更改后的数据行，并把这些行填充到 Dataset 里返回。

⑤ bool HasChanges()：如果 DataSet 在创建后或执行 AcceptChanges 后，其中的数据没有发生变化，返回 true，否则返回 false。

⑥ void RejectChanges()：该方法撤销 DataSet 自从创建或调用 AcceptChanges()方法后的所有变化。

DataSet 对象常和 DataAdapter 对象配合使用。通过 DataAdapter 对象，向 DataSet 中填充数据的一般过程是：

① 创建 DataAdapter 和 DataSet 对象。

② 使用 DataAdapter 对象，为 DataSet 产生一个或多个 DataTable 对象。

③ DataAdapter 对象将从数据源中取出的数据填充到 DataTable 中的 DataRow 对象里，然后将该 DataRow 对象追加到 DataTable 对象的 Rows 集合中。

④ 重复第②步，直到数据源中所有数据都已填充到 DataTable 里。

⑤ 将第②步产生的 DataTable 对象加入 DataSet。

而使用 DataSet，将程序里修改后的数据更新到数据源的过程是：

① 创建待操作 DataSet 对象的副本，以免因误操作而造成数据损坏。

② 对 DataSet 的数据行（如 DataTable 里的 DataRow 对象）进行插入、删除或更改操作，此时的操作不能影响到数据库中。

③ 调用 DataAdapter 的 Update()方法，把 DataSet 中修改的数据更新到数据源中。

下面的代码演示了如何综合使用 DataSet 和 DataAdapter 对象访问数据库。

```
//省略获得连接对象的代码
…
//创建 DataAdapter
string sql="select*from student";
SqlDataAdapter  sda=new SqlDataAdapter(sql, conn);
// 创建并填充 Dataset
DataSet ds=new DataSet();
sda.fill(ds, "student");
//给 Dataset 创建一个副本，操作对副本进行，以免因误操作而破坏数据
DataSet  dsCopy=ds.Copy();
DataTable  dt=ds.Table["student"];
//对 DataTable 中的 DataRow 和 DataColumn 对象进行操作
…
//最后将更新提交到数据库中
sda.update(ds, "student");
```

上述代码的主要业务流程如下：

① 创建 DataAdapter 和 DataSet 对象，并用 DataAdapter 的 SQL 语句生成的表填充到 DataSet 的 DataTable 中。

② 使用 DataTable 对表进行操作，例如做增、删、改、查等动作。

③ 使用 DataAdapter 的 Update 语句将更新后的数据提交到数据库中。

另外，上述代码在操作 DataSet 前，为 DataSet 创建了一个副本，用来避免误操作。

下面的代码将说明如何利用 DataAdapter 对象填充 DataSet 对象。

```
private static string strConnect=" data source=localhost; uid=sa;
pwd=123456; database=Stu"
string sqlstr="select*from student";
//利用构造函数，创建 DataAdapter
SqlDataAdapter da=new SqlDataAdapter(sqlstr, strConnect);
// 创建 DataSet
DataSet ds=new DataSet();
//填充,第一个参数是要填充的 dataset 对象,第二个参数是填充 dataset 的 datatable
da.Fill(ds, "student" );
```

上述代码使用 DataApater 对象填充 DataSet 对象的步骤如下：

① 根据连接字符串和 SQL 语句，创建一个 SqlDataAdapter 对象。这里，虽然没有出现 Connection 和 Command 对象的控制语句，但是 SqlDataAdapter 对象会在创建的时候，自动构造对应的 SqlConnection 和 SqlCommand 对象，同时根据连接字符串自动初始化连接。要注意的是，此时 SqlConnection 和 SqlCommand 对象都处于关闭状态。

② 创建 DataSet 对象，该对象需要用 DataAdapter 填充。

③ 调用 DataAdapter 的 Fill()方法，通过 DataTable 填充 DataSet 对象。由于跟随 DataAdapter 对象创建的 Command 里的 SQL 语句是访问数据库里的表（比如表的名称为 USER），所以在调用 Fill()方法的时候，在打开对应的 SqlConnection 和 SqlCommand 对象后，会用 USER 表的数据填充创建一个名为 USER 的 DataTable 对象，再用该 DataTable 填充到 DataSet 中。

下面的代码演示了如何使用 DataAdapter 对象将 DataSet 中的数据更新到数据库。

```
private static string strConnect=" data source=localhost;
uid=sa;pwd=123456; database=Stu"
string sqlstr="select*from student";
//利用构造函数，创建 DataAdapter
SqlDataAdapter da=new SqlDataAdapter(sqlstr, strConnect);
//创建 DataSet
DataSet ds=new DataSet();
//填充,第一个参数是要填充的 dataset 对象,第二个参数是填充 dataset 的 datatable
da.Fill(ds, "STUDENT" );
//以下代码将更新 DataSet 里的数据
//在 DataSet 里的名为" STUDENT "的 DataTable 里添加一个用于描述行记录的
DataRow 对象
DataRow dr=ds.Tables["STUDENT"].NewRow();
//通过 DataRow 对象添加一条记录
dr["STUID"]="ID2" ;
dr["STUNAME"]="TOM" ;
ds.Tables["STUDENT "].Rows.Add(dr);
//更新到数据库里
SqlCommandBuilder scb=new SqlCommandBuilder(da);
da.Update(ds, " STUDENT");
```

在上述代码里，首先使用 DataAdapter 填充 DataSet 对象，然后通过 DataRow 对象，向 DataSet 添加一条记录，最后使用 DataSet 的 Update()方法将添加的记录提交到数据库中。执行完 Update 语句，数据库 stu 中就多了一条 STUID 是 ID2、STUNAME 是 TOM 的记录。

此外，上述代码出现的 SqlCommandBuilder 对象用来对数据表进行操作。用了这个对象，就不必再烦琐地使用 DataAdapter 的 UpdataCommand 属性来执行更新操作。

6.6.3 DataGridView 对象

1. DataGridView 对象概述

DataGridView 是用于 Windows Forms 2.0 以上的新网格控件。它可以取代先前版本中 DataGrid 控件，它易于使用并高度可定制，支持很多用户需要的特性。

通过 DataGridView 控件，可以显示和编辑表格式的数据，而这些数据可以取自多种不同类型的数据源；DataGridView 控件具有很高的的可配置性和可扩展性，提供了大量的属性、方法和事件，可以用来对该控件的外观和行为进行自定义。当需要在 WinForm 应用程序中显示表格式数据时，可以优先考虑 DataGridView（相比于 DataGrid 等其他控件）。如果要在小型网格中显示只读数据，或者允许用户编辑数以百万计的记录，DataGridView 将提供一个易于编程和良好性能的解决方案。

2. DataGridView 与 DataGrid 的区别

DataGridView 用来替换先前版本中的 DataGrid,拥有较 DataGrid 更多的功能;但 DataGrid 仍然得到保留，以备向后兼容和将来使用。DataGridView 提供了大量的 DataGrid 所不具备的基本功能和高级功能。此外，DataGridView 的结构使得它较之 DataGrid 控件更容易扩展和自定义。表 6-9 描述了 DataGridView 提供而 DataGrid 未提供的几个主要功能。

表 6-9 DataGridView 提供而 DataGrid 未提供的几个主要功能

DataGridView 功能	描　述
多种列类型	与 DataGrid 相比，DataGridView 提供了更多的内置列类型。这些列类型能够满足大部分常见需要，而且比 DataGrid 中的列类型易于扩展或替换
多种数据显示方式	DataGrid 仅限于显示外部数据源的数据。而 DataGridView 则能够显示非绑定的数据，绑定的数据源，或者同时显示绑定和非绑定的数据。也可以在 DataGridView 中实现 virtual mode，实现自定义的数据管理
用于自定义数据显示的多种方式	DataGridView 提供了很多属性和事件，用于数据的格式化和显示。比如可以根据单元格、行和列的内容改变其外观，或者使用一种类型的数据替代另一种类型的数据
用于更改单元格、行、列、表头外观和行为的多个选项	DataGridView 使你能够以多种方式操作单个网格组件。比如，可以冻结行和列，避免它们因滚动而不可见；隐藏行、列、表头；改变行、列、表头尺寸的调整方式；为单个的单元格、行和列提供工具提示（ToolTip）和快捷菜单

唯一的一个 DataGrid 提供而 DataGridView 未提供的特性是两个相关表中数据的分层次显示（比如常见的主从表显示）。用户必须使用两个 DataGridView 来显示具有主从关系的两个表的数据。

3. DataGridView 类的组成

DataGridView 及其相关类被设计为用于显示和编辑表格数据式数据的灵活的、可扩展的体系。这些类都位于 system.Windows.Forms 命名空间，它们的名称也都有共同的前缀 "DataGridView"。主要的 DataGridView 相关类继承自 DataGridViewElement 类，如图 6-6 所示。

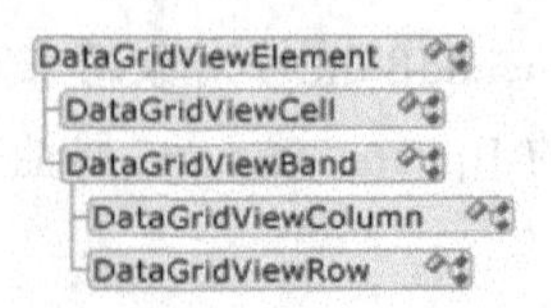

图 6-6 DataGridView 相关类的继承关系

DataGridView 由两种基本的对象组成：单元格（cell）和组（band）。所有的单元格都继承自 DataGridViewCell 基类。两种类型的组（或称集合）DataGridViewColumn 和 DataGridViewRow 都继承自 DataGridViewBand 基类，表示一组结合在一起的单元格。

DataGridView 会与一些类进行互操作，但最常打交道的则是如下 3 个：DataGridViewCell、DataGridViewColumn、DataGridViewRow。

单元格（cell）是操作 DataGridView 的基本单位。可以通过 DataGridViewRow 类的 Cells 集合属性访问一行包含的单元格，通过 DataGridView 的 SelectedCells 集合属性访问当前选中的单元格，通过 DataGridView 的 CurrentCell 属性访问当前的单元格。

DataGridViewCell 是一个抽象基类，所有的单元格类型都继承于此，如图 6-7 所示。DataGridViewCell 及其继承类型并不是 Windows Forms 控件，但其中一些宿主于 Windows Forms 控件。单元格支持的编辑功能通常都由其宿主控件来处理。DataGridViewCell 对象不会像 Windows Forms 控件那样控制自己的外观和绘制（painting）特征，相反的，DataGridView 会负责其包含的单元格的外观。通过 DataGridView 控件的属性和事件，可以深刻地影响单元格的外观和行为。如果对单元格定制有特殊要求，超出了 DataGridView 提供的功能，可以继承 DataGridViewCell 或者它的某个子类来满足这些要求。

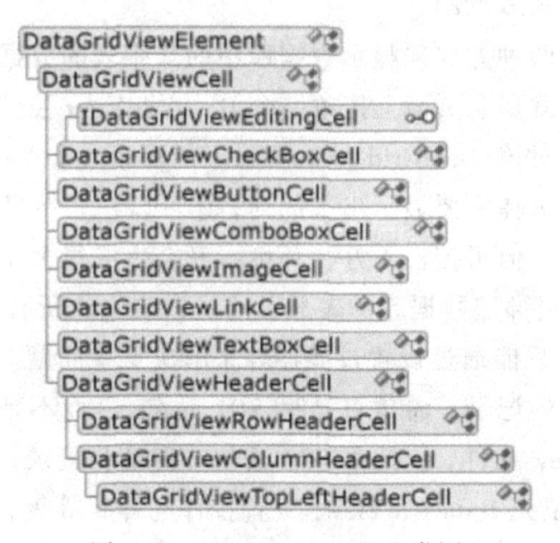

图 6-7　DataGridViewCell 类图

DataGridView 所附带的数据（这些数据可以通过绑定或非绑定方式附加到控件）的结构表现为 DataGridView 的列。可以使用 DataGridView 的 Columns 集合属性访问 DataGridView 所包含的列，使用 SelectedColumns 集合属性访问当前选中的列，如图 6-8 所示。

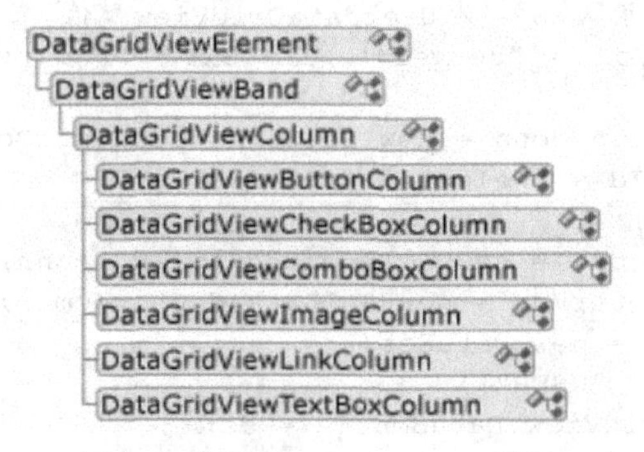

图 6-8　DataGridViewColumn 类图

DataGridViewRow 类用于显示数据源的一行数据，如图 6-9 所示。可以通过 DataGridView 控件的 Rows 集合属性来访问其包含的行，通过 SelectedRows 集合属性访问当前选中的行。

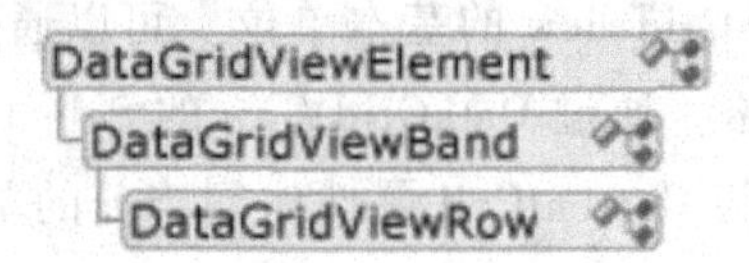

图 6-9 DataGridViewRow 类图

可以继承 DataGridViewRow 类来实现自己的行类型，虽然多数情况下这并不必要。DataGridView 有几个行相关的事件和属性，用以自定义其包含的 DataGridViewRow 对象的行为。如果将 DataGridView 的 AllowUserToAddRows 属性设为 true，一个专用于添加新行的特殊行会出现在最后一行的位置上，这一行也属于 Rows 集合，但它有一些需要提起注意的特殊功能

4．DataGridView 绑定数据源

DataGridView 可以由两种方式来显示数据库中的某张表的数据。第一种方法是利用控件自带的绑定数据源功能（就是在页面上拖放一个 DataGridView 控件，其右上角会出来一个三角形，单击三角形就可以对该 DataGridView 要显示的那个表那些列数据进行设置），根据提示一步步设置好数据源并选择需要显示出来的列，还可以在属性里面设置该 DataGridView 表格的样式。此法简单快捷，但可控性不好，环境本身会生成很多东西，后面编程中不好找到需要调整的地方，例如直接绑定数据库的表显示的是该表中的所有数据，不好进行条件过滤，即不能自己写 SQL 语句，只能通过设置过滤器等来解决这些问题。然而，实际项目中很多时候需要的是满足一定条件的记录（希望自己写 SQL 语句），而不是所有记录，因此最好自己写代码来控制 DataGridView 控件，包括写 SQL 语句查询某些记录，用 DataSet 装载查询记录，然后用 DataSet 中的数据填充 DataGridView，设置控件的样式等等，都可以通过人工写代码实现，比第一种方法更灵活，代码也更透明、更连贯。下面针对第二种方法显示数据库表中的数据进行阐述。

在页面上拖放一个 DataGridView 控件，Name 属性设为 UserdataGridView，在对应的 cs 文件里写 SQL 读取数据库中 USER 表中的数据，并绑定到 UserdataGridView 显示，代码如下：

```
1  //连接数据库读取数据，为 UserdataGridView 赋值
2  String strConn = "server= .;uid=数据库用户名;pwd=数据库密码;database=
数据库名";
3  SqlConnection conn = new SqlConnection(strConn);
4  String sqlId = "select * from [USER] ";
5  conn.Open();
6  SqlCommand cmd = new SqlCommand(sqlId, conn);
7  SqlDataAdapter da = new SqlDataAdapter(cmd);
8  DataSet ds = new DataSet();
9  da.Fill(ds, "USER");
10 UserdataGridView.DataSource = ds;
11 UserdataGridView.DataMember = "USER";
12 conn.Close();
```

上述代码执行后页面上数据显示如图 6-10 所示。

	USER_ID	USER_USERNAME	USER_PASSWORD
	0001	admin	admin
	00010001	ffffffff	ffffffff
	00010002	ddddddddddddd	
	00010003	oooooooooooo	
	00010004	hhhh	
	00010005	jjjjjjj	

图 6-10　运行结果 1

然后修改 UserdataGridView 中数据的表头（本来默认是数据库中的字段名）。

```
1 //改变 UserdataGridView 的表头
2 UserdataGridView.Columns[1].HeaderText = "用户名";
3 //设置该列宽度
4 UserdataGridView.Columns[1].Width = 70;
```

将 UserdataGridView 最前面一列编号改为从 1 开始依次增加的序号（默认的字段编号对用户没意义，而且不连续）。

```
1 //在表前面加一列表示序号
2 UserdataGridView.Columns[0].HeaderText = "编号";
3 UserdataGridView.Columns[0].Width = 60;
4 //自动整理序列号
5 int coun = UserdataGridView.RowCount;
6 for(int i = 0; i < coun - 1; i++){
7    UserdataGridView.Rows[i].Cells[0].Value = i + 1;
8    UserdataGridView.Rows[i].Cells["USER_ID"].Value = i + 1;
9 }
10//改变 UserdataGridView 的表头
11 UserdataGridView.Columns[1].HeaderText = "用户名";
12 //设置该列宽度
13 UserdataGridView.Columns[1].Width = 70;
14 UserdataGridView.Columns[2].HeaderText = "密码";
15 UserdataGridView.Columns[2].Width = 70;
16 //默认按顺序每列 UserdataGridView 依次从 ds 中对应赋值
17 UserdataGridView.Columns[0].DataPropertyName =
   ds.Tables[0].Columns[0].ToString();
18 conn.Close();
```

运行结果显示如图 6-11 所示。

	编号	用户名	密码
	1	admin	admin
	2	ffffffff	ffffffff
	3	ddddddd...	
	4	ooooooo...	
	5	hhhh	

图 6-11　运行结果 2

还可以对调 DataGridView 中某两列的顺序，例如让密码出现在用户名之前，代码如下：

```
1 //改变 UserdataGridView 的表头
2 UserdataGridView.Columns[1].HeaderText = "密码";
3 //设置该列宽度
4 UserdataGridView.Columns[1].Width = 70;
5 UserdataGridView.Columns[1].DataPropertyName = ds.Tables[0].
Columns[2].ToString();
6 UserdataGridView.Columns[2].HeaderText = "用户名";
7 UserdataGridView.Columns[2].Width = 70;
8 UserdataGridView.Columns[2].DataPropertyName = ds.Tables[0].
Columns[1].ToString();
9 conn.Close();
```

运行结果显示如图 6-12 所示。

	编号	密码	用户名
	1	admin	admin
	2	ffffffff	ffffffff
	3		ddddddd...

图 6-12　运行结果 3

在一些应用中可以看到已经显示出列表数据的每行记录最后有“编辑”和“删除”等超链接或按钮，可以使用 DataGridView 控件对每行数据记录添加“编辑”“删除”“查看”等选项。代码如下：

```
1 //为每行数据增加编辑列
2 //设定列不能自动作成
3 UserdataGridView.AutoGenerateColumns = false;
4 //创建一个 DataGridViewLinkColumn 列
5 DataGridViewLinkColumn dlink = new DataGridViewLinkColumn();
6 dlink.Text = "编辑";//添加的这列的显示文字，即每行最后一列显示的文字。
7 dlink.Name = "linkEdit";
8 dlink.HeaderText = "编辑";//列的标题
9 dlink.UseColumnTextForLinkValue = true;//上面设置的 dlink.Text 文字在
列中显示
10 UserdataGridView.Columns.Add(dlink);//将创建的列添加到
UserdataGridView 中
11 //同上方法为每条记录创建删除超链接
12 DataGridViewLinkColumn dlink2 = new DataGridViewLinkColumn();
13 dlink2.Text = "删除";
14 dlink2.Name = "linkDelete";
15 dlink2.HeaderText = "删除";
16 dlink2.UseColumnTextForLinkValue = true;
17 UserdataGridView.Columns.Add(dlink2);
18 //同上方法为每条记录创建&ldquo;查看&rdquo;超链接
19 DataGridViewLinkColumn dlink3 = new DataGridViewLinkColumn();
20 dlink3.Text = "查看";
21 dlink3.Name = "linkView";
22 dlink3.HeaderText = "查看";
23 dlink3.UseColumnTextForLinkValue = true;
24 UserdataGridView.Columns.Add(dlink3);
```

运行结果显示如图 6-13 所示。

编辑	删除	查看
编辑	删除	查看
编辑	删除	查看
编辑	删除	查看
编辑	删除	查看
编辑	删除	查看
编辑	删除	查看
编辑	删除	查看
编辑	删除	查看
编辑	删除	查看

图 6-13　运行结果 4

上述是自己编写代码实现这些选项，也可以在设计器中利用属性栏来添加，通过单击右上角黑色三角符号，选 DataGridView 的编辑列，单击“添加”，选择“未绑定列”，选择类型 DataGridViewButtonColumn。同理，单元格显示按钮（DataGridViewButtonColumn），添加下拉框（DataGridViewComboBoxColumn）、显示选择框（DataGridViewCheckBoxColumn）方法也是这样。实际上，DataGridViewColumn 有 6 种派生类：DataGridViewButtonColumn、DataGridViewCheckBoxColumn、DataGridViewComboBoxColumn、DataGridViewLinkColumn、DataGridViewImageColumn 和 DataGridViewTextBoxColumn，可以根据自己不同需要选择不同列的类型，用法一样，只是类不同而已。下面以 DataGridViewButtonColumn 为例看一下它们的用法：

```
1 //设定列不能自动作成
2 UserdataGridView.AutoGenerateColumns = false;
3 //创建一个 DataGridViewButtonColumn 按钮列
4 DataGridViewButtonColumn dbtEdit = new DataGridViewButtonColumn();
5 dbtEdit.Text = "编辑";//添加的这列的显示文字，即每行最后一列显示的文字。
6 dbtEdit.Name = "buttonEdit";
7 dbtEdit.HeaderText = "编辑";//列的标题
8 dbtEdit.UseColumnTextForButtonValue = true;//上面设置的 dlink.Text
文字在列中显示
9 dbtEdit.Width = 66;
10 UserdataGridView.Columns.Add(dbtEdit);//将创建的列添加到
UserdataGridView 中
12 //创建删除按钮
13        DataGridViewButtonColumn        dbtDelete        =        new
DataGridViewButtonColumn();
14 dbtDelete.Text = "删除";
15 dbtDelete.Name = "buttonDelete";
16 dbtDelete.HeaderText = "删除";
17 dbtDelete.UseColumnTextForButtonValue = true;
18 dbtDelete.Width = 66;
19 UserdataGridView.Columns.Add(dbtDelete);
21 //创建查看按钮
22 DataGridViewButtonColumn dbtView = new DataGridViewButtonColumn();
23 dbtView.Text = "查看";
```

```
24 dbtView.Name = "buttonView";
25 dbtView.HeaderText = "查看";
26 dbtView.UseColumnTextForButtonValue = true;
27 dbtView.Width = 66;
28 UserdataGridView.Columns.Add(dbtView);
```

运行结果显示如图 6-14 所示。

编辑	删除	查看
编辑	删除	查看
编辑	删除	查看
编辑	删除	查看
编辑	删除	查看
编辑	删除	查看
编辑	删除	查看
编辑	删除	查看
编辑	删除	查看

图 6-14　运行结果 5

6.6.4　完整案例

【例 6-4】实现如图 6-15 所示的学生信息查询功能，根据学号、姓名及性别等条件使用 DataSet 实现对学生信息的查询功能，其中数据库的名字为 Stu，存储学生信息的表为 student。

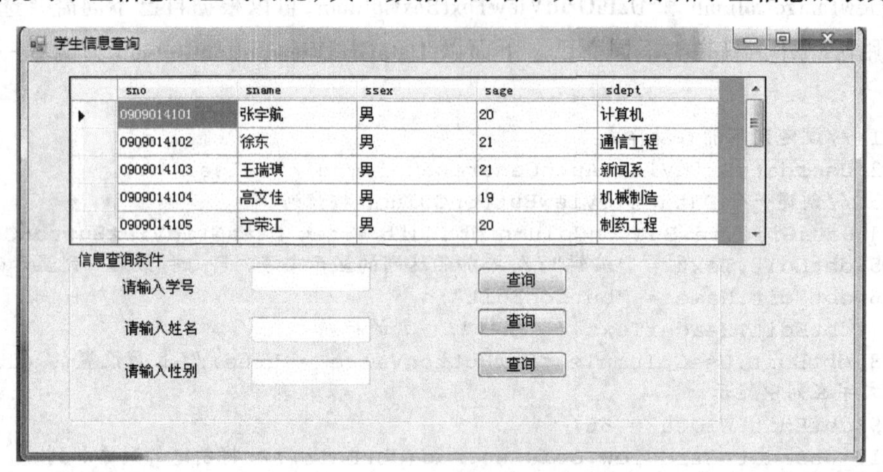

图 6-15　学生信息查询页面

关键代码如下：

```
namespace stu_managesystem
{
    public partial class stu_ser : Form
    {
        public stu_ser()
        {
            InitializeComponent();
        }
        private SqlDataAdapter sqlDataAdapter;
        private DataSet dsScore;
```

```
        private void stu_ser_Load(object sender, EventArgs e)
        {
            // SqlConnection myConnection = new SqlConnection();
            SqlConnection myConnection = new SqlConnection(@"Data
    Source=.\SQLEXPRESS;AttachDBFilename=|DataDirectory|\Stu.mdf;
    Integrated Security=True;User Instance=True");
            SqlCommand sqlCommand = new SqlCommand();
            sqlCommand.Connection = myConnection;
            sqlCommand.CommandType = CommandType.Text;
            sqlCommand.CommandText = "select * from student";
            sqlDataAdapter = new SqlDataAdapter();
            sqlDataAdapter.SelectCommand = sqlCommand;
            SqlCommandBuilder builder = new SqlCommandBuilder
    (sqlDataAdapter);
            dsScore = new DataSet();
            sqlDataAdapter.Fill(dsScore, "student");
            this.BindingContext[dsScore, "student"].PositionChanged +=
    new EventHandler(BindingManagerBase_PositionChanged);
            dataGridView1.DataSource = dsScore;
            dataGridView1.DataMember = "student";
            ShowPosition();
            //setState(true);
        }
        private void ShowPosition()
        {
            int iCnt, iPos;
            iCnt = this.BindingContext[dsScore, "student"].Count;
            iPos = this.BindingContext[dsScore, "student"].Position + 1;
        }
        private void BindingManagerBase_PositionChanged(object sender,
    EventArgs e)
        {
            ShowPosition();
        }
    //以上代码可以输出图 6-15 上半部分的详细信息显示的表
    //下面代码为单击学号后的查询按钮触发的事件件代码:
        private void button1_Click(object sender, EventArgs e)
        {
            if(textBox1.Text == "")
            { MessageBox.Show("学号不能为空"); }
            else
            {
                string a = textBox1.Text;
                // SqlConnection myConnection = new SqlConnection();
                SqlConnection myConnection = new SqlConnection(@"Data
    Source=.\SQLEXPRESS;AttachDBFilename=|DataDirectory|\ Stu.mdf;
    Integrated Security=True;User Instance=True");
                SqlCommand sqlCommand = new SqlCommand();
                sqlCommand.Connection = myConnection;
```

```
                sqlCommand.CommandType = CommandType.Text;
                sqlCommand.CommandText = "select * from student where
sno='" + a + "'";
                sqlDataAdapter = new SqlDataAdapter();
                sqlDataAdapter.SelectCommand = sqlCommand;
                SqlCommandBuilder builder = new SqlCommandBuilder
(sqlDataAdapter);
                dsScore = new DataSet();
                sqlDataAdapter.Fill(dsScore, "student");
                this.BindingContext[dsScore, "student"].PositionChanged
+= new EventHandler (BindingManagerBase_PositionChanged);
                dataGridView1.DataSource = dsScore;
                dataGridView1.DataMember = "student";
                ShowPosition();
                textBox1.Text = "";
            }
        }
    }
}
```

按姓名和性别的查询代码读者可以自行设计。

本章小结

本章首先介绍了ADO.NET的体系结构，并在此基础上讲述了ADO.NET各组件的作用和使用方式。其次，介绍了使用Connection、DataAdapter和DataSet对象访问修改数据库与使用Connection、Command和DataReader对象访问数据库的两种方式，希望读者能根据需求在不同场合中适当地使用这两种方式。最后，介绍了数据绑定控件DataGridView的概念和一般使用方法，这个控件将在实际项目中会大量用到。

习　题

1．选择题

（1）SQL Server的Windows身份验证机制是指当网络用户尝试连接到SQL Server数据库时，（　　）

A. Windows获取用户输入的用户和密码，提交给SQL Server进行身份验证，并决定用户的数据库访问权限

B. SQL Server根据用户输入的用户和密码，提交给Windows进行身份验证，并决定用户的数据库访问权限

C. SQL Server根据已在Windows网络中登录的用户的网络安全属性，对用户身份进行验证，并决定用户的数据库访问权限

D. 登录到本地Windows的用户均可无限制访问SQL Server数据库

（2）在 Visual Studio .NET 的服务器资源管理器中，（　　）是可见的服务项目。

A. 数据连接　　B. 网络连接　　C. 事件代码　　D. 设备管理器

（3）打开 SQL Connection 时返回的 SQL Server 错误号为 4060，该错误表示（　　）。

A. 连接字符串指定的服务器名称无效　　B. 连接字符串指定的数据库名称无效

C. 连接超时　　D. 连接字符串指定的用户名或密码错误

（4)为创建在 SQL Server 中执行 Select 语句的 Command 对象，可先建立到 SQL Server 数据库的连接，然后使用连接对象的（　　）方法创建 SqlCommand 对象。

A. Open()　　B. OpenSQL()　　C. CreateCommand()　D. CreateSQL()

（5）cmd 是一个 SqlCommand 类型的对象，并已正确连接到数据库 MyDB，为了在遍历完 SqlDataReader 对象的所有数据行后立即自动释放 cmd 使用的连接对象，应采用（　　）方法调用 ExecuteReader()方法。

A. SqlDataReader dr=cmd.ExecuteReader( );

B. SqlDataReader dr=cmd.ExecuteReader(true);

C. SqlDataReader dr=cmd.ExecuteReader(0);

D. SqlDataReader dr=cmd.ExecuteReader(CommandBehavior.CloseConnection);

（6）目前在 ADO.NET 中不可以使用与（　　）相关的 DataAdapter。

A. SQL Server .NET 数据源　　B. OLE DB .NET 数据源

C. XML 文件　　D. ODBC .NET 数据源

（7）在 ADO.NET 中，执行数据库的某个存储过程，则至少需要创建（　　），并设置它们的属性，调用合适的方法。

A. 一个 Connection 对象和一个 Command 对象

B. 一个 Connection 对象和 DataSet 对象

C. 一个 Command 对象和一个 DataSet 对象

D. 一个 Command 对象和一个 DataAdapter 对象

（8）dataTable 是数据集 myDataSet 中的数据表对象，有 9 条记录。调用下列代码后，dataTable 中还有（　　）条记录。

```
dataTable.Rows[8].Delete();
```

A. 9　　B. 8　　C. 1　　D. 0

（9）在 ADO.NET 中，为了确保 DataAdapter 对象能够正确地将数据从数据源填充到 DataSet 中，则必须事先设置好 DataAdapter 对象的（　　）Command 属性。

A. Delete Command　　B. Update Command

C. Insert Command　　D. Select Command

（10）（　　）方法不可以在 DataSet 对象 ds 中添加一个名为"Customers"的 DataTable 对象。

A. DataTable dt_customers=new DataTable();

B. DataTable dt_customers=new DataTable("Customers");ds.Tables.Add(dt_customers);

C. ds.Tables.Add("Customers");

D. ds.Tables.Add(new DataTable("Customers");

（11）dt 为 DataTable 类型的变量，引用名为"Customers"的 DataTable 对象。该表中包含"CustomerID"、"CustomerName"、"Address"、"Telephone"4 列。将数据列"CustomerID"设为该表的主键的正确语句有：（ ）

A. dt.PrimaryKey="CustomerID";

B. dt.PrimaryKey.Add("CustomerID");

C. dt.PrimaryKey=new object[]{"CustomerID"};

D. dt.PrimaryKey=new DataColumn[]{dt.Columns["CustomerID"]};

（12）已知 ds 为数据集对象。以下语句的作用是（ ）。

```
ds.Tables[";Product"].Constraints.Add(
new UniqueConstraint("UC_ProductName",new string[]{"Name","Class"},true));
```

A. 为表"Product"添加一个由列"Name"和"Class"组合成的主键约束

B. 为表"Product"添加一个由列"Name"和"Class"组合成的唯一性约束

C. 为数据集 ds 添加一个名为"Product"的数据表，并添加两个列，列名分别为"Name"和"Class"

D. 为数据集 ds 添加一个名为"Product"的数据表，并添加一个名为"UC_ProductName"的数据列

（13）da 为 DataAdapter 对象，其 SeclectCommand 的查询字符串为：

```
Select * From Customers
```

da 的 TableMappings 集合中包含一个 DataTableMapping 对象，如下代码所示：

```
DataTableMapping dcm=da.TableMappings.Add("Customers","dtCustomers");
dcm.ColumnMappings.Add("CustomerID","dtCustomerID");
dcm.ColumnMappings.Add("CustomerName","dtCustomerName");
dcm.ColumnMappings.Add("Address","dtAddress");
```

数据集 ds 中已包含一个名为 dtCustomers 的数据表，该表包含 3 个数据列，列名分别为 dtCustomerID、dtCustomerName、dtAddress；另一方面，数据库中包含一个名为 Customers 的数据表，该表包含 3 个数据列，列名分别为 CustomerID、CustomerName、Address。若调用以下代码，则（ ）。

```
da.FillSchema(ds,SchemaType.Source,"Customers");
```

A. 目标数据集中包含 1 个数据表，表名"Customers"

B. 目标数据集中包含 1 个数据表，表名"dtCustomers"

C. 目标数据集中包含 2 个数据表，表名"Table""dtCustomers"

D. 目标数据集中包含 2 个数据表，表名"Customers","dtCustomers"

（14）在 DataSet 中，若修改某一 DataRow 对象的任何一列的值，该行的 DataRowState 属性的值将变为（ ）。

A. DataRowState.Added　　B. DataRowState.Deleted

C. DataRowState.Detached　　D. DataRowState.Modified

（15）在使用ADO.NET访问数据库时，下列说法中错误的是（　　）。

A. DataAdapter对象是DataSet对象和数据源之间联系的桥梁，主要功能是从数据源中检索数据，填充DataSet对象中的表，把用户对DataSet对象做出的更改写入到数据源

B. DataSet对象是一个创建在内存中的集合对象，它可以包含多个数据表，以及所有表的约束、索引和关系，相当于在内存中的一个小型的关系数据库

C. 当DataGrid控件的DataSource属性与某个数据集绑定时，使用DataGrid控件可以进行数据行的增、删、改、更改的结果也同时反应到数据源的数据中

D. DataReader对象是一个简单的数据集，用于从数据源中检索只读，只向前数据集，常用于检索大量数据。

（16）在使用ADO.NET访问SQL SERVER数据库时，可以使用连接模式和非连接模式，以下（　　）是ADO.NET非连接架构的核心。

A. DataSet　　B. SqlConnection

C. SqlCommand　　D. SqlDataReader

（17）ADO .NET借用XML来提供对数据的（　　）访问。

A. 连续式　　B. 集中式　　C. 断开式　　D. 循环式

（18）以下（　　）命名空间是在进行Sql Server数据库访问时必须加载的。

A. System.Data.Odbc　　B. System.Data.SqlClient

C. System.Data.OleDb　　D. System.Data.SqlTypes

（19）数据库连接中的参数设置Connection Timeout=10表示（　　）。

A. 设置数据库连接超时为10 s

B. 设置数据库连接超时为10 ms

C. 设置数据库连接的用户最多为10个

D. 设置数据库连接的次数不能超过10次

二、程序设计题

（1）在画线处填上合适的内容，使程序变得正确完整。

以下是引用片段：

```
string connString="server=localhost;Integrated Security=SSPI;database=pubs";
SqlConnection conn=____________________
string strsql="select * from MyTable2";
SqlDataAdapter adapter=new SqlDataAdapter(____________________);
dataset=new DataSet();
adapter.Fill(____________________, "MyTable2");
this.dataGridView1.DataSource=dataset.Tables["MyTable2"];
```

（2）编写程序，查询Stu数据库中MyTable2表中不及格学生的学号，姓名，性别，成绩。并将结果在ListBox中显示出来。

（3）已知数据库中定义了一张person表，表的数据结构如如表6-10所示。

表 6-10 表的数据结构

字段名称	字段类型	字段含义
id	数字	序号
xm	文本	姓名
xb	文本	性别
nl	数字	年龄
zip	文本	邮政编码

用编写代码的方法在 DataGridView 中显示该数据表中年龄大于 18 的所有记录，显示时以编号的升序排序，要求禁止用户编辑数据。

（4）数据库中有一张关于玩具的表如表 6-11 所示。

表 6-11 表的数据结构

字 段	数据类型	描 述
ToyId	Int	玩具编号
ToyName	char(20)	玩具名称
ToyRate	Money	玩具价格

① 利用 SqlConnection、SqlCommand、SqlDataReader 等打印整张表的数据。

② 利用 SqlConnection、SqlAdapter、DataSet、DataTable、DataView 等打印价格在 10 元以下的玩具信息（要求通过 DataView 过滤的方式查出信息）。

（5）写出符合下列要求的数据库连接字符串以及所使用的数据库连接类。

① 数据库服务器地址为 202.196.131.26，登录用户名为 sa，密码为 administrator，后台数据库为 Microsoft SQL Server 数据库，要连接的数据库名为 test。

② 据库为 Access 数据库，数据库文件存放在运行程序所在目录的\db 子目录下，文件名为 jobtypeDB.Mdb。

（6）完成以下数据库操作要求：

① 创建表 Table1 结构为：

学生学籍表（学号，姓名，性别，出生年月，院系，籍贯）

② 创建表 Table2 结构为：

成绩表（学号，课程，成绩）

其中学号不能为空，并且是唯一的。

③ 将以下信息分别插入到表中（可以自行多插入几条记录）：

Jerry，男，学号 011245，1989 年 5 月出生，计算机学院，江苏南京人。考试成绩为：数据结构 89 分，计算机网络 92 分，英语 100 分，政治经济学 86 分。

mary，女，学号 011256，1987 年 7 月出生，计算机学院，河南焦作人，考试成绩为：数据结构 65 分，计算机网络 92 分，英语 76 分，政治经济学 59 分。

④ 查询名叫“Jerry”的学生的所有课程的成绩。

⑤ 查询有不及格课程的学生的学号、姓名、性别，以及不及格的课程名。

⑥ 将学号为 011256 的学生的政治经济学成绩加 5 分。

⑦ 计算所有学生的成绩总分，按降序排序并显示学生的学号和姓名。

⑧ 计算并显示各门课程的平均分数及课程名。

上 机 实 验

1. 实验目的

（1）掌握通过 ADO.NET 访问数据库的流程；

（2）掌握 Connection 对象与 Command 对象的用法；

（3）掌握使用 DataReader、DataAdapter、DataSet 和 DataGridView 操作表数据。

2. 实验内容

创建一个简单的学生信息管理系统，基本要求如下：

（1）该系统提供学生的信息查询、信息添加和信息的更新等基本功能；

（2）包括一个带有菜单、工具栏和状态栏的主窗体，该窗体上设置相应的菜单命令，帮助进入学生的信息查询窗体、添加学生信息窗体或更新学生信息窗体。

第 7 章　程序的调试及异常处理

本章导读

本章内容为程序的调试及异常处理。一共分为 3 小节来介绍，内容包括程序错误，调试 C#项目的常用方法与技术，程序的异常处理。

本章内容要点：

- 程序错误；
- 调试 C#项目；
- 程序的异常处理。

内容结构

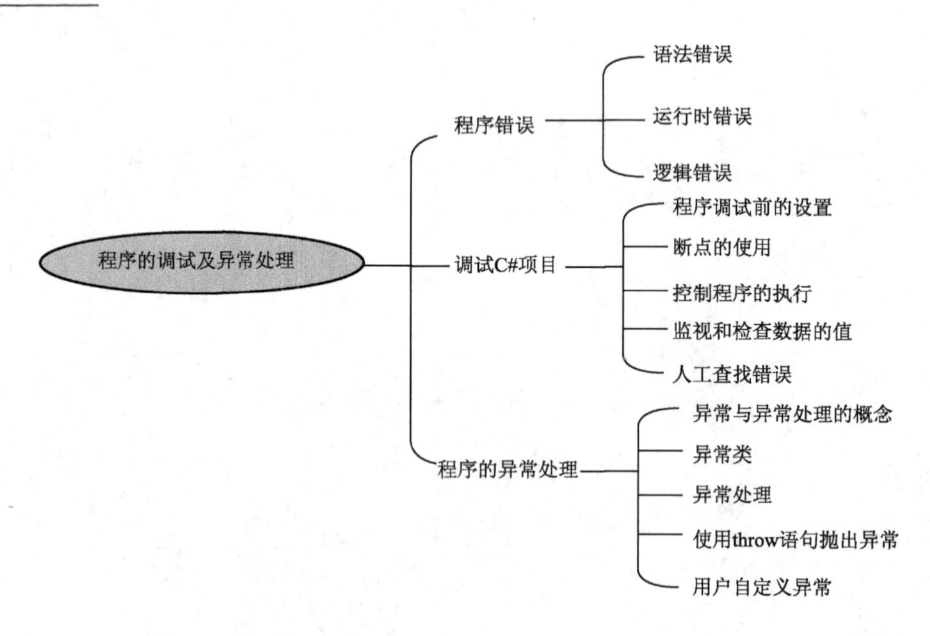

学习目标

通过本章内容的学习，学生应该能够做到：

- 了解程序的 3 种错误类型；

- 学会使用在 Visual Studio 开发环境下调试程序；
- 掌握异常和异常处理的概念；
- 掌握 C#应用程序中的异常处理技术。

7.1 程序错误

在软件的编码实现过程中，程序出现错误是难以避免的，即使是资深的程序员，也无法保证程序一次完成而没有错误，总会出现或多或少的错误。

程序错误，英文 Bug，也称为缺陷，是指在软件运行中因为程序本身有错误而造成的功能不正常、数据丢失、非正常中断甚至死机等现象。在实际编码时，经常遇到各种各样类型的错误，目前常见的程序错误被公认地分为 3 类：语法错误、运行时错误和逻辑错误。

7.1.1 语法错误

语法错误是 3 类错误中最低级、最容易发现的一种错误，通常是由于输入不符合语法规则而产生的。例如：关键字输入错误、数据类型不匹配、表达式不完整、语句末尾缺少分号、括号不成对等。

这类错误可以在编译时发现，所以语法错误又称编译时错误。Visual Studio 提供了智能编译功能，在用户输入程序的过程中，Visual Studio 集成开发环境自动检查程序，并在代码编辑器中含有错误的代码项下面显示一条波浪线，如果将光标放置于该波浪线上会显示一个简单描述此错误的工具提示，如图 7-1 所示。

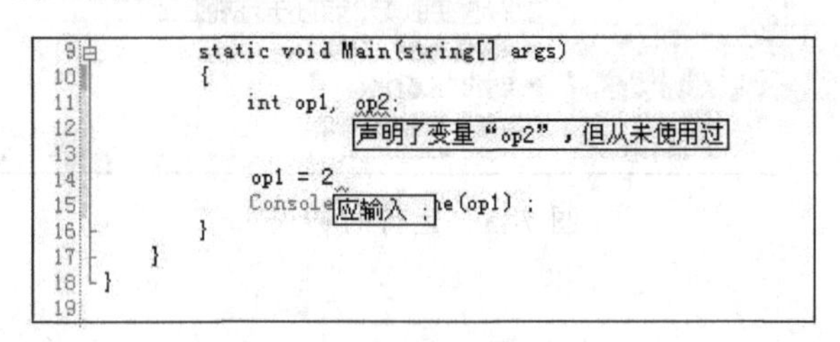

图 7-1　智能编译

编译诊断出的错误分为错误和警告。错误是由于语法不当所引起的，编译时会以红色波浪线标注。比如，语句末尾缺少分号，如图 7-1 所示，op1=2 后缺少语句结束符分号。警告是指编译程序怀疑有错，但不确定，可强行编译通过，编译时会以绿色波浪线标注。例如，图 7-1 中，变量 op2 声明后从未使用。

语法错误，除了上述的智能纠错外，还可以执行菜单里的“生成”命令，采取手动编译方法。该方法检查出来的错误会显示在代码编辑器下方的错误列表中，如图 7-2 所示，代码中出现错误，字符串常量应该用双引号，而不是单引号。

错误列表中的错误，可以双击错误提示行跳转到代码编辑器中的出错行，根据错误提示分析并修改错误；也可以单击选中错误列表中的错误提示，然后按【F1】键打开 Microsoft Visual Studio 的联机帮助（MSDN），来了解错误信息的含义并加以解决。

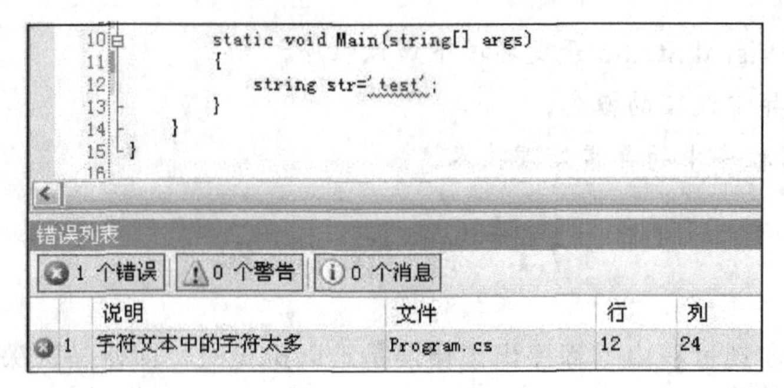

图 7-2 手工编译

7.1.2 运行时错误

运行时错误是程序在运行过程中出现的错误，例如，执行除法运算时除数为零，数组赋值时超出了数组的上界。这类错误在编译程序时候一般是无法发现的，也就是说，编译是通过的，只有在程序执行的时候才会被发现并报错。如图 7-3 所示，数组在进行赋值时，超出了边界，最后一个数组元素下标为 4，而不是 5，但是这段代码编译时是通过的，没有错误，在运行期间才能发现错误。

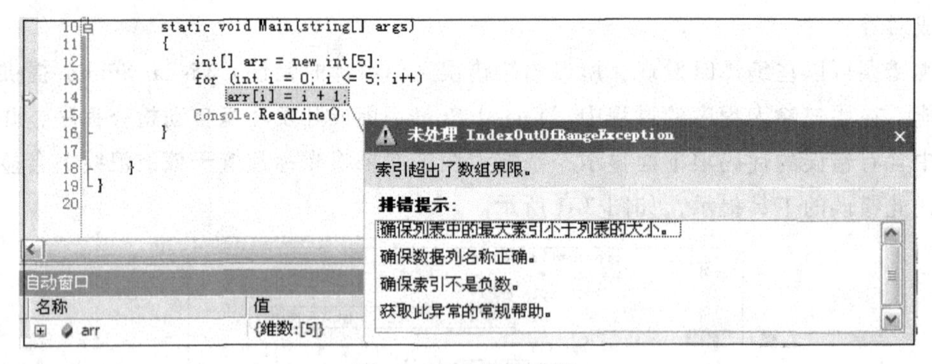

图 7-3 运行时错误

7.1.3 逻辑错误

逻辑错误也称语义错误，是指程序设计或实现上的错误，往往是由于推理或设计算法的不当而造成的。它是 3 类错误中最高级，也是最难发现的错误，程序编译能通过，并且能够运行，但是运行结果不是预期的结果。如图 7-4 所示，计算 10! 的代码，程序能够运行，但是结果不对，仔细检查，是因为循环次数少了一次，造成结果错误。

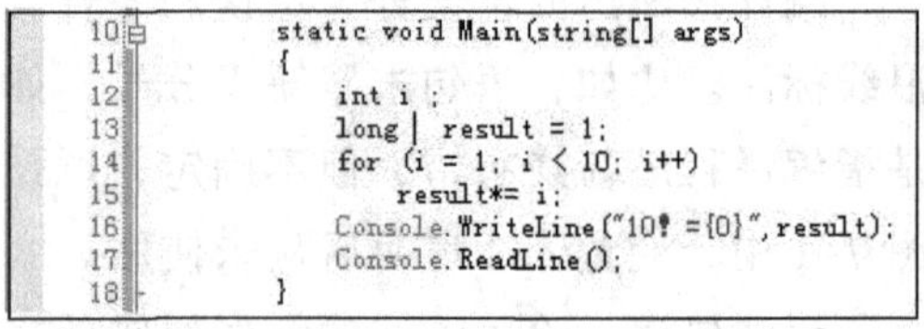

```
10  static void Main(string[] args)
11  {
12      int i ;
13      long  result = 1;
14      for (i = 1; i < 10; i++)
15          result*= i;
16      Console.WriteLine("10! ={0}",result);
17      Console.ReadLine();
18  }
```

图 7-4 逻辑错误

通常，逻辑错误不会产生错误提示信息，所以错误的定位和错误修改比较困难，需要程序员仔细地分析程序，借助调试工具，甚至还要添加一些专门的调试分析代码来查找错误位置和错误原因。

7.2　调试 C#项目

无论是初学者还是程序高手，在编码的时候都会难免出现错误，为了更好地帮助程序员在程序开发的过程中检查程序的语法、语义错误，并且根据具体情况即时修改错误，Visual Studio 提供了一个功能强大的调试器，通过它可以观察程序的运行时行为并确定错误的位置。使用调试器，可以中断（或挂起）程序的执行，以便检查代码，计算和编辑程序中的变量，查看寄存器，查看源代码创建的指令，以及查看应用程序所占用的内存空间。程序调试的主要内容可以概括为以下几个方面：

① 程序调试前的设置。

② 断点的使用。

③ 控制程序的执行。

④ 监视和检查数据的值。

⑤ 人工查找错误。

7.2.1　程序调试前的设置

通常，为了方便在调试过程中快速地定位错误，最好将规模大的程序划分成若干相对独立的子模块，分别对子模块进行测试。在开始调试之前，用户可以在 Visual Studio 的调试窗口中，进行调试过程的一些细节设置，选择“工具”→“选项”命令，在打开的对话框中，单击左侧列表中的“调试”项，如图 7-5 所示。

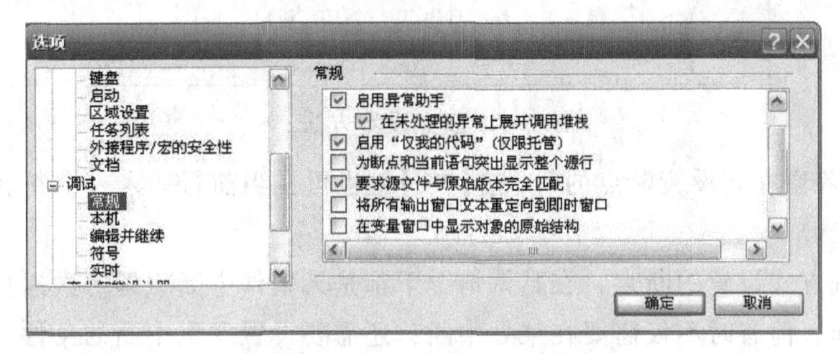

图 7-5　“选项”对话框

在调试过程中，一般只希望检查自己编写的代码，而忽略其他代码，例如忽略系统自动生成的代码等。为此，可以选中“启用‘仅我的代码’(仅限托管)”复选框，这样，将隐藏非用户代码，这些代码不会出现在调试器窗口中，调试过程中，也不会在这些代码的地方中断。另外，Visual Studio 在调试程序时，支持“编辑并继续”功能，可以在调试的过程中修改代码，而不必停止调试会话。早期的.NET 版本中，调试一大段代码，很多时候因为一个小小的错误，而不得不中断整个程序的调试，修改错误后再重新启动调试，现在可以通过选中“启用‘编辑并继续’”复选框（图 7-5 左侧列表中，展开“调试”，单击“编辑并继续”），在遇到小错误时，可以马上进行修改，然后继续进行调试，而不用结束整个调试的过程。在进行开发时，建议启用该功能。

7.2.2 断点的使用

断点是一个标记，它通知调试器，在执行到断点的地方，中断应用程序并暂停执行，使程序进入中断模式，中断模式下，用户可以控制程序继续执行。借助断点，可以让应用程序一直执行，直到遇到断点，然后开始调试，大大加快了调试过程。一个应用程序中可以设置多个断点，每个断点均会对应为一个实心红圈，显示在对应代码行的左侧空白栏处，其设置方法有 3 种：

① 把光标指向要设置断点的代码行，右击，在弹出的快捷菜单中选择“断点”→“插入断点”命令，如图 7-6 所示。

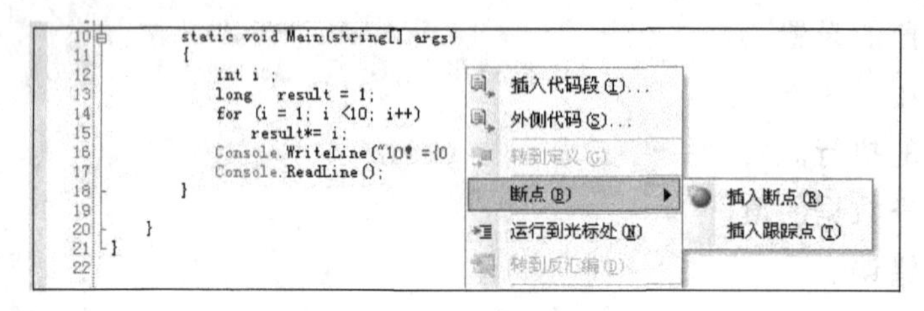

图 7-6 断点设置方法一

② 单击代码编辑器最左侧的灰色部分，也可在当前行插入一个断点，如图 7-7 所示。再次单击该断点，可取消断点设置，即删除断点。也可以右击该断点，在弹出的快捷菜单中选择“删除断点”命令来取消断点设置。

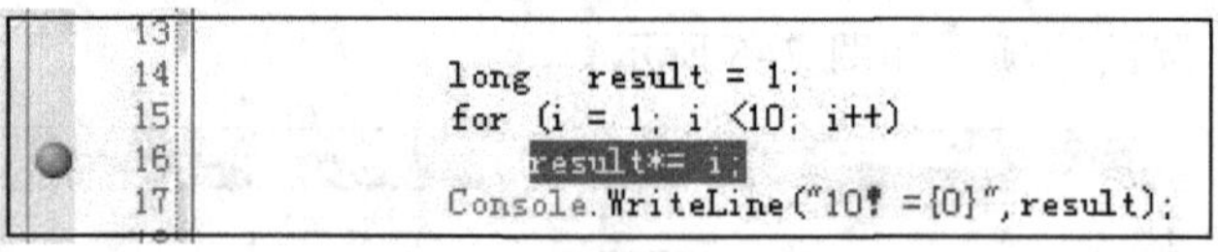

```
13
14            long   result = 1;
15            for (i = 1; i <10; i++)
16                result*= i;
17            Console.WriteLine("10! ={0}",result);
```

图 7-7 断点设置方法二

③ 把光标停留在要设置断点的行，按【F9】键也可在当前行插入一个断点，再次按【F9】键可删除该断点。

按以上 3 种方式设置的断点，在默认情况下都是无条件中断，即每次运行到断点处，应用程序即被挂起。但有时不仅需要在某处中断，还需要设置发生中断的条件。例如，图 7-7 所示的代码中，计算数的阶乘，没有必要每一次循环都中断，只想在 i=5 时中断，检查是否有异常。这种情况下，可以给断点设置中断条件，右击代码行最左侧红色的断点，选择“条件”命令，打开“断点条件”对话框，如图 7-8 所示，在“条件”文本框里输入 i=5 即可。

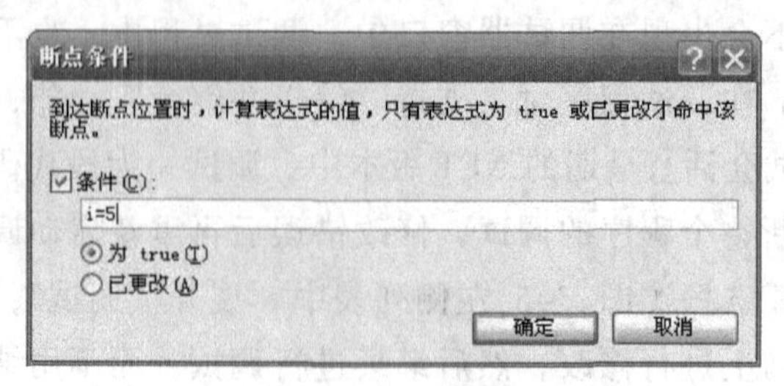

图 7-8 断点条件设置

调试 Windows 应用程序时，由于窗体都是事件驱动的，所以断点将进入事件处理程序代码，或进入由事件处理程序代码调用的方法。需要设置断点的典型事件有：

① 与控件关联的事件，如单击、选择/取消选择等。

② 与应用程序启动和关闭关联的事件，如加载、激活等。

③ 焦点和验证事件。

7.2.3 控制程序的执行

在程序的调试过程中，完全由调试人员控制程序的执行，可以在任何时候启动调试、中断调试、停止调试等，这些操作通常借助“调试”菜单命令或者“调试”工具栏来完成，如图 7-9 所示。

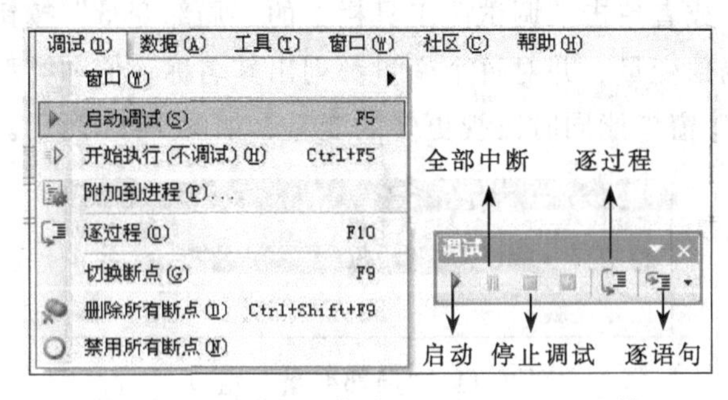

图 7-9　“调试”菜单和“调试”工具栏

1. 启动调试与停止调试

从“调试”菜单中，选择“启动调试”命令，或者单击“调试”工具栏中的“启动”按钮，或者直接按【F5】键，进入调试状态。

若希望结束正在调试的程序，则可以从“调试”菜单中，选择“停止调试”命令，或者单击“调试”工具栏中的“停止调试”按钮。

2. 单步调试

单步调试是最常见的调试方法之一，即每执行一行代码，程序就暂停执行，直到再次执行。这样就可以在每行代码的暂停期间，检查各变量或各对象的值是否是期望的值。Visual Studio 调试器提供了两种单步调试的方法：逐语句（按【F11】键）和逐过程（按【F10】键）。

逐语句和逐过程的差异在于它们处理函数调用的方式不同。这两个命令都指示调试器执行下一行的代码。如果某一行包含函数调用，“逐语句”只执行调用本身，然后在函数内的第一个代码处停止；而“逐过程”执行整个函数，然后在函数外的第一行处停止。因此，调试过程中，如果要查看函数体内的具体内容，则使用“逐语句”，反之，如果要避免单步执行函数体内的代码，则使用“逐过程”。

7.2.4 监视和检查数据的值

在中断模式下，可以通过 Visual Studio 提供的调试窗口，查看正在调试的程序的特定对象信息，例如监视程序处理过程中变量的值。

1.“数据提示”技术

众多的方法中，最简单、最快捷的方法就是在调试过程中，将鼠标指针移动到待查看的对象上，该对象的信息，包括简单对象的值、数据类型或者复杂对象的成员，将呈现在弹出的与ToolTip相似的消息框中，这种技术被称为DataTip（数据提示），如图7-10中，数据提示的消息框中，表示变量i当前的运行值为1。

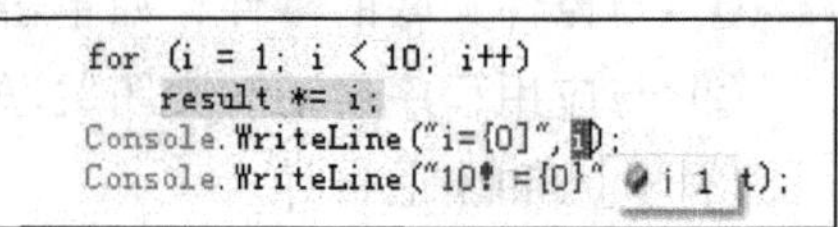

图7-10 数据提示示例

2.“局部变量”监视窗口

还可以使用“局部变量”窗口监视变量的值及其变化情况，通过菜单“调试”→“窗口”→“局部变量”打开，或者单击“调试”工具栏中的“局部变量”按钮打开，该窗口中包含了当前范围内的所有局部变量，并对每个变量都列出其名称、值和类型。与第一种数据提示方法相比，“局部变量”窗口能同时监视更多的变量，如图7-11所示。

局部变量

名称	值	类型
args	{维数:[0]}	string[]
i	1	int
result	1	long

图7-11 “局部变量”窗口

在“局部变量”窗口中，可以手动修改变量的值，窗口中双击要修改的变量的值，然后手动录入新的值，只读型数据的值不能修改。

3.“监视”窗口

Visual Studio还提供了“监视”窗口，可以根据自己的需要来定制要监控的变量，其窗口布局与“局部变量”窗口相同，也给出变量的名称、值和类型。如图7-12所示，“监视”窗口中添加了监控变量i。

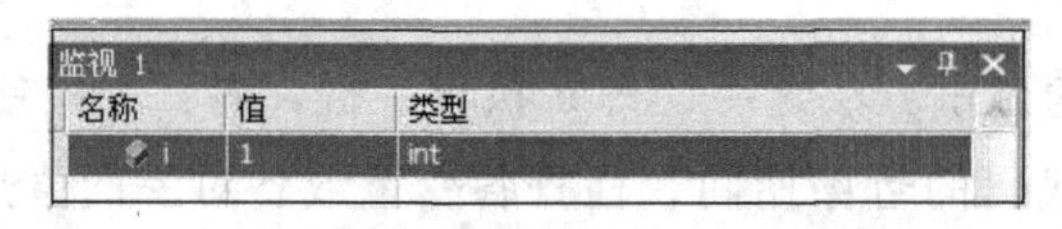

图7-12 “监视”窗口

操作方法：选择“调试”→“窗口”→“监视”命令，或者单击“调试”工具栏中的“监视”按钮，打开“监视”窗口，在“名称”单元格中，手动输入需要监视的变量名或表达式，按【Enter】键确认输入；也可以在代码编辑器中，选中需要监视的变量或表达式，右击，在弹出的快捷菜单中选择“添加监视”命令，在“监视”窗口列表中即会添加该变量或表达式。

在遇到错误，进行程序调试时，通常的步骤为：

① 在怀疑有错误的代码行处插入断点。

② 按【F5】键或者执行快捷菜单中的“启动调试”命令，启动调试，使程序进入中断模式。通过上述方法中的一种或者多种，灵活地监视感兴趣的对象。

③ 单步调试程序（逐语句或逐过程），监视对象值或其他状态的变化，以发现错误。

④ 停止调试，修改代码并再次调试，直至运行结果正确无误。

7.2.5　人工查找错误

在众多的程序错误中，有些错误是很难发现的，尤其是一些逻辑错误，即便是有调试器的帮助，还是无能为力，往往需要加入一些人工操作，以便快速找到错误。平时调试过程中，经常使用的方法有两种：

1. 注释代码，缩小调试范围

这是一种简单有效地寻找错误的方法，通过在程序中注释掉其他段代码，针对性地对某一段代码进行调试，如果该处代码运行正常，则说明错误在别的代码段，同样的方法，针对性地检查其他段代码，直到找到错误所在的代码段。

2. 程序中添加一些输出语句

通过添加一些输出语句，来帮助查看变量在执行过程中值的情况。例如，图 7-7 中的阶乘计算代码，在循环的后面，增加一个输出变量 i 的语句，就很容易发现问题所在了：i 少循环一次，导致计算结果不对。

```
int  i;
long result=1;
for(i=1;i<10;i++)
  result*=i;
Console.WriteLine("i={0]",i);    //最后一次循环，i 的值应该是 10 而不是 9
Console.WriteLine("10! ={0}",result );
```

7.3　程序的异常处理

7.3.1　异常与异常处理的概念

程序在运行时，经常因为一些突发的事件而导致运行发生错误，无法继续执行，例如除法运算时除数为零、试图打开已经被删除的文件、存取溢出、内存不够等。类似这些由于突发事件而引起的程序运行时错误，就称为异常。

先来看段控制台下的程序代码：

```
namespace ExceptionTest
{
    class Program
    {
        static void Main(string[] args)
        {
            int op1,op2,result=0;
            Console.WriteLine("请输入第一个操作数: ");
            op1=int.Parse(Console.ReadLine());
            Console.WriteLine("请输入第二个操作数: ");
            op2=int.Parse(Console.ReadLine());
            result=op1/op2;
            Console.WriteLine("除法运算结果为{0}。",result);
```

```
            }
        }
    }
```

以上代码，是将输入的两个操作数 op1 和 op2 进行除法运算后的结果输出，如果输入正确，运行结果没有问题。但是如果第二个操作数输入为 0 时，启动调试，程序会中止执行，并弹出图 7-13 所示的产生异常的对话框。

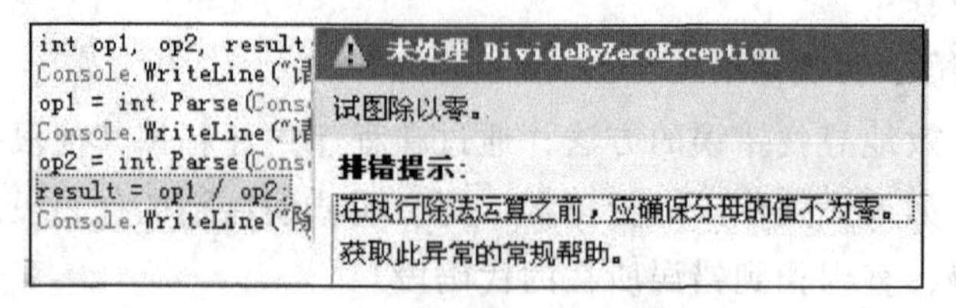

图 7-13　产生异常的对话框

也就是说，当发生异常时，一般计算机会弹出一个对话框给出错误提示，但很多时候提示信息很含糊，不准确，而且程序会突然中止执行造成数据丢失，这都是我们不愿意看到的。我们希望在发生异常时，能以一种友好的方式来处理异常，例如，给出准确的错误提示信息，保存已经执行的操作，安全地退出应用程序。

因此，作为一名优秀的程序员，不仅要关心程序代码正常的控制流程，同时也应该把握程序运行过程中可能会发生的异常，并且提供异常处理。

7.3.2 异常类

在前面的除法运算代码中，一旦除数为零时，系统会产生一个除数为零的异常，如图 7-13 所示。换句话说，在 C#中，一旦某个引发异常的事件发生，将会创建一个异常类对象，这个对象包含有助于跟踪问题的很多信息。用户可以创建自己的异常类，.NET Framework 提供了许多预定义的异常类，各种异常类之间的继承关系如图 7-14 所示。

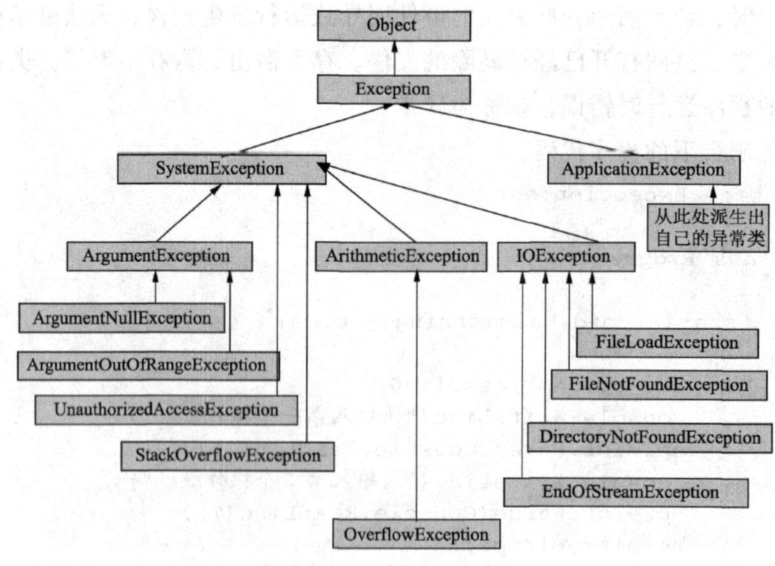

图 7-14　异常类类图

图 7-14 中，Exception 是所有异常类的基类，在 C#中，它直接派生自 Object 类。其下有两个重要的子类，SystemException 和 ApplicationException。SystemException，通常由.NET 运行库引发，所有未经处理的基于.NET 的应用程序的错误都由此引发。例如，.NET 运行库检测到堆栈已满，就会引发 StackOverException；ApplicationException 类，比较特殊，它是为第三方准备的，当用户自己定义的异常覆盖了应用程序所独有的错误情况时，就应使它们派生自 ApplicationException。

.NET Framework 提供了很多预定义的异常类，如表 7-1 所示。

表 7-1　常用的预定义异常类

异　常　类	说　　明
AccessViolationException	在试图读写受保护内存时引发的异常
ApplicationException	发生非致命应用程序错误时引发的异常
ArithmeticException	因算术运算、类型转换或转换操作时引发的异常
DivideByZeroException	试图用零除整数值或十进制数值时引发的异常
FieldAccessException	试图非法访问类中私有字段或受保护字段时引发的异常
IndexOutofRangeException	试图访问索引超出数组界限的数值时引发的异常
InvalidCastException	因无效类型转换或显示转换引发的异常
NotSupportedException	当调用的方法不受支持时引发的异常
NullReferenceException	尝试取消引用空对象时引发的异常
OutOfMemoryExcepiton	没有足够的内存继续执行应用程序时引发的异常
OverFlowException	在选中的上下文所执行操作导致溢出时引发的异常

每一个异常类都提供一些属性或方法，来提供异常的信息。例如，异常的消息文本，导致异常的应用程序或对象名。在实际的编码过程中，对于大多数的异常类，都可以直接使用从 Exception 继承下来的属性和方法，来显示异常的信息及进行相关处理。表 7-2 列出了常见的异常类成员。

表 7-2　常见的异常类成员

属　　性	类　　型	描　　述
HelpLink	String	获取或设置指向此异常所关联帮助文件的链接
InnerException	Exception	获取或导致当前异常的 Exception 实例
Message	String	获取描述当前异常的消息
Source	String	获取或设置导致错误的应用程序或对象的名称
StackTrace	String	获取当前异常发生所经历的方法的名称和签名
TargetSite	MethodBase	获取引入当前异常的方法
ToString()	String	创建并返回当前异常的字符方法

最常用的异常属性是 Message 属性，它的返回值是一个字符串类型，可以向用户输出异常的消息文本。例如：

```
Console.WriteLine(ex.Message);    //ex是一个异常类对象
```

7.3.3 异常处理

C#异常处理使用try、catch和finally关键字，try关键字及后面花括号中的代码称为一个try块，放置有可能引发异常的语句；同样，catch形成一个catch块，也称为异常处理器，该语句块负责捕获各种异常，并对异常进行处理；finally形成一个finally块，该块中包含一些清空释放资源的语句，finally中的语句，不管是否产生异常，都会被执行。try、catch和finally相互关联，其语法结构如下所示：

```
try
{
    //可能引发异常的代码块;
}
catch [异常对象] //捕获异常类对象
{
    //如果上面代码发生异常则可在此编写相应的异常处理代码
}
finally
{
    //负责清空
}
```

这些块是如何组织在一起捕获异常的呢？它们的工作流程如下：

① 执行try块。

② 如果没有异常发生，离开try块后，自动进入finally块执行（直接进入第⑤步）。如果在try块中检测到异常，程序流则会进入catch块。

③ 在catch块中捕获异常，并进行异常处理。

④ 在catch块执行完成后，程序流会自动进入finally块。

⑤ 执行finally中的语句。

可以根据实际情况，选择try、catch和finally中的两个或三个组合工作。常用的有try-catch、try-finally和try-catch-finally三种形式。

1. try-catch

try-catch形式，由一个try块后跟一个或多个catch块组成。因为try块可能会出现多种异常的情况，需要多个catch块对每种异常情况进行捕获。这时catch块的顺序很重要，将先捕获特定程度较高的异常，而不是特定程度较低的异常。先来看段代码：

```
try
{
    result=op1/op2;
}
catch(Exception ex)
{
    //异常处理
}
catch(DivideByZeroException  dv)
```

```
{
    //异常处理
}
```

上面的代码中，如果出现 op2 为零，即发生除数为零（DivideByZeroException）这个异常，先扫描第一个 catch 块，由于 Exception 是所有异常类的基类，即通用异常类，任何的异常都会在此被捕捉，因此很明显第二个 catch 块是不会被访问到的，这个 catch 块也就成了无效代码，为了避免上述这种情况发生，通常将特定的异常捕获放在前面，例如除数为零的特定异常（DivideByZeroException），通用异常的捕获放在最后的位置上。

【例 7-1】使用 try-catch 进行异常捕获。

为 7.3.1 节中的除法运算代码添加异常处理模块，示例代码如下：

```
namespace ExceptionTest
{
    class Program
    {
        static void Main(string[] args)
        {
            int op1, op2, result=0;
            try
            {
                Console.WriteLine("请输入第一个操作数: ");
                //将输入转换为整型数据赋值为 op1
                op1 = int.Parse(Console.ReadLine());
                Console.WriteLine("请输入第二个操作数: ");
                //将输入转换为整型数据赋值为 op2
                op2 = int.Parse(Console.ReadLine());
                result=op1/op2;
            }
            //捕获异常
            catch (DivideByZeroException dx)
            {
                Console.WriteLine(dx.Message);
                Return;
            }
            catch (Exception ex)
            {
                Console.WriteLine(ex.Message);
                Return;
            }
            Console.WriteLine("除法运算结果为{0}。",result);
        }
    }
}
```

再次运行上述程序，结果如图 7-15 所示。图 7-15（a）所示是第一个 catch 块捕获到的除数为零这个异常，图 7-15（b）所示是第二个 catch 块捕获到的非法输入异常。

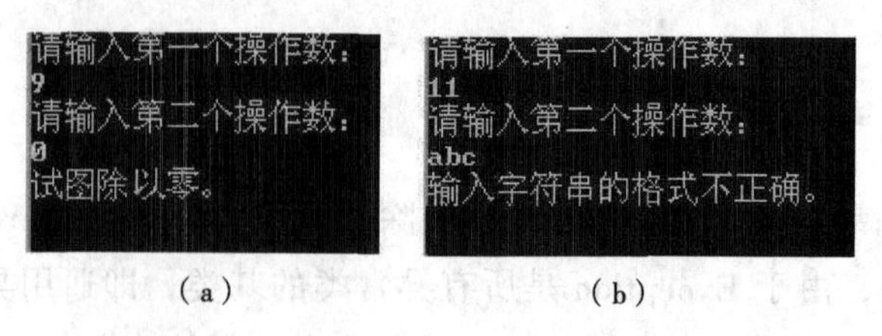

（a）（b）

图 7-15 try-catch 运行结果

2．try-finally

finally 块用于清除 try 块中分配的任何资源，或者是希望即使是在发生异常时也被执行的语句代码。控制流总是会传递给 finally 块，与 try 块的退出方式无关。

3．try-catch-finally

try-catch-finally 一起使用的常见方式是：在 try 中放置有可能引发异常的语句，在 catch 块中处理异常情况，并在 finally 块中释放资源。

例如，上述示例代码中，将最后一行的输出代码改成：

```
finally
{
    Console.WriteLine("除法运算结果为{0}。", result);
}
```

则程序运行时，不管有没有发生异常，均会执行 finally 块中的语句，输出如图 7-16 所示，没发生异常，正常输出运算结果，如果有异常发生，则输出 result 变量的初始值 0。

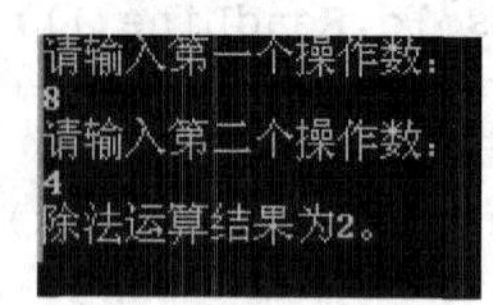

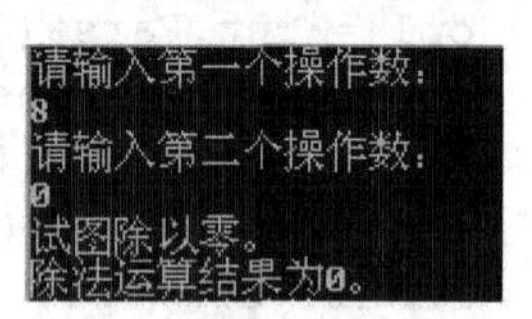

图 7-16 try-catch-finally 运行结果

7.3.4 使用 throw 语句抛出异常

前面介绍的异常，都是在程序的运行过程中，由.NET 运行引擎自动抛出的异常。有时，用户可以利用 throw 语句，手动地抛出一个异常，其语法为：

```
throw [ 异常对象 ]
```

throw 语句抛出的异常对象可以是预定义的异常类对象，也可以是自定义的异常类对象。异常对象还可以省略为空，但这种情况只能用在 catch 块中，该情况会再次抛出当前正由 catch 块引发的异常。

通过显式地抛出异常，不仅有助于程序员方便地控制抛出的异常类型和消息，还能够在 catch 块中再次抛出异常，从而使得异常处理机制更为灵活多变。下面的代码演示了如何使用 throw 语句抛出异常。

【例 7-2】使用 throw 语句抛出异常。

```
namespace ThrowTest
{
    class Program
```

```
    {
        static void Main(string[] args)
        {
            string str=null;
            try
            {
                if (str==null)
                {
                    throw new ArgumentNullException();   //抛出异常
                }
            }
            catch (ArgumentNullException arg)            //捕获异常
            {
                Console.WriteLine(arg.Message);       //输出异常的消息文本
            }
        }
    }
}
```

在 str 为空时，抛出一个参数空异常 ArgumentNullException，并在下面的 catch 块进行异常捕获。该段代码的输出为“值不能为空”，即 arg.Message 的内容。

7.3.5 用户自定义异常

一般情况下，使用.NET 提供的预定义异常类就足够了，但是有时为了特殊的目的，需要用户自定义异常。无论是预定义异常，还是用户自定义异常，它们都具有相同的异常处理机制，都包括定义异常类、抛出异常对象和捕获处理异常 3 个部分。

【例 7-3】 自定义异常。

创建一个用户自定义异常类 MyException（用户自定义异常通常派生自 ApplicationException），该类中添加了一个带参数的构造函数，并且重写了父类的 Message 属性，最后在入口函数 Main()中，根据输入条件，确定是否抛出自定义异常，并在 catch 块对自定义异常进行捕获。示例代码如下。

```
namespace MyExceptionTest
{   //自定义一个异常类，名为 MyException
    class MyException : ApplicationException
    {
        private string errorMessage="";
        //重载构造函数
        public MyException(string message)
        {
            errorMessage=message;
        }
        //重写基类的 Message 属性
        public override string Message
        {
            get
            {
                return errorMessage;
```

```
                }
            }
        }
        class Program
        {
            static void Main(string[] args)
            {
                string input="";
                Console.WriteLine("yes，引发自定义异常，no，不会引发异常。");
                Console.Write("请输入：");
                input=Console.ReadLine();
               try
               {
                  if(input=="yes")
                     throw new MyException("引发自定义异常！"); //抛出异常
               }
               catch(MyException me)                          //捕获异常
               {
                  Console.WriteLine(me.Message);
                  return;
               }
               Console.WriteLine("没有发生异常！");
            }
        }
```

运行结果如图 7-17 所示，当输入 yes 时，抛出异常，并执行 catch 块中的语句，输出自定义异常的消息文本“引发自定义异常！”；输入为 no 时，没有引发异常，跳过 catch 块，直接执行了最后一行输出语句“没有发生异常！”。

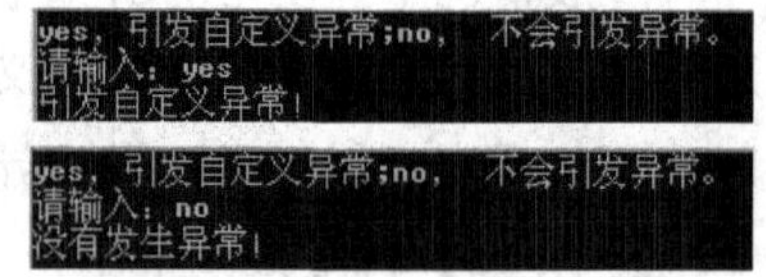

图 7-17 自定义异常运行结果

本 章 小 结

使用.NET 提供的功能强大的调试器，可以方便快速地定位和修改程序中的错误。.NET 同时还提供了完善的异常处理机制，使得程序正常、顺利地运行。本章，首先介绍了程序中常见的 3 种错误类型，接着详细地介绍了如何使用 Visual Studio 调试器来调试错误，最后介绍了 C#异常的概念，包括异常如何处理。

习 题

1. 填空题

（1）当一个方法执行时出错了，会________。

（2）try 块运行后，总是会执行________块中的代码。

（3）C#常见的错误类型有________、________和________。

（4）所有的异常类都从________继承。

（5）如果输入的参数不能转化为整数，Convert.ToInt32()方法会引发________。

2. 阅读并分析程序

```
class Program
{
    public static   void   test(params string[] arr)
    {
        try
        {
            if(arr[0]=="1")
                short.Parse("100000");
            else if(arr[0]=="2")
                int.Parse("3.14");
            else
                DateTime.Parse("2012-1-1");
        }
        catch(FormatException fe)
        {
            Console.WriteLine(fe.Message);
        }
        catch(OverflowException   ef)
        {
            Console.WriteLine(ef.Message);
        }
        catch (Exception ex)
        {
            Console.WriteLine(ex.Message);
        }
    }
}
```

主函数 Main()中，调用方法 test()时，参数分别为下面的值，输出的内容分别是什么？

```
test("1","test");
test("2","test");
test("3","test");
```

3. 程序练习题

（1）编写一个计算程序，要求在程序中能够捕获到被 0 除的异常与算术运算溢出的异常。

（2）控制台下编写程序练习 try-catch 语句的使用，具体要求：try 块中抛出一个异常（throw），catch 块中对其进行捕获并输出捕获异常的结果。

（3）用 C#实现一个简易的计算器窗体，如图 7-18 所示，并注意计算过程中的异常处理。

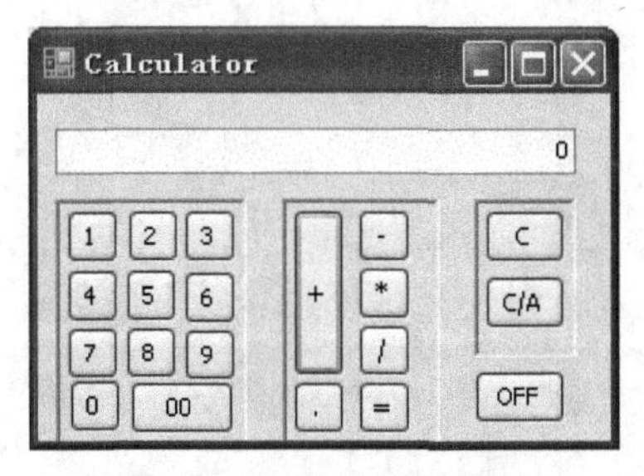

图 7-18　简易的计算器

上 机 实 验

1. 实验目的

（1）熟悉在 Visual Studio 开发环境下如何调试程序；

（2）掌握异常和异常处理的概念；

（3）掌握 C#应用程序中的异常处理技术。

2. 实验内容

编写异常处理程序，其功能用于实现银行存取款过程中可能遇到的情况，用 C#的异常处理来实现。基本要求如下：

（1）控制台接收用户输入的两个 double 类型的值。一个值表示用户存放在银行账户中的金额。另一个值表示用户想要从银行账户中提取的金额。

（2）创建自定义异常，以确保提取的金额始终小于或等于当前的余额。引发异常时，程序应显示一则错误消息。否则，程序应显示从用户存款中扣除取款额之后的账户余额。捕获可能出现的异常。

（3）捕获可能出现的异常。

（4）finally 输出取款后的余额。

第 8 章　程序的分层设计

本章导读

本章主要是对 C#开发的分层设计做简要介绍。一共分为两个小节来介绍，内容包括三层架构概述、描述和具体的实现方法。

本章内容要点：

- 三层架构的概念；
- 三层架构的实现。

内容结构

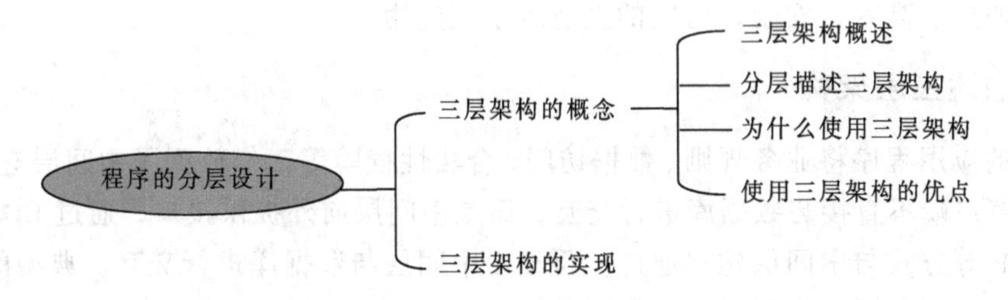

学习目标

通过本章内容的学习，学生应该能够做到：

- 了解三层架构的概念及使用原因；
- 学会用三层架构思想设计、实现系统。

8.1　三层架构的概念

8.1.1　三层架构概述

架构一词是随着三层架构的出现提出的。当然，目前应用三层架构开发也是业界最关注的主题之一。单层结构是 20 世纪 80 年代以来开发小型应用所使用的结构，在那个充斥着结构化编程的时代，还没有架构的概念，典型的例子是基于 Dbase、Foxbase 等小型数据库的应用。双层结构可以理解为传统的客户机/服务器结构，尽管目前占有很大的市场份额，但是其封装移植等方面的缺陷，已使它趋于应用的结束，典型例子是基于 Oracle、Infomix 等大型数据库的 C/S 应用。三层结构是基于对传统的客户机/服务器结构的扩展，代表了企业级应用的未来，典型例子是现如今充斥市场的 Web 下的应用。多层结构和三层结构的含义是一样的，只是将中间层再进行细分，分成若干层；分层是为了采用“分而治之”的思想，把问题划分开来各个解决，实现“高内聚、低耦合”，易于控制，易于延展，易于分配资源。

随着软件工程的不断进步和规范以及面向对象编程思想的应用，人们对封装、复用、扩展、移置等方面的要求，使得双层架构开发的应用越来越臃肿烦琐，三层程序架构体系就是在这种情况下应运而生，可以说，三层架构体系结构是面向对象思想发展的必然产物。当然三层架构对于目前来说早已经不是什么新鲜事物了，最早这个词是出现在 Java EE 中，Java EE 三层架构体系的提出，对软件系统的架构产生了巨大的影响，所谓三层架构，是在客户/服务之间加入了一个“中间层”，也叫组件层。它与客户层、数据库服务器层共同构成了三层体系。这里所说的三层体系，不是指物理上的三层，不是简单地放置三台机器就是三层体系结构，也不仅仅有 B/S 应用才有三层体系结构，而且指逻辑上的三层。通过引入中间层，将复杂的商业逻辑从传统的双层结构（Client/Server）应用模型中分离出来，并提供了可伸缩、易于访问、易于管理的方法，可以将多种应用服务分别封装部署于应用服务器，同时增强了应用程序可用性、安全性、封装复用性、可扩展性和可移植性，使用户在管理上所花费的时间最小化，从而实现便捷、高效、安全、稳定的企业级系统应用。

8.1.2 分层描述三层架构

三层体系的应用程序将业务规则、数据访问、合法性校验等工作放到了中间层进行处理。通常情况下，客户端不直接与数据库进行交互，而是中间层向外提供接口，通过 COM/DCOM 通信或者 HTTP 等方式与中间层建立连接，再经由中间层与数据库进行交互。典型的三层结构定义了 3 个层：表示层、中间层和数据源层：

（1）表示层

表示层用于与用户进行交互并显示结果。提供用户界面，接收用户输入，提供可视化接口，由各种可视化元素组成，包含数据控件的配置、导航系统等。

（2）中间层

中间层负责底层数据源与前端界面的沟通，它存在的主要目的是实现分层的体系结构，将数据访问功能与逻辑程序代码从表示层抽离出来，提供系统设计的弹性。所有的程序代码以类为单位，封装在各种类型的文件中，再经过编译成为可被引用的程序功能组件。

中间层又分为业务逻辑层和数据访问层。

① 业务逻辑层可以连接数据访问层与表示层，取得数据访问层的数据内容，进行数据的维护与存取，将数据发送到表示层，或者是执行反向操作，将用户输入的数据提取，返回到数据访问层。

② 数据访问层可以访问底层数据源，封装了访问数据库所需要的 ADO.NET 程序代码，也只有这一层能够直接与数据源进行沟通。主要实现对数据的读取、保存和更新等操作。

（3）数据源层

数据源层存放底层数据库。

三层结构的关系如图 8-1 所示。

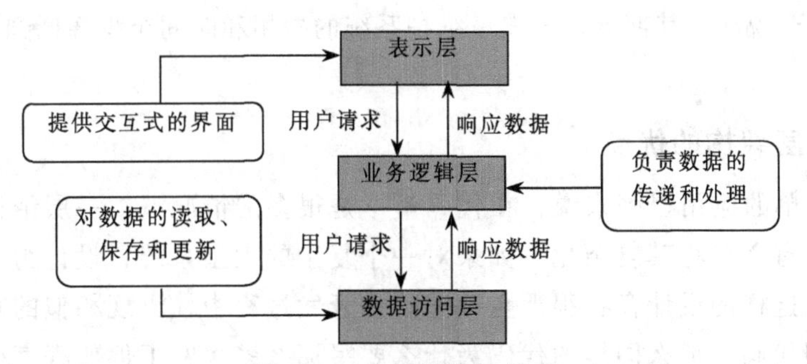

图 8-1　三层结构的关系

通过分层设计，访问底层数据源的代码得以进一步与表示层分开，业务逻辑层本身只负责对数据访问层的类进行引用，不会涉及数据访问的细节，也因此可以有效地对表示层隐藏数据库架构等重要的细节，同时通过数据访问层的切换，可以针对不同的数据源进行访问。

还可以对此做了更详细的分层，界面外观层、界面规则层、业务接口层、业务逻辑层、实体层、数据访问层、数据存储层共 7 层，其具体的调用如图 8-2 所示。

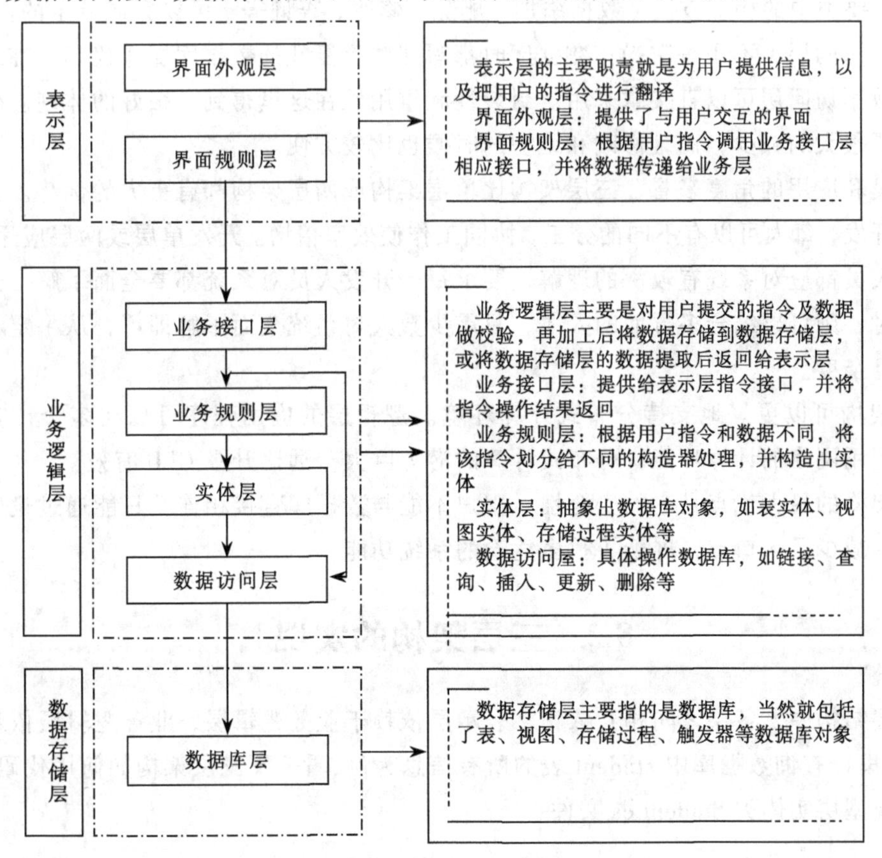

图 8-2　三层架构

由图 8-2 可以看出，虽然将系统的架构分为 7 层，实际上大的方面来说，它就是一个典型的三层架构设计思想。单从这个图来看，数据的调用显得烦琐而抽象，但是它主要是为程序员为了实现部署、开发、维护企业级数据库系统而服务的。如果在中间层实现了对表示层和数据库层的完全脱离，其部署、开发、维护系统的费用和时间至少降低到原来的一半甚至更多。

8.1.3 使用三层架构的优点

对于一个简单的应用程序来说，在代码量不是很多的情况下，一层结构或二层结构开发完全够用，没有必要将其复杂化，如果对一个复杂的大型系统，设计为一层结构或二层结构开发，那么这样的设计存在很严重缺陷。在开发过程中，出现相似的功能时程序人员最开始经常复制代码，那么同样的代码为什么要写那么多次？不但使程序变得冗长，更不利于维护，一个小小的修改或许会涉及很多页面，经常导致异常的产生使程序不能正常运行。最主要的面向对象的思想没有得到丝毫的体现，打着面向对象的幌子却依然走着面向过程的道路。

意识到这样的问题，程序人员开始将程序中一些公用的处理程序写成公共方法，封装在类中，供其他程序调用。例如写一个数据操作类，对数据操作进行合理封装，在数据库操作过程中，只要类中的相应方法（数据添加、删除、修改、查询等）可以完成特定的数据操作，这就是数据访问层，不用每次操作数据库时都写那些重复性的数据库操作代码。在新的应用开发中，数据访问层可以直接拿来用。封装性和重用性在这里得到了很好的体现。代码量较以前也有了很大的减少，而且修改和维护的时候也比较方便。

从开发和应用的角度来看，三层架构比单层架构或两层架构都有更大的优势。三层架构适合团队开发，每人可以有不同的分工，协同工作使效率倍增。开发单层或两层应用程序时，每个开发人员都应对系统有较深的理解，要求每个开发人员对系统都要全面了解，开发三层应用程序时，则可以结合多方面的人才，只需少数人对系统全面了解即可，从一定程度降低了开发的复杂度。

三层架构可以更好地支持分布式计算环境。逻辑层的应用程序可以在多个计算机上运行，充分利用网络的计算功能。分布式计算的潜力巨大，远比升级 CPU 有效。

三层架构的最大优点是它的安全性。用户不能与数据库直接相连，只能通过逻辑层来访问数据层，减少了入口点，屏蔽了很多危险的系统功能。

8.2 三层架构的实现

在三层结构中，各层之间相互依赖，表示层依赖于业务逻辑层，业务逻辑层依赖于数据访问层，这里以查询数据库中 student 表的所有信息为例，看一下三层架构如何用代码来实现。首先建立模型层实体类 Student.cs 文件：

```
using System;
using System.Collections.Generic;
using System.Linq;
using System.Text;
namespace SchoolModels
{   public class Student
    {
        public Student(){ }
        public Student(int id, string name, string pwd, int age, string
sex)
        {
            this.StudentId = id;
            this.StudentName = name;
            this.StudentPwd = pwd;
        }
        private int studentId;
        public int StudentId
        {
            get { return studentId; }
            set { studentId = value; }
        }
        private string studentName;
        public string StudentName
        {
            get { return studentName; }
            set { studentName = value; }
        }
        private string studentPwd;
        public string StudentPwd
        {
            get { return studentPwd; }
            set { studentPwd = value; }
        }
    }
}
```

创建学生属性并为其创建一系列的 set()与 get()方法。除此之外还有一个用来赋初值的构造方法。

针对实体类，数据访问层有对应的数据访问类，写在文件 StudentService.cs 中，代码如下：

```
using System.Text;
using System.Data;
using System.Data.SqlClient;
using SchoolModels;
namespace SchoolDal
{
    public class StudentService
    {
        public static IList<Student> GetAllStudents()
        {
```

```
                List<Student> stus = new List<Student>();
                string sql = "select * from student";
                SqlCommand cmd = new SqlCommand(sql, DBHelper.con);
                DBHelper.con.Open();
                SqlDataReader reader = cmd.ExecuteReader();
                while (reader.Read())
                {
                    Student student = new Student();
                    student.StudentId = (int)reader["StudentId"];
                    student.StudentName = reader["StudentName"].
ToString();
                    student.StudentPwd = reader["StudentPwd"].
ToString();
                    stus.Add(student);
                }
                reader.Close();
                DBHelper.con.Close();
                return stus;
            }
        }
```

在上述代码中，数据访问类中使用了 DBHelper 类，该类包含了常用的对数据库进行操作的方法。写在文件 DBHelper.cs 中，代码如下：

```
using System;
using System.Collections.Generic;
using System.Linq;
using System.Text;
using System.Configuration;
using SchoolModels;
using System.Data;
using System.Data.SqlClient;
namespace SchoolDal
{
    public class DBHelper
    {
        public static string conStr = ConfigurationManager.
ConnectionStrings["conDb"].ToString();
        public static SqlConnection con = new SqlConnection(conStr);
    }
}
```

针对模型层中的每个实体类，业务逻辑层中也有一个对应的类。例如，针对 Student 实体类，创建一个对应的 StudentManager 类。写在文件 StudentManager.cs 中，代码如下：

```
using System;
using System.Collections.Generic;
using System.Linq;
using System.Text;
using SchoolDal;
using SchoolModels;
namespace SchoolBll
{
```

```
        public class StudentManager
        {
            public static IList<Student> GetAllStudents()
            {
                return StudentService.GetAllStudents();
            }
        }
    }
```

最后，假设在 Form1 里面把所有学生的信息显示到 DataGridView 中，即实现了表示层的表示，Form1.cs 文件代码如下：

```
    using System;
    using System.Collections.Generic;
    using System.ComponentModel;
    using System.Data;
    using System.Drawing;
    using System.Linq;
    using System.Text;
    using System.Windows.Forms;
    using SchoolBll;
    using SchoolModels;
    namespace School
    {
        public partial class Form1 : Form
        {
            public Form1()
            {
                InitializeComponent();
            }
            private void Form1_Load(object sender, EventArgs e)
            {
                IList<Student> stus = StudentManager.GetAllStudents();
                this.dgvStudent.DataSource = stus;
            }
    }
```

以上就是通过三层架构做的一个查询数据库某一张表所有信息的小案例，读者可以根据具体的需求进行修改。

本 章 小 结

通过本章的学习读者可以对架构在项目开发中的作用有初步的了解，在本章中首先讲解了三层架构的概念及使用原因；其次对三层架构进行了细分和描述；最后通过一个例子向读者展示了三层架构的实现过程。

习　题

1. 选择题

（1）在三层结构中，业务逻辑层的主要职责是（　　）。

A. 数据处理　　B. 制作表格　　C. 数据展示　　D. 生成系统

（2）在三层结构中，表示层依赖（　　）。

A. 数据访问层　　B. 业务逻辑层和数据访问层

C. 业务逻辑层　　D. 自己

（3）开发一个 Windows 应用程序。用户能浏览和编辑数据。应用程序使用一个 DataSet 对象 customDataSet 维护数据。在一个用户编辑数据后，业务规则验证由中间层组件 myComponent 执行。必须保证应用程序只从 customDataSet 发送编辑的行到 myComponent。以下被使用的代码段是（　　）。

A.
```
DataSet changeDataSet= New DataSet();
If(customDataSet.HasChanges)
myComponent.Validate(changeDataSet);
```
B.
```
DataSet changeDataSet = New DataSet();
if(customDataSet.HasChanges )
myComponent.Validate(customDataSet);
```
C.
```
DataSet changeDataSet = customDataSet.GetChanges();
myComponent.Validate(changeDataSet);
```
D.
```
DataSet changeDataSet = customDataSet.GetChanges();
myComponent.Validate(customDataSet);
```

2. 简答题

（1）用三层结构开发应用系统由哪些优势？

（2）业务逻辑层的主要职责是什么？

（3）画出三层结构中的数据传递示意图并作简要文字说明。

上 机 实 验

1. 实验目的

（1）熟悉三层架构的划分原理；

（2）掌握各层的设计思路，以及层之间的调用关系；

（3）掌握使用三层架构的思想构建程序。

2. 实验内容

用三层架构的思想重构第 6 章实验中的“学生信息管理系统”。基本要求如下：

创建一个简单的学生信息管理系统，基本要求如下：

（1）各层的任务

①数据访问层：使用 ADO.NET 中的数据操作类，为数据库中的每个表设计一个数据访问类。封装每个数据表的基本记录操作，为实现业务逻辑提供数据库访问基础。该类的基本功能包括：记录的插入、删除，单条记录的查询，记录集的查询，单条记录的有无判断等基本的数据操作方法。对于一般的管理信息软件，此层的设计是类似的，包含的方法也基本相同。

②业务逻辑层：为用户的每个功能模块设计一个业务逻辑类，此时，需要利用相关的数据访问层类，记录操作方法的特定集合，实现每个逻辑功能。

③表示层：根据用户的具体需求，为每个功能模块部署输入控件、操作控件和输出控件，并调用业务逻辑层中类的方法实现功能。

（2）层之间的调用关系

数据访问层的类，直接访问数据库，实现基本记录操作；业务逻辑层的类，调用相关的数据访问类，实现用户所需功能；表示层在部署控件后，调用业务逻辑层的类，实现功能。

附录A 综合实验

A.1 综合实验——基于控制台的单词竞猜游戏的实现

一、实验目的

1. 掌握类的使用；

2. 掌握分支语句及循环语句的使用；

3. 掌握控制台下文件的读写方法。

二、实验内容

设计开发一款单机版的“单词竞猜”游戏。具体要求如下：

1. 游戏可以分三个级别，分别是高级、中级、低级。不同级别对应的单词系列也不一样。要求一旦玩家选定了要玩的级别，应当先提示它关于此级别最高分是多少，是谁创下的纪录，然后再开始游戏。

2. 游戏开始后，应显示如下信息：

i. 剩余可用竞猜次数（竞猜次数的初始值等于被猜的单词遗漏的字符数加5）。

ii. 玩家所得分数：完全猜对一个单词得一分。

iii. 已用时间：要每秒更新一次已用时间的显示。

iv. 竞猜的单词。只显示每个单词的部分字母，并且这些字母是随机显示出来的。刻意遗漏的字母应当使用*替代。应当有多少字母被显示出来，视单词的长度而定，如果单词本身较长，则多显示，反之亦然。

3. 游戏结束前，比较玩家的成绩与文件中存储的词汇通英雄——当前最高纪录的成绩，如果前者成绩更高，需要将如下信息保存在文件中。（成绩：猜对的单词数/一共花费的时间）

```
玩家姓名 ; 所用时间 ; 分数
```

要注意的是，第一，如果发现他们分数相同就比较使用的时间；第二，不同级别的词汇通英雄信息应当分别放在不同的文件中。

4. 如果玩家在给定次数内没有猜出5个单词，则游戏结束。

三、实验结果

提交实验报告，报告内容包括实验内容、任务分析、源程序、实验心得。

A.2 综合实验——Windows 编程实现八数码游戏

一、实验目的

1. 掌握 Windows 中分组控件的使用。

2. 掌握 Windows 中的事件编程。

二、实验内容

设计一款单机版的八数码游戏，在一个 3×3 的方阵中有 8 个数码，刚开始时它们是无序排列的，并剩下一个空格，空格可以在方阵中移动，要求通过有限次数的移动，使得数字方阵达到有序状态。具体要求如下：

1. 需要 8 个数码和一个空格共同组成一个 3×3 的方阵。

2. 设置两种游戏目标（即两种有序排列状态），供用户进行选择。

3. 达到游戏目标，提示游戏成功“恭喜恭喜，你已经得到正确结果”，并显示“最终移动的次数”。

运行结果参考下图：

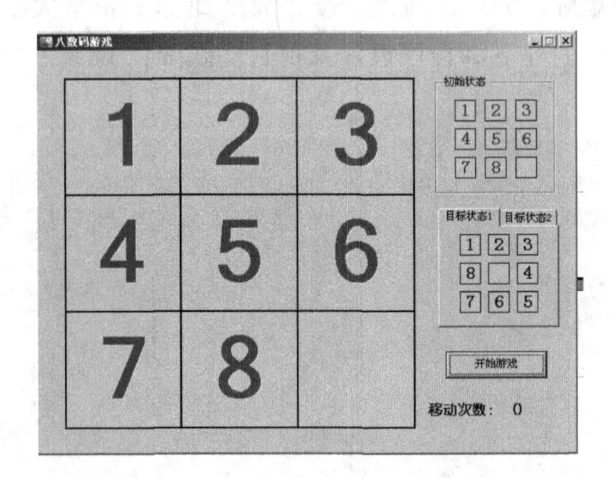

三、实验结果

提交实验报告，报告内容包括实验内容、任务分析、源程序、实验心得。

参考文献

[1] 罗福强，白忠建，杨剑．Visual C#.NET 程序设计教程[M]．2 版．北京：人民邮电出版社，2012．

[2] 陈语林．C#程序设计[M]．北京：中国水利水电出版社，2012．

[3] 李春葆，谭成予，金晶，等．C#程序设计教程[M]．清华大学出版社，2010．

[4] SKEET J．深入理解 C#[M]．2 版．周靖，译．北京：人民邮电出版社，2010．

[5] 明日科技．C#全能速查宝典[M]．北京：人民邮电出版社，2012．

[6] 王小科．C#项目开发案例全称实录[M]．北京：清华大学出版社，2011．

[7] 曾建华．Visual Studio 2010（C#）Windows 数据库项目开发[M]．北京：电子工业出版社，2012．

[8] SCHILDT H.C# 3.0 完全参考手册[M]．赵利通，译．北京：清华大学出版社，2010．

[9] WATSON K, HAMMER J V, REIO J D．C#入门经典[M]．齐立波，黄俊伟，译．北京：清华大学出版社，2014．

[10] 邱仲潘，王帅，孙赫雄．Visual C#程序设计[M]．北京：清华大学出版社，2013．

[11] 吴鹏，于世东，邵中，等．C#程序设计及项目实践[M]．北京：清华大学出版社，2013．